高等职业教育航空装备类专业新形态教材

无人机导航与通信技术

主　编　于坤林　刘肩山
副主编　谢志明　唐　毅

北京理工大学出版社
BEIJING INSTITUTE OF TECHNOLOGY PRESS

内 容 简 介

本书以学习者为中心进行教学设计和教材编写，共包括 8 个项目，涵盖了无人机主要的导航定位方法，项目以导航定位设备使用及系统故障排除为主要任务，站在学习者角度设计系列问题。全书内容包括无人机导航定位方法总体介绍，无人机导航常用坐标系介绍，惯性导航系统工作原理及常见故障排除方法，地基无线电导航工作原理及导航定位设备使用方法，卫星导航定位工作原理、参数含义及设备使用方法，视觉导航系统工作原理及设备使用方法，组合导航系统实现及故障排除方法，无人机通信技术及通信链路排故方法。为了方便学习者加深理解，书中提供了拓展阅读材料和巩固提高练习题。通过本书的学习，学习者能在掌握无人机导航定位的理论基础上，深入思考导航定位设备使用方法的规范性与合理性，并解决无人机使用过程中遇到的常见问题。

本书可作为无人机应用技术专业、无人机驾驶员培训的教学用书，也可作为广大无人机导航定位技术爱好者的自学用书，还能为智能交通爱好者、无人机制造者、无人机运营人员和无人机驾驶员等提供学习参考。

版权专有　侵权必究

图书在版编目（CIP）数据

无人机导航与通信技术 / 于坤林，刘肩山主编 .--北京：北京理工大学出版社，2022.1（2025.1 重印）
ISBN 978-7-5763-0878-5

Ⅰ.①无… Ⅱ.①于… ②刘… Ⅲ.①无人驾驶飞机－无线电导航②无人驾驶飞机－无线电通信 Ⅳ.① V279

中国版本图书馆 CIP 数据核字（2022）第 016944 号

责任编辑：阎少华	**文案编辑**：阎少华
责任校对：周瑞红	**责任印制**：边心超

出版发行 / 北京理工大学出版社有限责任公司

社　　址 / 北京市丰台区四合庄路 6 号

邮　　编 / 100070

电　　话 /（010）68914026（教材售后服务热线）
　　　　　（010）63726648（课件资源服务热线）

网　　址 / http://www.bitpress.com.cn

版 印 次 / 2025 年 1 月第 1 版第 5 次印刷

印　　刷 / 天津旭非印刷有限公司

开　　本 / 787 mm×1092 mm　1/16

印　　张 / 16

字　　数 / 359 千字

定　　价 / 48.80 元

图书出现印装质量问题，请拨打售后服务热线，负责调换

前　言

党的二十大报告指出,"教育、科技、人才是全面建设社会主义现代化国家的基础性、战略性支撑","加快建设教育强国、科技强国、人才强国,坚持为党育人、为国育才,全面提高人才自主培养质量","推动战略性新兴产业融合集群发展,构建新一代信息技术、人工智能、生物技术、新能源、新材料、高端装备、绿色环保等一批新的增长引擎"。随着无人机技术的飞速发展和广泛应用,社会对无人机操作、维护、研发等方面的专业人才需求日益增长。通过系统的理论学习和实操训练,无人机专业教育能够让学生掌握扎实的无人机操作应用技能和丰富的理论知识,以及培养学生良好的职业素养,使他们能够在农业、测绘、巡检、航拍等多个领域执行复杂任务。加强无人机专业教育对于推动产业升级、促进经济发展具有重要意义。

无人机行业的快速发展需要大量的无人机专业人才,因此国内各高职院校纷纷开设无人机专业,并设立无人机相关课程。目前市面上虽然有一些无人机导航通信相关的教材,但是普遍聚焦理论知识的讲解,缺乏实践项目的开发,学生学习之后依然不能有效地解决无人机应用中的实际问题。为了解决这一矛盾,培养学生解决实际问题的能力和提高学生的职业素养,就有必要编写一本结合行业、企业生产实际需要,紧密对接无人机职业技能大赛赛项内容,并融入课程思政的教材。

本书紧跟《国家职业教育改革实施方案》和《中国教育现代化2035》的总体要求,聚焦"岗课赛证融通"和"三教"改革,整合岗位、竞赛、证书的能力和素养要求,突出职业特色,结合现阶段无人机人才实际需求,将落脚点放在培养与无人机行业企业需求相适应的复合型、创新型、发展型高素质技术技能人才,旨在提升学生的职业能力和职业素养。本书对接无人机装调、无人机检测、无人机维护保养等岗位,融入"1+X"无人机职业技能等级标准、无人机装调检修工国家职业技能标准和无人机职业技能大赛赛项内容,以无人机导航及通信设备使用和系统排故典型工作任务为逻辑起点,按照企业工作流程,由简入繁,将教学内容分解为8大项目,包括无人机导航定位方法概述、无人机导航常用坐标系、惯性导航定位方法、地基无线电导航定位方法、卫星导航定位方法、视觉导航定位方法、组合导航方法和无人机通信技术。无人机装调检修工国家职业技能标准中和无人机导航与通信技术相关的技能有子系统装配、飞行控制与导航系统调试、通信系统调试、零部件故障检修、飞行控制与导航系统选型、通信系统选型,其中,本书项目一对应的是飞行控制与导航系统选型技能;项目二对应的是子系统装配技能;项目三对应的是飞行控制与导航系统调试和零部件故障检修技能;项目六对应的是任务荷载系统联调技能;项目八对应的是通信系统选型与通信系统调试技能。"1+X"无人机职业技能等级标准中和无人机导航与通信技术相关的技能有无人机调试、地面测试、地面站软件调试、电子电气故障隔离与排除、链路测试,其中,项目三对应的是无人机调试技能;项目七对应的是地面站软件调试技能;

项目八对应的是电子电气故障隔离与排除、链路测试和地面测试技能。最终，通过项目式学习，学生可以在实际项目中探索和解决问题，从而激发学生的创新思维，并培养解决问题的实践能力。

本书紧扣时代主题，着眼于无人机岗位的安全生产规范、工作作风要求、数据安全意识、团队合作精神、生命安全意识、创新精神、爱国主义精神等职业精神和职业素养，强化无人机岗位中的工作流程管理、工作现场 6S 管理，以及操作规范性和操作注意事项，并在每个项目的最后，通过案例分享的方式将职业素养、安全意识、道德修养等思政元素有机融入教材，从而落实课程思政育人任务。

本书涵盖了无人机主要的导航定位方法和通信技术，使得学习者在学习本书后，能达到如下目的：熟悉无人机导航及通信设备的使用方法；掌握无人机导航及通信系统的排故方法；了解无人机导航及通信系统的前沿应用；提升自身的职业素养。

本书以解决无人机应用过程中出现的实际问题为主线，贯穿必需的理论知识点，注重基础知识的介绍和基本技能的培养，突出无人机组装与调试实际应用和基于飞行日志的排故方法，兼顾知识的系统性和逻辑性。

本书由长沙航空职业技术学院于坤林和刘肩山编写。全书由于坤林编审。本书可作为高等职业院校无人机应用技术专业无人机导航与通信技术课程的教材或教辅材料，也可用于企事业单位的无人机工程技术人员的培训和学习。

由于编者水平有限，时间比较仓促，书中难免存在不足和疏漏之处，敬请各位读者给予批评指正，以便今后修订完善。

岗课赛证融合：

对应岗位	无人机组装岗、调试岗、维护岗、检修岗
对应证书技能	《无人机装调检修工国家职业技能标准》中级工证书：子系统装配、飞行控制与导航系统调试、通信系统调试、零部件故障检修 《无人机装调检修工国家职业技能标准》高级工证书：飞行控制与导航系统选型、通信系统选型 《"1+X"无人机检测与维护职业技能等级标准》高级证书：地面站软件调试、链路测试、电子电气故障隔离与排除 《"1+X"无人机组装与调试职业技能等级标准》中级证书：无人机调试 《"1+X"无人机组装与调试职业技能等级标准》高级证书：地面测试
对应赛项内容	全国人工智能应用技术技能大赛无人机装调检修工赛项——飞行器智能部件安装测试及安全与规范环节 全国职业院校技能大赛智能飞行器应用技术赛项——智能飞行器设计与调控模块

目 录 Contents

01 项目一　无人机导航定位方法 ………………………… 1

02 项目二　无人机导航常用坐标系 …………… 14

03 项目三　惯性导航系统 ……………………… 24
　　任务一　陀螺仪工作原理与排故方法 ……………………… 24
　　任务二　加速度计工作原理及排故方法 …………………… 38
　　任务三　惯性导航系统工作原理及排故方法 ……………… 48
　　任务四　航姿参考系统工作原理及排故方法 ……………… 56

04 项目四　地基无线电导航系统 ……………… 69
　　任务一　地基无线电导航发展历程及种类 ………………… 69
　　任务二　自动定向机工作原理和使用方法 ………………… 75
　　任务三　甚高频全向信标系统工作原理及定位方法 ……… 85
　　任务四　仪表着陆系统 ……………………………………… 97
　　任务五　无线电高度表 ……………………………………… 106
　　任务六　测距系统 …………………………………………… 115

05 项目五　卫星导航系统 ……………………… 124
　　任务一　卫星导航系统的发展和种类 ……………………… 124
　　任务二　绝对定位工作原理及排故方法 …………………… 135
　　任务三　相对定位工作原理及设置方法 …………………… 151

06 项目六　视觉导航 …………………………… 176
　　任务一　光流定位工作原理及排故方法 …………………… 176
　　任务二　双目视觉导航 ……………………………………… 187

07 项目七 组合导航系统 ·················· 204

任务一 互补滤波工作原理及设置方法 ··············205
任务二 卡尔曼滤波工作原理及排故方法 ············214

08 项目八 无人机通信系统 ·················· 227

任务一 发射机和接收机间的通信方法 ··············227
任务二 MAVLink 协议 ························244

参考文献 ·····································250

项目一
01 无人机导航定位方法

【知识目标】

1. 掌握导航的基本概念和作用。
2. 了解无人机的发展历程。
3. 了解无人机导航技术的种类。

【能力目标】

学习并掌握资料收集的方法和小组合作学习的方法。

【素质目标】

1. 在团队活动中培养与人交往、与人合作的能力,能够与他人共同解决问题,共同进步。
2. 养成参与意识、服务意识、合作意识、效率意识和全局意识。

【教学导航】

本项目主要介绍导航的基本概念和无人机导航技术的种类。

【任务引入】

大疆 T30 植保无人机用到了哪些导航定位方法?

【任务分析】

随着科技的发展,在各大领域都能看到无人机的身影,无人机正离普通人越来越近,也正在改变我们的生活方式,如我们已经可以享受到无人机送快递带来的便捷,欣赏到无人机灯光秀带来的视觉盛宴,体验到植保无人机助力乡村振兴时的科技感,更能通过无人机航拍领略祖国的壮美山河。而无人机的这些行业应用都离不开导航,导航在无人机飞行中扮演着重要的角色。

学习导航的基本概念和无人机导航技术的种类,便于我们了解无人机导航定位系统的性能。

【相关知识】

一、什么是导航？

"导航"一词，我们已耳熟能详，无论是秋天南归的大雁，还是草原上暮归的羊群，或是在森林中迷失方向、在广阔无边的大海航行、在陌生的城市旅行时的我们，都需要导航；而且，我们的人生同样也需要导航，我们自入学伊始，就需要规划好自己的大学生活，找准自己的位置，并朝着一个又一个的目标奋斗。

导航源于人类交通和军事活动对方位或位置识别的需求。自人类诞生以来，为了获得准确定位，拥有 5 000 年灿烂历史文化的中华民族一直没有停止过探索的脚步。古人很早就掌握了通过北斗七星（图1-1）来辨别方位和季节的方法，古书《鹖冠子》就记载："斗柄东指，天下皆春；斗柄南指，天下皆夏；斗柄西指，天下皆秋；斗柄北指，天下皆冬。"

图 1-1　北斗七星

后来，古人还掌握了使用磁体来定向的方法，即指南针，在 11 世纪末，我国船舶开始使用指南针导航，而家喻户晓的郑和下西洋也使用过指南针导航。这一发明后来经阿拉伯传入欧洲，对欧洲的航海业乃至整个人类社会的文明进程，都产生了巨大影响。

另外，据传我国在三国时期就已经开始使用指南车（图1-2）来指示方向。它与利用地磁效应的指南针不同，是利用齿轮传动系统和离合装置来指明方向的一种机械装置，在特定条件下，无论车子转向何方，木人的手始终指向南方。

在国外，大航海时代的到来，推动了导航的发展，在哥伦布时代，使用的是磁罗盘导航；到了 18 世纪上半叶，在海洋中航行时，开始使用六分仪（图1-3），该装置能够用来测量船舶的经纬度。

图 1-2 指南车

图 1-3 六分仪

到了近现代，人类发明的导航方法越来越多，如无线电导航、卫星导航、惯性导航、视觉导航、组合导航等，越来越多导航方法的应用，也反过来推动了人类文明的发展。

从上面人类导航的例子中，可以得出导航广义上的定义：引导各种运载体（飞机、船舶、车辆等）及个人按既定航线航行的过程，是保证运载体安全、准确地沿着选定路线，准时到达目的地的一种手段。

从狭义上来说，导航是确定运载体在某一时刻的位置、速度和姿态。作为无人机导航的感知单元，导航系统承担着无人机状态参量测量与估计的重任。

无人机导航即无人机获得自己当前（在某个参照系下）的位置、速度等信息，必要时还需要获得当前（相对于某个参照系）的姿态、姿态角速度等信息。因此，简要概括无人机导航的主要工作就是要"知道无人机在哪，知道无人机的姿态"，即解决的是"我在哪"的问题。

而容易与无人机导航概念相混淆的是无人机制导（图 1-4）和无人机控制。无人机制导即无人机发现（或外部输入）目标的位置、速度等信息，并根据自己的位置、速度及内部性能和外部环境的约束条件，获得抵达目标所需的位置或速度指令。例如，按照规划的航路点飞行时，计算无人机径直或沿某个航线飞抵航路点的指令；采用基于计算机视觉目标跟踪的光学制导时，根据目标在视场中的位置（以及摄像头可能存在的离轴角）计算跟踪目标所需的过载或姿态角速度指令；而当预装地图中存在需要规避的障碍物或禁飞区时，根据无人机飞行性能计算可行的规避路线或速度指令。因此，简要概括制导的主要工作就是要"知道目标在哪，以及如何抵达目标"，即解决的是"要去哪"的问题。

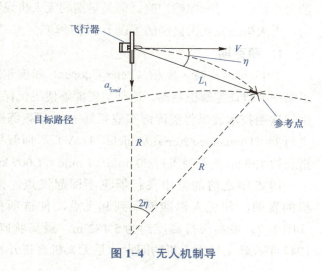

图 1-4 无人机制导

无人机控制是指无人机根据当前的速度、姿态等信息，通过执行机构作用来改变姿态、速度等参数，进而实现稳定飞行或跟踪制导指令。例如，当固定翼无人机需要爬升高度时，计算需要的俯仰角和俯仰角速度指令，以及为了让空速不至于大幅降低所需的油门指令；当沿着航线飞行，但是存在侧风时，计算所需的偏航角指令以利用侧滑抵消侧风影响；或者当多旋翼无人机的某个旋翼失效时，计算如何为剩余旋翼分配指令以尽可能实现稳定飞行。因此，简要概括控制的主要工作就是"改变飞行姿态，跟踪制导指令"，即解决的是"怎么去"的问题。

要实现无人机的自主飞行、顺利完成指定任务，需要飞行控制、导航与制导系统共同作用。对于无人机来说，在自动飞行控制系统的基础上，导航、制导和控制系统之间是相互联系的，它们之间的关系可以用图1-5中的框图来表示。

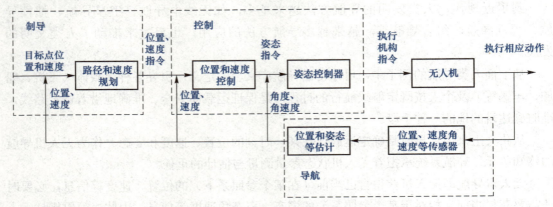

图1-5 无人机导航、制导和控制系统

二、无人机的发展历程

什么是无人机？无人机其实就是无人驾驶飞机的简称，缩写为"UAV"，是一种无线电遥控的无人驾驶飞机。2016年，无人机作为消费电子类的重头戏，迅速点燃了整个消费市场，一时间家喻户晓。但是早期的无人机设计重点并不在民用方向，而是在军用方向。无人机的发展大概经历了以下3个阶段。

1. 萌芽期

1917年，皮特·库柏（Peter Cooper）和埃尔默·A.斯佩里（Elmer A.Sperry）发明了第一台自动陀螺稳定器，这种装置能够使飞机保持平衡向前的飞行，无人飞行器自此诞生。这项技术成果将美国海军寇蒂斯N-9型教练机成功改造为首架无线电控制的不载人飞行器（Unmanned Aerial Vehicle，UAV）。斯佩里空中鱼雷号（Sperry Aerial Torpedo）搭载约136 kg的炸弹飞行50 mile（1 mile ≈ 1.609 km），但它从未参与实战（图1-6）。

1935年之前的空中飞行器飞不回起飞点，因此也就无法重复使用。蜂王号无人机的发明，使无人机能够回到起飞点，使这项技术更具有实际价值。蜂王号无人机（图1-7）最高飞行高度约为5 182 m，最高航速为160 km/h，在英国皇家空军服役到1947年。蜂王号无人机的问世才是无人机真正开始的时代，可以说是近现代无人机历史上的"开山鼻祖"。随后，无人机被运用于各大战场，执行侦察任务。然而，由于当时的科技比较落后，导致无人机无法出色完成任务，所以逐步受到冷落，甚至被军方弃用。

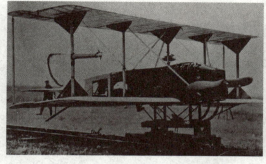

图1-6　斯佩里空中鱼雷号

图1-7　蜂王号无人机

第二次世界大战时，阿道夫·希特勒希望拥有攻击非军事目标的飞行炸弹，因此，德国工程师弗莱舍·福鲁则浩（Fieseler Flugzeuhau）于1944年设计了一架时速可达到756 km的无人机——复仇者一号（Vergeltungswaffe）（图1-8），它是为攻击英伦列岛而设计，也是当代巡航导弹的先驱。复仇者一号载弹量比前代更大，经常搭载重达908 kg的导弹。英国有900多人死于该型无人机之下，复仇者一号从弹射道发射后能按照预先设定的程序飞行240 km。

由瑞安航空1951年制造的火蜂原型机XQ-2在4年后进行首次试飞。这架世界上首台喷气推动的无人机主要用于美国空军。火蜂号无人机适用于情报收集及无线电交流的监控活动（图1-9）。

图1-8　复仇者一号

图1-9　瑞安火蜂号

2. 发展期

1986年12月首飞的先锋系列无人机为战术指挥官提供了特定目标及战场的实时画面，执行了美国海军"侦察、监视并获取目标"等各种任务。这套无人定位系统的花销很小，满足了20世纪80年代美国在黎巴嫩、格林纳达及利比亚以低代价开展无人获取目标的要求，并首次投入实战。先锋号现在仍在服役，通过火箭助力起飞，起飞质量约为189 kg，航速每小时约为174 km。先锋系列无人机能够漂浮在水面，并且通过海面降落进行回收（图1-10）。

通用原子公司（General Atomics）在1994年制造了MQ捕食者无人机，捕食者无人机的升级版能够将完全侦查用途的飞机改造成用于携带武器并攻击目标的飞机。在美国空军服役的捕食者无人机已超过 125 架，6 架在意大利空军服役。1995 年，捕食者无人机在联合国及北约对波斯尼亚的战争中首次使用，同时也出现在美军阿富汗和伊拉克战场上，但是正逐步被淘汰（图 1-11）。

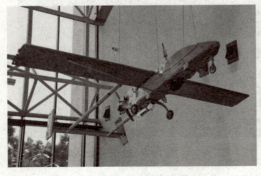

图 1-10 先锋 RQ-2A

图 1-11 MQ 捕食者无人机

全球鹰高空飞行器拥有长时间飞行的能力（图 1-12）。服役于美国空军的该类无人机装备是能够开展情报收集、侦察及监视等功能的综合传感器。2001 年开始研发的全球鹰项目成为航空历史的重大标杆。这是已知的第一架能够不经停，直接飞越太平洋的无人机，该无人机在 2006 年 7 月获准在美国领空飞行。

图 1-12 全球鹰高空飞行器

3. 蓬勃期

21 世纪初，由于原来的无人机体积较大，目标明显且不易携带，所以人们研制出迷你无人机，机型更加小巧、性能更加稳定，一个背包就可携带。同时，无人机更加优良的性能，催发了民用无人机的诞生。

2006 年，影响世界民用无人机格局的大疆无人机公司成立，其先后推出的 Phantom（精灵）系列无人机，在世界范围内产生深远影响（图 1-13）。

2009 年，美国加州 3D Robotics 无人机公司成立，这是一家最初主要制造和销售 DIY 类遥控飞行器（UAV）相关零部件的公司，在 2014 年推出 X8+ 四轴飞行器后而名声大噪，目前已经成长为与中国大疆相媲美的无人机公司。

图 1-13 精灵无人机

2014 年，一款用于自拍的无人机 Zano 诞生，曾经被称为无人机市场上的 iPhone。该无人机在众筹平台上筹款 340 万美元，获得超过 15 000 人的支持，人们都对该款产品充满期待，由于无法解决无人机量产而引发的软硬件调校误差，该研发公司于 2015 年破产，Zano 只能活在人们的记忆中。即便如此，无人机应用在自拍领域的研究也会继续下去。

2015 年是无人机飞速发展的一年，各大运营生产商融资成功，为无人机的发展创造了十分有利的条件，还上线了第一个无人机在线社区——飞兽社区。

三、无人机导航技术的种类

无人机导航是按照要求的精度,沿着预定的航线在指定的时间内正确地引导无人机至目的地。要使无人机成功完成预定的航行任务,除起始点和目标的位置外,还必须知道无人机的实时位置、航行速度、航向等导航参数。目前,在无人机上采用的导航技术主要包括惯性导航、卫星导航、多普勒导航、地形辅助导航及地磁导航等。这些导航技术都有各自的优缺点,因此,在无人机导航中,要根据无人机担负的不同任务来选择合适的导航技术。

1. 单一导航

(1)惯性导航。惯性导航(Inertial Navigation System,INS)分为平台式和捷联式两大类。平台式惯性导航以牛顿力学定律为基础,通过构建一个与机体固连的惯性平台,从而根据加速度计测量的惯性加速度,计算在某惯性参考系下的速度和位置,根据陀螺仪测得的角速度,计算机体相对于惯性平台的姿态角,从而只要加速度计和陀螺仪满足一定的精度要求,就可以在不需要外部信息的情况下获得机体相对于惯性参考系的速度、位置和姿态角。惯性导航完全依靠机载设备自主完成导航任务,工作时不依赖外界信息,也不向外界辐射能量,不易受到干扰,不受气象条件限制,是一种自备式的导航方法,具有完全自主、抗干扰能力强、隐蔽性好、全天候工作、输出导航信息多、数据更新率高等优点(图1-14)。

虽然平台式惯性导航的精度很高,但是由于系统复杂且体积巨大,不便于装备在小型飞行器上,随着计算机技术和导航器件技术的发展,捷联式惯性导航越来越多地被使用。与平台式惯性导航所用的物理平台不同,捷联式惯性导行的陀螺仪和加速度计都与机体固连,因此采用的是虚拟的数学惯性平台,即惯性器件测量所得数据都会经过坐标变换的数学运算转换到惯性坐标系下,由于去掉了物理平台,捷联式惯性导航系统的体积大幅缩减。特别是近20年来快速发展的MEMS(微机电系统)器件,已经可以将捷联式惯性导航系统的体积缩小到几立方厘米(图1-15)。

图1-14 平台式惯性导航系统

图1-15 捷联式惯性导航传感器

(2)卫星导航。卫星导航是通过不断对目标物体进行定位从而实现导航功能的。其工作原理是通过接收多颗卫星发射出来的星历信息,从中得出时间差并乘以光速计算出距离,从而解算出飞行器在WGS-84坐标系下的经纬度和高度信息(图1-16)。目前,全球范围内有影响的卫星定位系统有中国的BDS(BeiDou Navigation Satellite System,中国北斗卫星导航系统)、美国的GPS(Global Positioning System,全球定位系统)、欧洲的GALILEO（Galileo Satellite Navigation System，伽利略卫星导航系统）和俄罗斯的GLONASS（Global Navigation Satellite System，全球卫星导航系统）。其中，GPS是世界上第一个建立并用于导航定位的全球导航系统，GLONASS是全球建成的第二个卫星导航系统，二者目前正处于现代化的更新进程中；GALILEO是世界上第一个专门为民用设计的全球性卫星导航定位系统；BDS已经具备了全球区域的导航定位、授时服务功能，处于全球化快速发展阶段。走向服务全球、造福人类的新时代卫星导航能为无人机提供实时、精确的位置信息并进行导航定位，兼容北斗的多模卫星导航系统，能够显著提高无人机导航的可靠性。利用北斗短报文通信功能还能增强无人机处理突发事件的能力，如无人机出现意外而紧急迫降或者坠机时，给搜寻带来了困难，如果前期利用北斗系统设置一些专业指令，就使得无人机在出现故障的时候，即使在没有移动通信信号的区域，也可以通过北斗短报文通信功能进行搜寻。

图1-16　卫星导航

（3）多普勒导航。多普勒导航是飞行器常用的一种自主式导航，多普勒导航系统由磁罗盘或陀螺仪表、多普勒雷达和导航计算机组成。工作原理是多普勒效应，无人机上的多普勒导航雷达不断向地面发射电磁波，因飞机与电磁波照射的地面之间存在相对运动，雷达接收到地面回波的频率与发射电磁波的频率相差一个多普勒频率，从而可以计算出无人机相对于地面的飞行速度（地速），以及偏流角（地速与无人机纵轴之间的夹角）（图1-17）。由于气流的作用，偏流角反映了地速、风速和空速之间的关系。磁罗盘或陀螺仪可以测出无人机的航向角，即无人机纵轴方向与正北方向之间的夹角。根据多普勒雷达提供的地速和偏流角数据，以及磁罗盘或陀螺仪表提供的航向数据，导航计算机就可以计算出无人机飞过的路线。

图1-17　航行速度三角形

（4）地形辅助导航。地形辅助导航是指飞行器在飞行过程中，利用预先储存的飞行路线中某些地区的特征数据，与实际飞行过程中测量到的相关数据进行不断比较实施导航修正的一种方法。地形辅助导航可分为地形匹配、影像匹配和桑地亚惯性地形辅助导航。

1) 地形匹配。地形匹配也称为地形高度相关。其原理是地球陆地表面上任何地点的地理坐标，都可以根据其周围地域的等高线或地貌单值确定。地形匹配是通过获取沿途航线上的地形地貌情报，并据此做出专门的数字地图，并存入计算机，当飞机飞越某块已数字化的地形时，机载无线电高度表测出相对高度，气压/惯性综合测出绝对高度，二者相减即得地形标高。飞行一段时间后，即可得到实际航迹的一串地形标高。将测得的数据与预先储存的数字地图进行相关分析，确定飞机航迹对应的网格位置。因为事先确定了网格各点对应的经纬值，这样便可以用数字地图校正惯性导航（图1-18）。

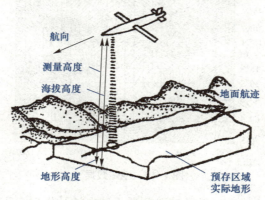

图1-18 地形匹配导航

2）影像匹配。影像匹配与地形匹配的区别是，预先输入计算机的信息不是高度参数，而是通过摄像等手段获取的预定飞行路径的影像信息，将这些影像信息数字化后存储在机载的相关计算设备中，这些信息具有很好的可观测性。

飞行中，通过机载的摄像设备获取飞行路径中的影像。然后利用机载数字影像匹配相关器将其所测与预存的影像进行相关比较以确定飞机的位置。

3）桑地亚惯性地形辅助导航。桑地亚惯性地形辅助导航（Sandia Inertial Terrain Aided Navigation，SITAN）是美国国家实验室在20世纪70年代提出的一种组合导航系统。该系统主要包括雷达高度表、惯性导航系统、数字地形高程数据库、地形数据随机线性化处理器和扩展卡尔曼滤波器。

该系统利用扩展卡尔曼滤波器将惯性传感器数据和雷达高度表测量数据结合起来，以便最佳地估算飞行器的位置、速度和姿态。

与地形匹配导航系统的不同点在于SITAN的重点是减少中等误差，而不是减小很大的误差，这就使该系统不需要进行全局搜索，并且其容许有很大的速度和航向误差，另外，还允许飞行器在数据采集期间自由机动飞行，并修正定位误差，具有更好的实时性。

（5）地磁导航。地磁场为矢量场，在地球近地空间内任意一点的地磁矢量都不同于其他地点的矢量，且与该地点的经纬度存在一一对应的关系。因此，理论上只要确定该点的地磁场矢量即可实现全球定位。

按照地磁数据处理方式的不同，地磁导航分为地磁匹配与地磁滤波两种方式。目前，地磁匹配在导航应用研究中更为广泛，它是把预先规划好的航迹某段区域某些点的地磁场特征量绘制成参考图（或称基准图）存储在载体计算机中，当载体飞越这些地区时，由地磁匹配测量仪器实时测量出飞越这些点的地磁场特征量，以构成实时图。载体计算机对实时图与参考图进行相关匹配，计算出载体的实时坐标位置，供导航计算机解算导航信息（图1-19）。

地磁匹配类似地形匹配系统，区别在于地磁匹配可有多个特征量。

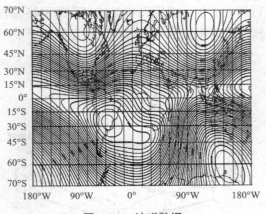

图 1-19 地磁数据

（6）无线电导航。无线电导航是通过测量无线电波从发射台天线到接收机天线的传输时间来定位的一种方法（也有测量无线电信号的相位或相角的）。按照发射机或转发器所在的位置，无线电导航可分为陆基导航系统和星基导航系统，如罗兰-C（Loran-C）、欧米伽（Omege）、塔康（Tacan）、伏尔（Vor）、测距仪（DME）等为陆基导航系统，而子午仪（Transit）、全球定位系统（GPS）、全球卫星导航系统（GLONASS）等为星基导航系统，目前，这些导航系统有100多种（图1-20）。

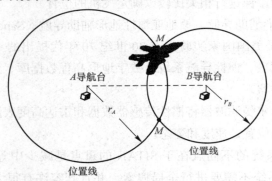

图 1-20 无线电导航

2. 组合导航

单一导航有各自的优缺点，并不是完美的，如果无人机导航仅仅依靠单一导航方式，其可靠性就会大大降低。因此为了提高无人机飞行的可靠性，一般采用组合导航。

组合导航是指把两种或两种以上的导航系统以适当的方式组合在一起，利用其性能上的互补特性，可以获得比单独使用任一方法更高的导航性能。除可以将以上介绍的导航技术进行组合外，还可以应用一些其他相关技术来提高导航定位的精度，如大气数据系统、航迹推算技术等。

（1）INS/GPS组合导航系统。该组合的优点表现在：对惯性导航系统可以实现惯性传感器的校准、惯性导航系统的空中对准、惯性导航系统高度通道的稳定等，从而可以有效地提高惯性导航系统的性能和精度；对于GPS系统来说，惯性导航系统的辅助可以提高其跟踪卫星的能力，提高接收机动态特性和抗干扰性。INS/GPS组合导航系统可以实现

GPS 完整性的检测，从而提高可靠性。另外，INS/GPS 组合导航系统可以实现一体化，把 GPS 接收机放入惯性导航部件，进一步减少系统的体积、质量和成本，便于实现惯性导航和 GPS 同步，减小非同步误差。INS/GPS 组合导航系统是目前多数无人飞行器所采用的主流自主导航技术，美国的全球鹰和捕食者无人机都是采用这种组合导航方式。

（2）惯性导航/多普勒组合导航系统。这种组合方式既解决了多普勒导航受到地形因素的影响，又可以解决惯性导航自身的累积误差，同时在隐蔽性上二者实现了较好的互补。

（3）惯性导航/地磁组合导航系统。这种组合方式利用地磁匹配技术的长期稳定性弥补惯导系统误差随时间累积的缺点，同时可以利用惯性导航系统的短期高精度弥补地磁匹配系统易受干扰的缺点，具备自主性强、隐蔽性好、成本低、可用范围广等优点，是当前导航研究领域的一个热点。

（4）惯性导航/地形匹配组合导航系统。由于地形匹配定位的精度很高，因此可以利用这种精确的位置信息来消除惯性导航系统长时间工作的累积误差，提高惯性导航系统的定位精度。由于地形匹配辅助导航系统具有自主性和高精度的突出优点，将其应用于装载了多种图像传感器的无人机导航系统，构成惯性导航/地形匹配组合导航系统，也将是地形匹配辅助导航技术发展和应用的未来趋势。

（5）GPS/航迹推算组合导航系统。航迹推算的基本原理：在 GPS 失效情况下，依据大气数据计算机测得的空速、磁罗盘测得的磁北航向以及获取的当地风速风向信息，推算出地速及航迹角。当 GPS 定位信号中断或质量较差时，由航迹推算系统确定无人机的位置和速度；当 GPS 定位信号质量较好时，利用 GPS 高精度的定位信息对航迹推算系统进行校正，从而构成高精度、高可靠性的无人机导航定位系统，在以较高质量保证飞行安全和品质的同时，有效降低了系统的成本，使无人机摆脱了对雷达、测控站等地面系统的依赖。

四、无人机导航技术的发展趋势

1. 研制新型惯性导航系统，提高组合导航系统精度

目前，研究人员已经研制出光纤惯性导航、激光惯性导航、微惯性仪表、量子惯性导航等多种新型惯性导航系统。得益于现代微机电系统的飞速发展，硅微陀螺仪和硅加速度计的研制进展迅速，其成本低、功耗低、体积小及质量轻的特点很适合战术应用。随着先进精密加工工艺的提升和关键理论、技术的突破，将会有多种类型的高精度惯性导航装置出现，组合导航的精度也会随之提高。

2. 增加组合因子，提高导航稳定性能

未来，无人机导航将对组合导航的稳定性和可靠性提出更高的要求，组合导航因子将会有足够的冗余，不再依赖组合导航系统中的某一项或因为某几项因子，若其中的一项或者几项因子因为突发状况不能正常工作，不会影响无人机的正常导航需求。

3. 研发数据融合新技术，进一步提高组合导航系统性能

组合导航系统的关键器件是卡尔曼滤波器，它是各导航系统之间的接口，可以对多个

导航系统提供的导航数据进行融合处理。目前，研究人员正在研究新的数据融合技术，例如采用自适应滤波技术，在进行滤波的同时，利用观测数据带来的信息，不断地在线估计和修正模型参数、噪声统计特性和状态增益矩阵，以提高滤波精度，从而得到对象状态的最优估计值。此外，如何将神经网络、人工智能、小波变换等各种信息处理方法引入以组合导航为核心的信息融合技术中，正在引起人们的高度重视，这些新技术一旦研制成功，必将进一步提高组合导航性能。

【任务实施】

学生每6人一组，每小组选出1个组长，负责讨论环节的组织、记录和总结。

（1）分小组讨论"什么是导航"以及"从古至今用到的导航方式有哪些"。小组讨论后，选派1名代表总结、陈述讨论结果。

（2）分小组讨论无人机上用到的导航方法和应用场景，然后上网查询大疆T30植保无人机用到的导航技术和导航性能参数，最后总结陈述。

【拓展阅读】

机智号火星无人机在火星首飞成功

机智号火星无人机在火星首次飞行3 m高并悬停了30 s，这是人类制造的飞行器第一次在地球以外的地方的飞行实验（图1-21）。机智号火星无人机的升空意味着人类的探索工作可以从平原地区延伸到更多的领域。

机智号火星无人机

图1-21 机智号火星无人机的首飞

火星上的大气极其稀薄，只有地球的1/100，相当于地球30 000 m的高空。所以，机智号火星无人机的桨叶长1.2 m，而且一分钟要转2 500圈，比普通的无人机螺旋桨转速快5倍。机智号火星无人机的头顶上有一块太阳能电池板，所有的电能都来自这块太阳能电池板，要足足晒1天，才能把电充足。机智号火星无人机用的是锂电池，总容量与一个普通充电宝差不多。锂电池很怕冻，毅力号火星车所在的耶泽罗撞击坑，夜

里的气温是 –83 ℃，白天的温度是 –22 ℃。所以，机智号火星无人机 2/3 的电能是用来保暖的，只有 1/3 的电能是用来飞行的，飞 90 s 就要落下来。机智号火星无人机结构如图 1–22 所示。

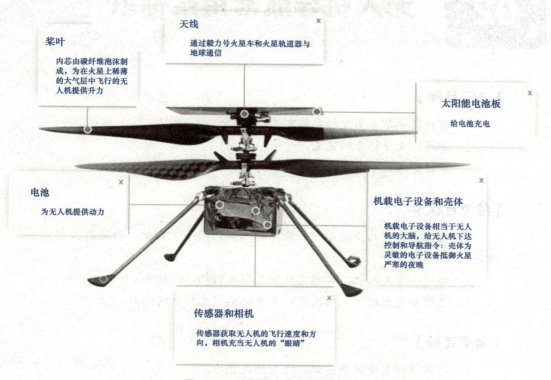

图 1-22　机智号火星无人机结构

在火星上，由于磁场很弱，而且很乱，因此磁罗盘是没有用的，火星上也用不了卫星导航。那么机智号火星无人机是如何导航的呢？机智号火星无人机装备了一个激光高度计、一个手机级 IMU、一个倾斜仪和一个向下指向的相机。倾斜仪用于起飞时确定地面的倾斜度，相机用于单目特征跟踪。机智号火星无人机的导航方式是通过一帧一帧地比较几十个特征，利用地面图像作为参照来计算自己到底移动了多远，朝哪个方向移动，从而计算出运动的方向和速度的大小。

【巩固提高】

1. 什么是无人机导航？
2. 查阅资料，了解大疆精灵 4Pro 无人机上用到的导航方法有哪些？
3. 无人机导航的种类有哪些？

项目二 02 无人机导航常用坐标系

【知识目标】

1. 掌握笛卡尔直角坐标系的定义。
2. 掌握球面坐标系的定义。
3. 掌握无人机导航中常用坐标系的定义和分类。

【能力目标】

1. 在笛卡尔直角坐标系中,能根据已知的两个坐标轴,确定第三个坐标轴的指向。
2. 给定一架无人机,能确定这架无人机的机体坐标系。
3. 能简要说出地理坐标系转换至当地水平坐标系的过程。

【素质目标】

1. 增强数据安全保密意识,提高防范能力。
2. 培养细节意识。

【教学导航】

本项目主要介绍无人机导航中常用坐标系的种类和定义。

【任务引入】

一架无人机要对一片农田执行航测任务,已知无人机起飞点在 WGS-84 坐标系的位置信息,并设起飞点为此次任务的当地水平坐标系的原点,则农田其余点在当地水平坐标系中的坐标位置如何确定?

【任务分析】

在执行航测任务时,无人机一般依靠 GPS 卫星提供的数据进行导航定位,但用 GPS 提供的数据来描述作业区域不够具体、直观,需要转换至当地水平坐标系,这就需要了解坐标系的定义,以及这些无人机导航中常用坐标系的定义和种类。

了解无人机导航中常用坐标系,有助于理解无人机行业的应用需求。

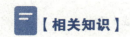【相关知识】

一、什么是坐标系？

无人机导航的目的是求得无人机的位置、速度、角速度、姿态等参数，这些参数只有放在坐标系里才有意义。无人机导航中都用到了哪些坐标系？这些坐标系之间的转换又是怎样的呢？

为了说明质点的位置，运动的快慢、方向等，必须选取坐标系。在参照系中，为确定空间一点的位置，按规定方法选取的有次序的一组数据，就叫作"坐标"。在某一问题中规定坐标的方法，就是该问题所用的坐标系。坐标系的种类有很多，常用的坐标系有笛卡尔直角坐标系、平面极坐标系、柱面坐标系和球面坐标系等。

1. 笛卡尔直角坐标系

三维的直角坐标系通常由 3 个两两互相垂直的坐标轴构成，通常分别称为 X 轴、Y 轴和 Z 轴，3 个坐标轴具有相同的单位长度和坐标原点（图 2-1）。坐标原点也就是 3 个坐标轴的相交点，通常标记为 O，既有零的意思，又是英语 Origin 的首字母。3 条坐标轴中的任意两条都可以确定一个平面，称为坐标面，即由 X 轴及 Y 轴所确定的 XOY 平面；由 Y 轴及 Z 轴所确定的 YOZ 平面；由 X 轴及 Z 轴所确定的 XOZ 平面。

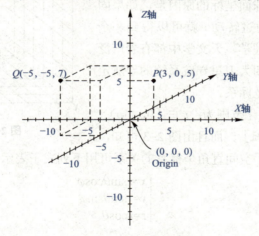

图 2-1 右手直角坐标系

坐标轴之间的顺序大部分要符合右手定则，右手定则也决定三维空间中任一坐标轴的正旋转方向。右手定则：使大拇指、食指和中指互成直角，大拇指指向 X 轴的正方向，食指指向 Y 轴的正方向，则中指所指的方向就是 Z 轴的正方向。要确定坐标轴的正旋转方向，如图 2-2 所示，用右手的大拇指指向轴的正方向，弯曲手指，那么 4 根手指弯曲的方向，就是轴的正旋转方向。

这样的 3 个坐标轴构成的坐标系称为右手空间直角坐标系，与之相对应的是左手空间直角坐标系。一般在导航中常用的是右手空间直角坐标系，在其他学科方面因应用方便而异，如机床标准坐标采用的是笛卡尔左手空间直角坐标系。

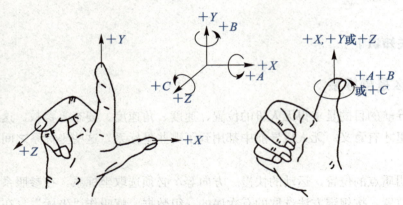

图 2-2 右手定则

2. 球面坐标系

球面坐标系是一种利用球面坐标表示一个点 P 在三维空间位置的三维正交坐标系。球面坐标系的几何意义如图 2-3 所示。它以坐标原点为参考点，原点至点 P 的"径向距离"为 r，原点到点 P 的连线与正 Z 轴之间的"极角"为 θ，原点到点 P 的连线在 XY 平面的投影线，与正 X 轴之间的"方位角"为 φ。简单来说，就是在球面坐标系中，点的坐标由方位角、仰角和点至原点的距离构成。被称为球面坐标的原因是，如果固定了 $r=a$ 作为半径，通过转动 r 就可以得到一个球面。球面坐标系在地理学、天文学中都有着广泛应用，我们熟知的全球四大卫星导航系统的导航定位坐标系就是基于球面坐标系。

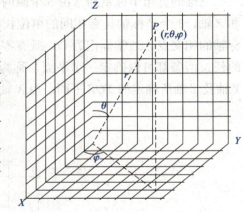

图 2-3 球面坐标系

这里，r、θ、φ 的变化范围为：$r \in [0, +\infty)$，$\theta \in [0, \pi]$，$\varphi \in [0, 2\pi]$。而且由图 2-3 可知，球面坐标系和笛卡尔右手空间直角坐标系的关系可用下列式子表示：

$$\begin{cases} x=r\sin\theta\cos\varphi \\ y=r\sin\theta\sin\varphi \\ z=r\cos\theta \end{cases} \quad (2-1)$$

3. 柱面坐标系

柱面坐标系可看成二维极坐标系加一维坐标系得到。图 2-4 表示的是柱面坐标系，点 P 的柱面坐标可表示为 (ρ, φ, z)，前两个坐标 (ρ, φ) 即为二维极坐标，最后一个 z 表示一维坐标。

而且由图 2-4 很容易看出，柱面坐标系和笛卡尔右手空间直角坐标系的关系可用下列式子表示：

$$\begin{cases} x=\rho\cos\varphi \\ y=\rho\sin\varphi \\ z=z \end{cases} \quad (2-2)$$

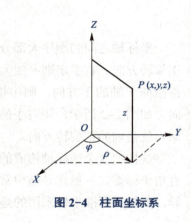

图 2-4 柱面坐标系

二、导航常用坐标系

无人机导航中常见的坐标系如下：

（1）地球中心坐标系（Earth Centered Earth Fixed Coordinate System，ECEF）；

（2）WGS-84 大地坐标系（World Geodetic System-1984 Coordinate System，WGS-84）；

（3）2000 国家大地坐标系（China Geodetic Coordinate System 2000，CGCS2000）；

（4）导航坐标系（如 North-East-Down Coordinate System，NED）；

（5）机体坐标系。

这些坐标系可分成地理坐标系和直角坐标系两类，其中地理坐标系和前述球面坐标系类似。导航常用坐标系中的地球中心坐标系、导航坐标系、机体坐标系都属于直角坐标系，而 WGS-84 大地坐标系和 2000 国家大地坐标系则属于地理坐标系。

1. 地理坐标系

地理坐标系基于球面来定义地球上某点的位置。如图 2-5 所示，点的位置可表示为 (L, B, H)，L 表示方位角，也称为经度，对于绝大多数地理坐标系，设定经过伦敦格林尼治天文台的子午线为零度经线，零度经线也称为本初子午线；B 表示高度角，也称为纬度，以赤道为零度纬线；H 表示相对高度。地理坐标系包括角度测量单位、本初子午线和基于旋转椭球体的基准面。

可通过经度值和纬度值对点进行引用，经度和纬度是从地心到地球表面上某点的测量角，通常以度或百分度为单位来测量该角度。图 2-6 将地球显示为具有经度值和纬度值的地球，从图中可以看出，水平线是纬线，垂直线是经线，这些线包裹着地球，构成了一个称为经纬网的格网化网络，经纬网的原点（0，0）定义在赤道和本初子午线的交点处。

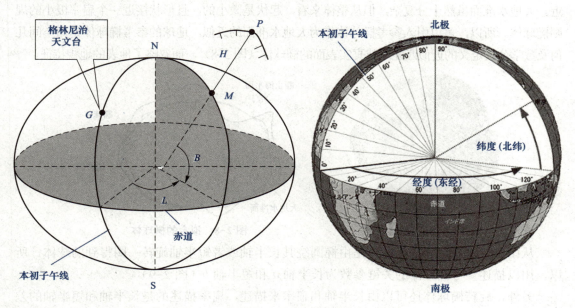

图 2-5　地理坐标系

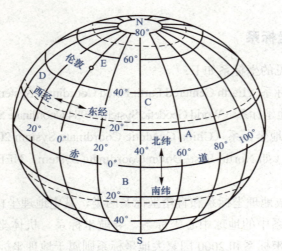

图 2-6 地球仪上的经纬网

（1）参考椭球面。

由于地球是一个赤道略鼓、两极略扁的、球内各点密度不同，形状与梨的外形相似的不规则球体（图 2-7），而且由于高山、悬崖、峡谷等地形地貌的存在，地球表面存在无数的凸起和凹陷，这就意味着不能用一个球体或者椭球体来完全拟合地球。由于地球表面 71% 的面积被海水覆盖，可以假设当海水处于完全静止的平衡状态时，从海平面延伸到所有大陆内部，而与地球重力方向处处正交的一个连续、闭合的曲面，该曲面是重力等位面，即水在这个面上不会流动，所以人们将其命名为大地水准面。但是由于地球表面起伏不平和地球内部质量分布不匀，故大地水准面是一个略有起伏的不规则曲面，人们常用来它表示地球的物理形状。

由于大地水准面不能用空间几何和数学公式很好地描述，我们需要对其进行再一次的逼近。大地水准面虽然十分复杂，但从整体来看，起伏是微小的，且形状接近一个扁率极小的规则椭球体。所以，可以引入参考椭球体作为大地水准面的近似，地球的参考椭球体是用空间几何及数学公式定义的近似匹配地球真实表面的椭球体（图 2-8），而忽略了地表的地貌特征。

图 2-7 真实的地球

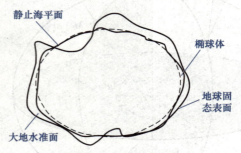

图 2-8 拟合的椭球体

从图中可以看出旋转椭球体是由椭圆绕其长半轴或者短半轴旋转一圈得到的球体，所以，用以描述参考椭球体的关键参数为长半轴 a 和短半轴 b（图 2-9）。

另外，旋转椭球体还可以由长半轴和扁率来描述，扁率描述的是长半轴和短半轴的差异程度，一般用 $(a-b)/a$ 表示。

（2）基准面。

由于地球真实形状的不规则性，导致没有一个标准的参考椭球体可以对地球上的每一点进行精准的量测，参考椭球体只是对真实地球表面的一种近似。参考椭球体可能与大地水准面的某些位置能够精确的拟合，但对另外一些位置的拟合相差甚远（图2-10）。因此，这里还需要一个大地基准面来控制参考椭球体和地球的相对位置。

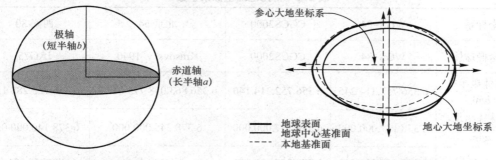

图2-9　椭球体参数　　　　　　　图2-10　地心基准面和区域基准面

当一个旋转椭球体的形状与地球相近时，基准面用于定义旋转椭球体相对于地心的位置，是基于特定参考椭球体通过位于特定位置的原点及方位角等参数对地球进行拟合。基准面定义了旋转椭球体逼近地球某一个区域表面的方式。每个国家和地区都有各自的基准面，每张地图与空间数据集都有基准面。基准面有很多，分别被用于地球上的不同位置。基准面可分为地心基准面和区域基准面。

1）地心基准面用于定义与地球最吻合的、坐标与地球质心相关联的旋转椭球体，其使用地球的质心作为原点，所以得到的椭球体又称地心大地坐标系。使用最广泛的地心基准面是WGS-84和CGCS2000，可用于世界范围内的定位测量。

2）区域基准面是在特定区域内与地球表面极为吻合的旋转椭球体。旋转椭球体表面上的点与地球表面上的特定位置相匹配。该点也被称为大地原点，大地原点的坐标是固定的，所有其他点由其计算获得。我们国家的区域基准面有北京54和西安80，其中，西安80的坐标原点（中华人民共和国大地原点），位于陕西省泾阳县永乐镇北流村（图2-11），其经纬度为北纬34°32′27.00″、东经108°55′25.00″。因为区域基准面的旋转椭球体仅与地表某特定区域吻合，所以不适用于该区域之外的其他区域。相对于同一地理位置，不同的大地基准面，其经纬度坐标是有差异的。由于椭球体的中心不与地球质心重合而是接近地球质心，所以基于区域基准面得到的坐标系又称为参心大地坐标系。

图2-11　中华人民共和国大地原点

（3）常见地理坐标系。

有了参考椭球体和大地基准面就可以建立地理坐标系了。地理坐标系是大地测量中以参考椭球面为基准面建立起来的坐标系。地面点的位置用经度、纬度和大地高度表示。表 2-1 列举了常见地理坐标系参数。

表 2-1　常见地理坐标系参数

坐标系	WGS-84	CGCS2000	北京 54	西安 80
参考椭球体	WGS-84	CGCS2000	Krasovsky_1940	IAG75
椭球体极半径 b/m	6 356 752.314 245	6 356 752.314 140	6 356 863.018 773 047 3	6 356 755.288 158
椭球体赤道半径 a/m	6 378 137.000 000	6 378 137.000 000	6 378 245.000 000	6 378 140.000 000
扁率	1/298.257 223 563	1/298.257 222 101	1/298.3	1/298.257 221 01
参考水准面	—	85 黄海	56 黄海	85 黄海
种类	地心坐标系	地心坐标系	参心坐标系	参心坐标系

1）WGS-84 大地坐标系是一种国际上采用的地心坐标系，GPS 输出的就是这个坐标系下的坐标数据。坐标原点为地球质心，其地心空间直角坐标系的 Z 轴指向国际时间局（BIH）1984.0 定义的协议地极（CTP）方向，X 轴指向 BIH 1984.0 的协议子午面和 CTP 赤道的交点，Y 轴与 Z 轴、X 轴垂直构成右手坐标系，称为 1984 年世界大地坐标系。这是一个国际协议地球参考系统（ITRS），是目前国际上统一采用的大地坐标系（图 2-12）。

2）2000 国家大地坐标系是我国新一代大地坐标系，以国际地球框架 ITRF 1997 为参考，采用 2000 历元建立的区域性地心坐标系统于 2008 年正式启用。2000 国家大地坐标系的原点为包括海洋和大气的整个地球的质量中心；2000 国家大地坐标系的 Z 轴由原点指向历元 2000.0 的地球参考极（IERS 参考极）的方向，该历元的指向由国际时间局给定的历元为 1984.0 的初始指向推算，定向的时间演化保证相对于地壳不产生残余的全球旋转，X 轴由原点指向格林尼治参考子午线与地球赤道面（历元 2000.0）的交点，Y 轴与 Z 轴、X 轴构成右手正交坐标系（图 2-13）。

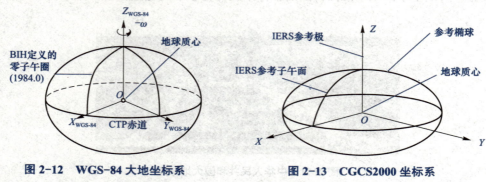

图 2-12　WGS-84 大地坐标系　　　　图 2-13　CGCS2000 坐标系

2. 直角坐标系

（1）导航坐标系。常用的导航坐标系有东北天坐标系（ENU 坐标系）和北东地坐标系（NED 坐标系）两种。

对于在地球表面运动范围不大的无人机来说，其飞行区域接近于平面。要了解以操控者或地面站为中心的无人机导航信息，就需要建立位于地球表面的坐标系，来描述无人机的位置和速度。这里一般选用东北天坐标系作为无人机的一种导航坐标系，该坐标系的具体定义为：原点位于当地参考椭球的球面上，X 轴沿参考椭球的纬线切线方向指向东（图 2-14 中的 East 方向），Y 轴沿参考椭球经线切线方向指向地球北极（图 2-14 中的 North 方向），Z 轴沿参考椭球面法线方向指向天顶（图 2-14 中的 Up 方向）。

在无人机开源飞控 Pixhawk 的原生固件 PX4 中采用的是北东地坐标系，北东地坐标系各轴的定义为：原点位于当地参考椭球的球面上，X 轴沿参考椭球的纬线切线方向指向东（图 2-15 中的 East 方向），Y 轴沿参考椭球经线切线方向指向地球北极（图 2-15 中的 North 方向），Z 轴沿参考椭球面法线方向指向下方或者由右手定则确定（图 2-15 中的 Down 方向）。

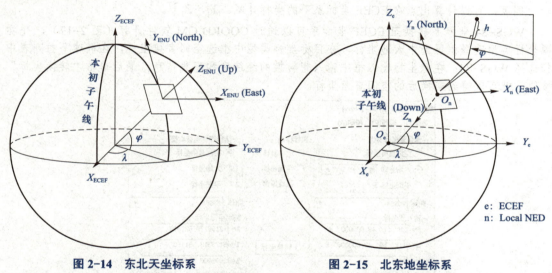

图 2-14　东北天坐标系　　　　　图 2-15　北东地坐标系

（2）机体坐标系。在无人机的导航信息中，无人机的姿态参数非常重要，而想要很好地描述无人机的姿态，就离不开无人机机体坐标系。无人机机体坐标系是以无人机为中心，且固连在无人机上的坐标系，符合右手定则（图 2-16）。具体定义：机体坐标系的原点位于无人机的质心，X 轴沿无人机的纵轴方向向前（指向无人机机头方向），Y 轴垂直于无人机对称面并指向飞行器右方，Z 轴在对称面内垂直于 XOY 平面，且指向无人机下方。机体坐标系是无人机惯性导航的基础坐标系，IMU 中获得的加速度状态信息就是该坐标系下的数值。

图 2-16　机体坐标系

【任务实施】

方案的基本思路是先将两个 WGS-84 坐标系下的坐标位置转换到地心地固坐标系 ECEF 中，并计算两个点在 ECEF 坐标系中的坐标差，而后将 ECEF 中的坐标差转换至东北天坐标系中。

设飞机起飞点在 WGS-84 坐标系的坐标 $P_0 = [lat_0, lon_0, hgt_0]^T$，农田区域某点的 GPS 坐标 $P_1 = [lat_1, lon_1, hgt_1]^T$。则可以求出起飞点在 ECEF 中的坐标 $[X_0, Y_0, Z_0]^T$：

$$\begin{cases} X_0 = (N+hgt_0)\cos(lat_0)\cos(lon_0) \\ Y_0 = (N+hgt_0)\cos(lat_0)\sin(lon_0) \\ Z_0 = [N(1-e^2)+hgt_0]\sin(lat_0) \end{cases} \quad (2-3)$$

式中，e 为 WGS-84 椭球偏心率，N 为基准椭球体的曲率半径，各自表达式如下：

$$\begin{cases} e = \dfrac{\sqrt{a^2-b^2}}{a} \\ N = \dfrac{a}{\sqrt{1-e^2(\sin lat_0)^2}} \end{cases} \quad (2-4)$$

式中，a 为椭球长半轴，b 为椭球短半轴。

同理，可以计算出点在 ECEF 坐标系下的坐标 $[X_1, Y_1, Z_1]^T$。

WGS-84 坐标系转换至 ECEF 坐标系可以通过 COORD GM 软件计算（图 2-17），先在源坐标类型选择框里选中大地坐标，在目标坐标类型中框选空间直接坐标，在椭球下拉列表中都选择 WGS-84；在源坐标输入框中输入想转换的经纬度和高程信息；最后单击"转换坐标"按钮，就可以得到转换后的空间直角坐标。

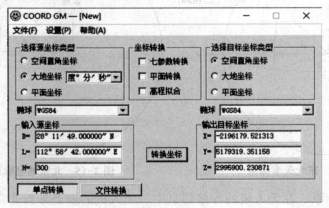

图 2-17　坐标系转换

然后可以求出，两点在 ECEF 坐标系下的坐标差：

$$\begin{bmatrix} \Delta X \\ \Delta Y \\ \Delta Z \end{bmatrix} = \begin{bmatrix} X_1 \\ Y_1 \\ Z_1 \end{bmatrix} - \begin{bmatrix} X_0 \\ Y_0 \\ Z_0 \end{bmatrix} \quad (2-5)$$

最终点在北东天坐标系的坐标为

$$\begin{bmatrix} E \\ N \\ U \end{bmatrix} = \begin{bmatrix} -\sin(lon_0) & \cos(lon_0) & 0 \\ -\sin(lat_0)\cos(lon_0) & -\sin(lat_0)\sin(lon_0) & \cos(lat_0) \\ \cos(lat_0)\cos(lon_0) & \cos(lat_0)\sin(lon_0) & \sin(lat_0) \end{bmatrix} \cdot \begin{bmatrix} \Delta X \\ \Delta Y \\ \Delta Z \end{bmatrix} \quad (2-6)$$

COORD GM 软件除了可以实现大地坐标到空间直角坐标系的坐标转换，还可以实现

WGS-84大地坐标系到西安80坐标系的转换，但是需要转换参数。而转换参数属于保密数据，因此无法通过其参数实现坐标转换，只能找控制点，通过控制点实现坐标转换。由于测绘数据属于国家机密，在野外使用无人机进行测绘作业时，应提前向当地政府主管部门申请，严禁利用无人机进行非法测绘。

【拓展阅读】

笛卡尔坐标系的由来

经典名言"我思故我在"的提出者，法国哲学家、数学家笛卡尔，据说有一天，生病卧床，病情很重，尽管如此，他还反复思考一个问题：几何图形是直观的，而代数方程是比较抽象的，能不能把几何图形与代数方程结合起来，也就是说，能不能用几何图形来表示方程呢？要想达到此目的，关键是如何把组成几何图形的点和满足方程的每一组"数"挂上钩，他苦苦思索，拼命琢磨，通过什么样的方法才能把"点"和"数"联系起来呢？突然，他看见屋顶角上的一只蜘蛛，拉着丝垂了下来，一会儿工夫，蜘蛛又顺着丝爬上去，在上边左右拉丝。蜘蛛的"表演"使笛卡尔的思路豁然开朗。他想，可以把蜘蛛看作一个点，它在屋子里可以上、下、左、右运动，能不能把蜘蛛的每个位置用一组数确定下来呢？他又想，屋子里相邻的两面墙与地面交出了3条线，如果把地面上的墙角作为起点，把交出来的3条线作为3根数轴，那么空间中任意一点的位置就可以从这3根数轴上找到有顺序的3个数。反过来，任意给一组3个有顺序的数也可以在空间中找出一点P与之对应，同样的道理，用一组数(x, y)可以表示平面上的一个点，平面上的一个点也可以用一组2个有顺序的数来表示，这就是坐标系的雏形。

17世纪初，笛卡尔建立了他的坐标系。今天，在我们看来，坐标系十分简单。可就是这么简单的坐标系，对数学产生了极其重要的影响，凭着这一项发明，笛卡尔跻身数学帅才之列。笛卡尔坐标系厉害在哪里呢？有人可能会说数和形统一起来了，也有人会说解析几何从此诞生了。这些说法都是对的，但笛卡尔坐标系的真正意义不止于此。笛卡尔提出坐标系，并没有证明深刻的定理，但坐标系对数学发展的影响是任何深刻的定理都比不了的，因为有了坐标系，才会有变量，才可以表达函数，微积分才有了发展的舞台。与古代常量数学不同，资本主义萌芽之后的数学是变量数学的时代，这源于实践中提出的对运动研究的要求。笛卡尔坐标系是变量数学的先导和基础，这是坐标系的真正意义，深刻地影响了数学的发展。

【巩固提高】

1. 我们国家的北斗卫星导航系统采用的坐标系是什么？
2. 无人机导航中用到的坐标系有哪些？
3. 查找资料，简要描述GPS卫星导航系统采用的坐标系。
4. 简述六旋翼无人机的机体坐标系。

项目三 03 惯性导航系统

【知识目标】

1. 掌握惯性导航系统工作原理。
2. 掌握陀螺仪、加速度计和磁力计工作原理。
3. 掌握 MEMS 陀螺仪工作原理。
4. 掌握 AHRS 和 IMU 的区别与联系。

【能力目标】

1. 能够进行 Mission Planner 地面站的基本操作。
2. 能够进行加速度计、陀螺仪和磁力计校准。

【素质目标】

1. 具有艰苦朴素的工作作风和迎难而上的工作信念。
2. 具备一定的创新意识。

【教学导航】

本项目主要介绍惯性导航系统的工作原理和排故方法。

任务一 陀螺仪工作原理与排故方法

【任务引入】

无人机不能解锁起飞，连接飞控至 Mission Planner 地面站，HUD 显示"Gyros not healthy""Gyro cal failed"或"Gyros inconsistent"。

【任务分析】

无人机在遥控操作或者自主飞行情况下，需要时刻知道自己的航向和姿态，以便完成姿态控制，进而实现位置控制。而航向和姿态的测量工作主要依靠惯性导航系统中的陀螺仪来完成。陀螺仪是否能正常工作及精度的高低直接影响无人机的飞行动作的执行。

熟悉陀螺仪的组成、工作原理和使用方法，才能掌握陀螺仪的安装、校准和排故方法。

二【相关知识】

陀螺仪，大家可能不太了解，但是陀螺很多人都见过或者玩过，如大家在逛公园的时候，有时能看到人们在用鞭子抽陀螺（图3-1），这是一种流传甚广的中国传统民俗体育游戏。2021年5月24日，"打陀螺"经国务院批准列入第五批国家级非物质文化遗产代表性项目名录。

图3-1 抽陀螺

用力抽陀螺，陀螺就会高速旋转，在没有任何外力矩作用在陀螺上时，陀螺能稳定地直立在地面上而不会倒下。当转速减慢时，陀螺就会逐渐倾斜。这说明高速旋转的物体具有保持其自转轴方向不变的性质。科学家们根据这种性质，制造出一种能感测旋转、能定向或者定位的装置——陀螺仪。按照制作原理及结构可将其大致分为机械式陀螺仪、光学陀螺仪、微机械陀螺仪。

传统意义上的陀螺仪是指机械转子陀螺仪，内部含有高速旋转的陀螺，现在飞行控制的陀螺仪传感器已经进化成一块小小的芯片了，但是在陀螺仪出现的时候，它还是一个机械装置。目前，人们普遍认为是1850年法国的物理学家莱昂·傅科（J.Foucault）为了研究地球自转，发明了陀螺仪。那个时代的陀螺仪可以理解成把一个高速旋转的陀螺放到一个万向支架上面，陀螺在高速旋转时保持稳定，这样，人们就可以通过陀螺的方向来辨认方向和姿态。

陀螺仪不仅可以作为指示仪表，而更重要的是可以作为自动控制系统中的一个敏感元件，即可作为传感器。陀螺仪首先被用在航海导航上，后来被用在航空航天上。

在航空方面，由于飞机在空中飞行时，是无法像地面一样靠肉眼辨认方向的，危险性极高，而陀螺仪能提供准确的方位、水平、角速度和角度等信号，以便驾驶员或自动驾驶仪来控制飞机，所以陀螺仪迅速得到广泛应用，成为飞行仪表的核心。到了第二次世界大战，德国人研制了惯性制导系统，陀螺仪成为惯性制导系统的核心，这使飞机等航行体能按照一定的航线飞行，而在导弹、卫星运载器或空间探测火箭等航行体的制导中，则直接利用这些信号完成航行体的姿态控制和轨道控制。

从此以后，以陀螺仪为核心的惯性制导系统就被广泛应用于航空航天，而随着需求的刺激，陀螺仪也在不断进化。如激光陀螺仪、光纤陀螺仪及微机电（MEMS）陀螺仪，前两种都是通过光的传播特性，根据测量出的顺时针和逆时针的光程差计算出旋转的角速度；后一种是利用科里奥利力测量角速度。

一、机械转子陀螺仪

将陀螺仪安装在框架装置上,使陀螺仪的自转轴有一定的转动自由度,这种装置的总体称为机械转子陀螺仪。最早的陀螺仪都是机械式的,体积比较大,里面有高速旋转的陀螺(图 3-2)。因为陀螺仪可以感测物体相对于空间的旋转,所以可以利用它测量角位移或角速度。利用这种原理研制出了各种陀螺仪表,并在航空中得到广泛的应用。如指示转弯方向和速度的转弯仪、指示飞机俯仰角和倾斜角的航空地平仪(图 3-3)、指示航向角的罗盘。

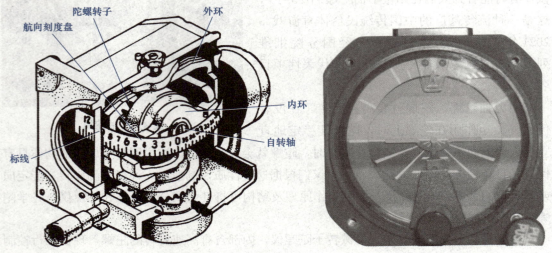

图 3-2 飞机上的航向陀螺仪　　　　　图 3-3 地平仪

机械转子陀螺仪由陀螺转子、内外框架(支承部件)和附件(电动机、力矩器、传感器等)组成(图 3-4)。由图 3-4 可以看出,转子是一个对称的飞轮,绕其自转轴高速旋转;内环可以绕内环轴相对外环自由旋转;外环又可以绕外环轴相对于外壳自由转动,这两种角速度都称为牵连角速度。而且自转轴、内环轴和外环轴两两相互垂直,且轴线交于一点,该点叫作陀螺仪的支点。整个陀螺仪可以绕支点做任意的转动。

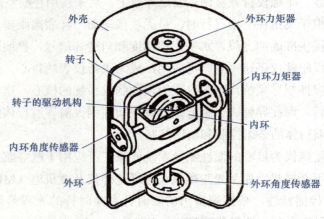

图 3-4 机械转子陀螺仪结构组成

1. 机械转子陀螺仪的分类

机械转子陀螺仪按结构划分，可分为二自由度陀螺仪（图 3-5）和三自由度陀螺仪（图 3-6），划分的标准为陀螺仪可自由转动轴的个数。

（1）二自由度陀螺仪除去相关附件，主要由转子、内环和基座等组成。由图 3-5 可知，陀螺转子可绕自转轴旋转，且内环可绕内环轴转动，即陀螺仪只能绕两个互相垂直的轴自由旋转，所以称为二自由度陀螺仪。

（2）三自由度陀螺仪除去相关附件，主要由转子、内环、外环和基座等组成，由图 3-6 可知，陀螺转子可绕自转轴旋转，内环可绕内环轴转动，外环可绕外环轴转动，即陀螺仪能够绕 3 个互相垂直的轴旋转。

三自由度陀螺仪的内环和外环能保证自转轴在空间指向任意方向。因此，内环与外环组成的支架又称为万向支架。在三自由度陀螺仪中，陀螺仪的重心和支点重合。如果轴承没有摩擦，陀螺仪称为自由陀螺仪，是一种理想的陀螺仪。

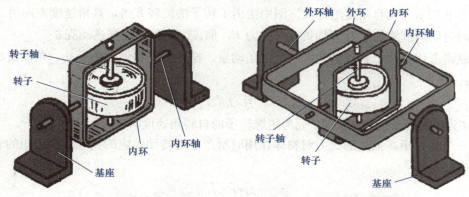

图 3-5 二自由度陀螺仪　　图 3-6 三自由度陀螺仪

2. 机械转子陀螺仪的性质

机械转子陀螺仪主要有稳定性和进动性两个基本特性。

（1）稳定性。稳定性是指陀螺仪保持其自转轴在空间的方向不发生变化的特性。可以用下面的玩具陀螺（图 3-7）来验证陀螺仪的稳定性，即将高速转动的陀螺分别放在水平面、倾斜平面上，观察陀螺的姿态。会发现当陀螺转子高速旋转时，无论支撑面是水平还是倾斜，陀螺的自转轴的指向永远保持不变。即使把陀螺抛向空中，其自转轴方向也不会改变。

陀螺仪的稳定性有定轴性和章动两种表现形式。其中，定轴性指的是当陀螺转子高速旋转后，若在陀螺转子不受外力矩作用的情况下，无论基座如何转动，支撑在万向支架上的陀螺仪的自转轴指向惯性空间的方位不变，这种特性叫作定轴性；而章动是指当陀螺转子受到瞬时冲击力矩后，其自转轴在原位置附近做微小的圆锥运动（图 3-8），但转子轴的方向基本保持不变。当章动的圆锥角为零时，就是定轴

神奇的陀螺仪

图 3-7 玩具陀螺

性。所以，章动是陀螺仪稳定性的一般形式；定轴性是陀螺仪稳定性的特殊形式。

（2）进动性。机械转子陀螺仪另一个重要的特性是进动性，当陀螺转子高速旋转时，如果施加的外力矩是沿着除自转轴以外的其他轴向，陀螺仪并不顺着外力矩的方向运动，其转动角速度方向与外力矩作用方向互相垂直，这种特性就叫作陀螺仪的进动性。例如，对于三自由度陀螺仪来说，若给陀螺转子施加的外力矩绕外环轴作用，陀螺仪将绕内环轴转动；若外力矩绕内环轴作用，陀螺仪将绕外环轴转动。对于二自由度陀螺仪（没有外环）来说，当强迫其绕第三轴（假想的外环轴）运动，且施加的外力矩方向不沿着自转轴方向时，则陀螺仪将绕内环轴转动。

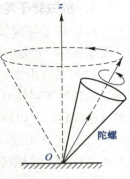

图 3-8　章动

那陀螺仪的进动方向是怎样的呢？通过以下的例子来分析：

图 3-9 所示为三自由度陀螺仪，图中给出了转子的旋转方向，其角速度方向沿 X 轴正方向，同时给内框施加了沿 Z 轴负方向的力 F，那该陀螺仪该怎样进动呢？

这就需要用到两个物理公式，一个是角动量，描述的是物体的角运动。角动量的表达式如下：

$$\vec{H}=J\vec{\omega} \tag{3-1}$$

式中，J 为陀螺转子的转动惯量，$\vec{\omega}$ 为陀螺转子的自转角速度。

另一个是力矩，描述的是力对物体作用时所产生的转动效应的物理量。力矩的表达式如下：

$$\vec{M}=\vec{r}\times\vec{F} \tag{3-2}$$

式中，$\vec{r}$ 为力臂，$\vec{F}$ 为施加给陀螺仪的外力，"×"表示叉乘。

进动角速度的方向取决于转子动量矩 H 的方向和外力矩 M 的方向，具体可通过动量矩矢量以最短的路径追赶外力矩来判断（图 3-10），进动角速度的大小可由下式给出：

$$\omega_{进动}=|\vec{M}|/[|\vec{H}|\cdot\sin\theta] \tag{3-3}$$

式中，θ 为进动角速度和角动量的夹角。并且由式（3-3）可知，进动角速度的大小与外力矩的大小成正比，与转子的动量矩的大小成反比。

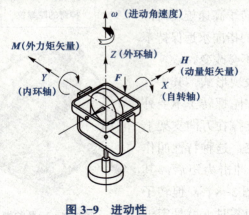

图 3-9　进动性　　　　　　图 3-10　进动角速度的方向

结合式（3-1）和式（3-2）可知，图3-9中陀螺转子的角动量的方向沿Z轴正方向，外力矩的方向沿Y轴正方向，则进动角速度的方向沿Z轴正方向，即从俯视的角度看陀螺仪，陀螺仪外环绕外环轴逆时针转动。

关于陀螺仪的进动性，可总结如下：

（1）进动不是发生在力矩作用的方向，而是发生在和它垂直的方向；

（2）外力矩停止作用时，进动运动停止；

（3）进动的内因是转子的高速自转，即动量矩的存在；

（4）进动的外因是外力矩改变动量矩的作用。

如果外力矩为干扰力矩，则在干扰力矩作用下产生的进动，会使陀螺转子自转轴在惯性空间逐渐偏离原来的方位，这种现象称为陀螺仪的漂移。

3. 陀螺仪相对地球的视在运动

由于陀螺仪的转动相对于惯性空间保持方向不变，而地球以自转角速度绕极轴相对于惯性空间转动，因此观察者以地球为参考基准，会看到陀螺自转轴相对于地球在运动（图3-11），这种现象叫作陀螺仪的视在运动。

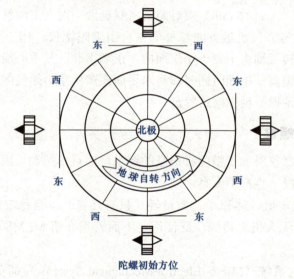

图3-11 陀螺仪的视在运动

因此，如果想利用陀螺仪在载体上建立当地垂线和子午线作为姿态的测量基准，就必须对陀螺施加一定的控制力矩或修正力矩，使其自转轴始终跟踪当地垂线和子午线在惯性空间中的方位变化。

4. 机械转子陀螺仪的应用

图3-12所示为测量飞机转弯角速度仪表的结构简图。图中，陀螺仪的外环固定在飞机上，内环轴垂直于要测量角速度的轴，并且内环与平衡

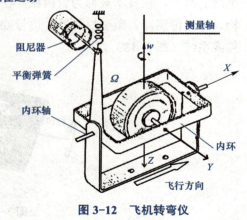

图3-12 飞机转弯仪

弹簧进行刚性连接。当飞机连同外环以一定的角速度（角速度方向如图3-12所示）绕测量轴转弯时，会给陀螺仪施加一个沿Z轴负方向的外力矩，陀螺转子的角动量的方向沿Y轴负方向，则陀螺仪的进动性会使内环连同转子一起绕内环轴相对飞机旋进，旋进的角速度方向与飞行方向同向。陀螺仪中有弹簧，可以限制这个相对旋进，平衡弹簧产生弹性力矩，直至内环停转，使内环的旋进角正比于弹簧的变形量，内环相对于初始位置转过的角度即表示飞机转弯角速度大小。另外，有时会让内环和阻尼器进行刚性连接，这样就构成了积分陀螺仪，其与速率陀螺仪的不同处只在于用线性阻尼器代替弹簧约束。当飞机做任意变速转动时，积分陀螺仪的输出量是绕测量轴的转角（角速度的积分）。积分陀螺仪与速率陀螺仪在远距离测量系统或自动控制、惯性导航平台中使用较多。

机械转子陀螺仪在飞机上另一个典型应用是航向陀螺仪和陀螺罗盘。

航向陀螺仪是一种能指示飞机转弯角度和航向的陀螺装置。由图3-2可知，它是三自由度均衡陀螺仪，其底座固连在飞机上，转子轴提供惯性空间的给定方向。若开始时转子轴水平放置，并指向仪表的零方位，则当飞机绕铅直轴转弯时，仪表就相对于转子轴转动，从而能给出转弯角度和航向指示。由于摩擦及其他干扰，转子轴会逐渐偏离原始方向，因此每隔一段时间（如15 min）须对照精密罗盘做一次人工调整。

陀螺罗盘是供航行和飞机做方向基准的三自由度陀螺仪，用于寻找并跟踪地理子午面。其外环轴铅直，转子轴水平置于子午面内，正端指北；其重心沿铅垂轴向下或向上偏离支承中心。转子轴偏离子午面时同时偏离水平面而产生重力矩使陀螺旋进到子午面，这种利用重力矩工作的陀螺罗盘称摆式罗盘。

二、MEMS陀螺仪

由于机械转子陀螺仪对加工精度有很高的要求，而且怕振动，因此以机械转子陀螺仪为基础的导航系统精度一直都不太高。

MEMS陀螺仪成本低、体积小、质量轻（只有几克），且稳定性和精度都比机械转子陀螺仪高，在民用无人机上得到广泛使用。下面着重介绍MEMS陀螺仪的角速度测量原理。

MEMS是微机电系统（Micro-Electro-Mechanical Systems）的英文缩写。MEMS是美国的叫法，在日本被称为微机械，在欧洲被称为微系统，是指可批量制作的，集微型机构、微型传感器、微型执行器、信号处理和控制电路、接口、通信和电源于一体的微型器件或系统（图3-13）。

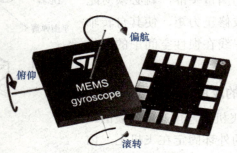

图3-13 MEMS陀螺仪

与传统的利用角动量守恒原理的陀螺仪相比，MEMS 陀螺仪使用了不同的工作原理。传统的陀螺仪是一个不停转动的物体，其自转轴的指向不随承载支架的旋转而变化。要把这样一个不停转动的、没有支撑的、内环或者外环能旋转的物体用微机械技术在硅片衬底上加工出来，显然很难。为此，MEMS 陀螺仪在基于传统陀螺仪特性的基础上利用科里奥利力——旋转物体在有径向运动时所受到的切向力来实现设备的小型化。

科里奥利力也就是常说的科氏力，是对旋转体系中进行直线运动的质点由于惯性相对于旋转体系产生的直线运动的偏移的一种描述。如图 3-14 所示，O-XYZ 坐标系相对于惯性系做旋转运动，质量块在 O-XYZ 坐标系下相对坐标系做匀速直线运动。但是在惯性系下观察质量块，质量块做曲线运动，也就意味着质量块受到外力作用改变了速度，这个外力就是科氏力。

科氏力来自物体运动所具有的惯性，由于地球自转运动而作用于地球上运动质点的偏向力就是这样的代表。另外，科氏力有助于解释河道的一边往往比另一边冲刷得更厉害的地理现象。例如，在北半球，从南向北流的河流（如湘江），河水冲刷东岸更厉害；从北向南流的河流，河水冲刷西岸更厉害。

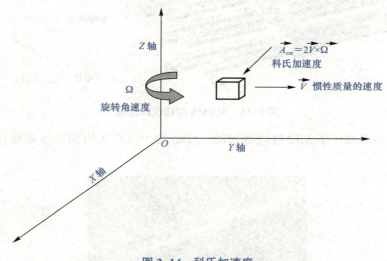

图 3-14 科氏加速度

由图 3-14 可知，科氏力的方向垂直于惯性质量块的速度方向和坐标系的转动方向。如果物体在旋转体系上没有径向运动，就不会产生科氏力。

科氏力的存在使旋转中的 MEMS 陀螺仪可对各种形式的直线运动产生反应（图 3-15）。这样，通过记录陀螺仪部件受到的科氏力便可以进行无人机运动的测量与控制。MEMS 陀螺仪一般由梳子结构的驱动部分和电容板形状的传感部分组成（图 3-16），这样就形成了两个方向的可移动电容板。当径向的电容板加振荡电压迫使物体做径向运动时，横向的电容板就可以测量出由于横向科里奥利运动带来的电容变化。这样，MEMS 陀螺仪在驱动下就会不停地来回做径向运动或振荡，从而得到不停地在横向来回变化的科氏力，进而在横向做与驱动力垂直的微小振荡。这种科氏力正比于角速度，所以由电容的变化便可以计算出 MEMS 陀螺仪的角速度。

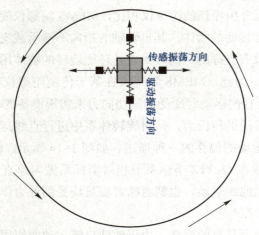

图 3-15 科氏力的产生

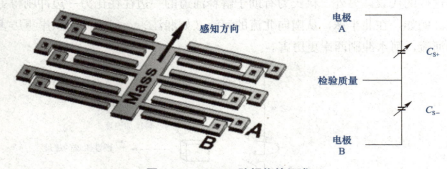

图 3-16 MEMS 陀螺仪的组成

上面只是抽象展示了 MEMS 陀螺仪的工作原理，而真实的 MEMS 陀螺仪内部构造如图 3-17 所示。

图 3-17 三轴 MEMS 陀螺仪细致结构显微照

常用的 MEMS 陀螺仪均采用振动物体传感角速度的原理，利用振动来诱导和探测科氏力而设计的 MEMS 陀螺仪没有旋转部件、不需要轴承，可以用微机械加工技术大批量生产。

现今民用无人机飞控里的陀螺仪大多采用的是 MEMS 陀螺仪。MEMS 陀螺仪相比传统的机械陀螺仪具有明显的优势：

（1）体积小、质量轻，适用于对安装空间和质量要求苛刻的场合；

（2）低成本、低功耗；

（3）高可靠性，内部无转动部件，全固态装置，抗大过载冲击，工作寿命长；

（4）大量程，适用于高转速大重力加速度的场合；

（5）易于数字化、智能化，可数字输出，温度补偿，零位校正等。

三、陀螺仪数据校准

目前，大多数的陀螺校准其实就是去掉零点偏移量。采集一定的数据求平均，这个平均值就是零点偏移，后续飞控所读的数据减去零点偏移即可。下列有关陀螺仪数据处理的 6 个式子摘自 Pixhawk 飞控源代码：

$$gyro\_bias[0] \mathrel{+}= gyro\_cur[0] \quad (3-4)$$

$$gyro\_bias[1] \mathrel{+}= gyro\_cur[1] \quad (3-5)$$

$$gyro\_bias[2] \mathrel{+}= gyro\_cur[2] \quad (3-6)$$

$$gyro\_bias[0] \mathrel{\times}= 0.005 \quad (3-7)$$

$$gyro\_bias[1] \mathrel{\times}= 0.005 \quad (3-8)$$

$$gyro\_bias[2] \mathrel{\times}= 0.005 \quad (3-9)$$

其中，前 3 个式子为飞控静止时采集到的陀螺仪 3 个方向累加零点的偏移数据，后 3 个式子表示取平均。

陀螺的校准比较简单，一般上电后，自己执行即可，然后保存这个零偏。注意每次上电得到的零点偏移量都不同，所以需要每次都校准一次。

通常，有陀螺上电自动校准功能的，是需要通电后保持静止的，否则校准得到的是一个错误值，所以最好能识别飞行器是否处于静止状态，然后进行校准。方法也很简单，就是判定两次采集的数据差的和是否超过一定阈值，超过阈值，说明在运动中，就不能启用校准算法。

四、陀螺仪的误差分析

作为飞控系统上的核心传感器，陀螺仪的重要性不言而喻。飞控的姿态数据在很大程度上需要依赖陀螺仪的数据。但是低成本的 MEMS 传感器，如飞控上常用的 mpu6050/mpu6000 等，在使用过程中，误差一直伴随着测量值，所以就需要了解陀螺仪有哪些误差及处理的方法。

MEMS 惯性器件的误差一般分为系统性误差和随机误差两类。系统性误差的本质就是能找到规律的误差，所以可以实时补偿掉，主要包括常值偏移、比例因子、轴安装误差等。但是随机误差一般是指噪声，无法找到合适的关系函数去描述噪声，所以很难处理。一般采用时间序列分析法对零点偏移的数据进行误差建模分析，可以用卡尔曼滤波算法减小随机噪声的影响。

从物理意义和误差来源分，MEMS 陀螺仪漂移也可分为常值漂移、角度随机游走、速率随机游走、量化噪声和速率斜坡等。

五、陀螺仪的温漂特性

MEMS 陀螺仪的零点偏移会随着环境温度的变化而变化，直观感受就是在夏天进行飞行测试时，由于飞控上面无遮挡，当飞行一段时间后，飞控不能回平了。也就是说，在温度变化的情况下，解算的姿态角数据有偏差，根本原因是上电校准的零点偏移数据不能再用了。图 3-18 所示为陀螺仪在静止状态下，温度变化时，陀螺仪 3 个轴向的测量数据变化趋势。由图可以看出，当温度逐渐上升时，3 个轴向的数据都向递增的方向偏移。

目前解决这个问题的方法有两种：一种是传感器数据保持恒温输出，如大疆无人机会用大电阻给 IMU 模块加热，使传感器的工作温度维持恒定（图 3-19）。而且打开黑色的三轴陀螺仪盒子，发现上下都有缓冲物，这是为了减振，避免振动给陀螺仪带来测量误差。

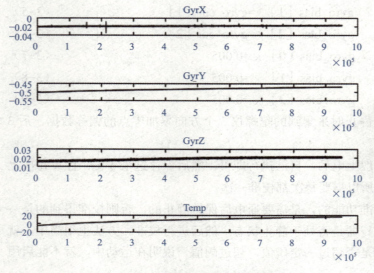

图 3-18　随温度变化的陀螺仪零点偏移数据　　　图 3-19　IMU

另一种是事先进行温漂标定，即在不同温度下，拟合出补偿的数据。但是，这种方法也较为麻烦，如飞控量产时，需要每一个都这么做；而且时间长了，标定会有偏差，一般情况下的陀螺仪误差模型如下：

$$\begin{bmatrix}\omega_x\\\omega_y\\\omega_z\end{bmatrix}=M\begin{bmatrix}1/s_x & 0 & 0\\0 & 1/s_y & 0\\0 & 0 & 1/s_z\end{bmatrix}\begin{bmatrix}\hat{\omega}'_x-b_x\\\hat{\omega}'_y-b_y\\\hat{\omega}'_z-b_z\end{bmatrix} \quad (3-10)$$

$$\begin{bmatrix}\hat{\omega}'_x\\\hat{\omega}'_y\\\hat{\omega}'_z\end{bmatrix}=\begin{bmatrix}\hat{\omega}_x\\\hat{\omega}_y\\\hat{\omega}_z\end{bmatrix}-H\begin{bmatrix}a_x\\a_y\\a_z\end{bmatrix} \quad (3-11)$$

其中，ω_x、ω_y、ω_z 为陀螺输出理想值，$\hat{\omega}_x$、$\hat{\omega}_y$、$\hat{\omega}_z$ 为陀螺仪测量值，b_x、b_y、b_z 为陀螺仪输出的零点偏移，s_x、s_y、s_z 为比例因子，M 和 H 分别为三轴不正交误差矩阵与加速度对陀螺影响误差矩阵。在实际应用中，厂家需要用 IMU 校准平台在出厂前进行辅助处理。陀螺仪在水平转台上每个轴都转 5 圈，理想情况下的输出应该是：

$$C=\begin{bmatrix}10\pi & 0 & 0\\0 & 10\pi & 0\\0 & 0 & 10\pi\end{bmatrix} \quad (3-12)$$

如绕 x 轴旋转 5 圈，应该是 3 600°，而实际测量值积分得到的却是 3 500°，则可以

得到 x 轴的比例因子为 3 600/3 500，约为 1.02，同理可得其他两个轴的比例因子。

安装误差矩阵如何求得？

假设绕 x 轴转 5 圈后，实际的输出矩阵可能是

$$B = \begin{bmatrix} 64.398\ 6 & -0.034 & 0.141 \\ -0.201 & 64.726\ 2 & 0.023 \\ 0.237\ 9 & 0.825\ 0 & 64.189\ 7 \end{bmatrix} \quad (3-13)$$

假设安装误差矩阵 M

$$M = \begin{bmatrix} x_{11} & x_{12} & x_{13} \\ x_{21} & x_{22} & x_{23} \\ x_{31} & x_{32} & x_{33} \end{bmatrix} \quad (3-14)$$

则存在这样一个关系，$C = MB$，可得

$$M = CB^{-1} = \begin{bmatrix} 0.975\ 4 & -0.013\ 5 & 0.021\ 4 \\ -0.011\ 7 & 0.984\ 1 & 0.002\ 3 \\ 0.023\ 1 & 0.107 & 0.985\ 1 \end{bmatrix} \quad (3-15)$$

总结：

（1）陀螺仪的误差校准主要是处理确定性误差，即零点偏移、比例因子、安装误差等，尤其是零点偏移的处理，会影响姿态估计的准确性；

（2）去零点偏移时，最好先让陀螺仪处于水平静止状态，再进行校准处理；

（3）陀螺仪的温漂也需要进行处理，以使其适应各种温度环境下的飞行；

（4）至于滤波，看具体情况，一般，450 mm 轴距的飞行器，滤波带宽设置成 30 Hz，普通的一阶低通滤波器即可满足需求。

【任务实施】

无人机在故障检修时，为避免发生安全事故，对他人和自己造成伤害，排故检修人员必须遵守安全使用和检查操作规范。

一、排故前注意事项

（1）由于无人机桨叶转速快，且桨叶材质较硬，旋转的桨叶会对人造成很大的伤害，因此检修前一定要将桨叶拆除，千万不要带桨叶操作。

（2）检修前准备好相关的工具盒和材料盒，做好工具"三清点"工作，拆卸下来的垫片、螺母、桨叶等要摆放好。

（3）拆除无人机的动力电池。

（4）排故前，确保飞行控制（飞控）正确安装。

二、Pixhawk 飞控陀螺仪的检修

1. 查看故障信息

用 Micro USB 线连接飞控与 Mission Planner 地面站，选择合适的端口和波特率，然后单击"连接"按钮。尝试解锁，并查看故障信息。

2. 明确故障信息含义

"Gyros not healthy"的意思是陀螺仪不健康，"Gyro cal failed"代表陀螺仪校准失败，"Gyros inconsistent"则表示陀螺仪不一致。

3. 检修

（1）如果 HUD 显示的故障信息是"Gyros not healthy"，这是由于陀螺仪数据跳动比较厉害，且数值不在量程范围内或者没有数据输出。可能的原因是 Pixhawk 飞控中的 MPU6000 芯片存在硬件问题，或者是飞控上电时没有处于静止状态，从而导致报错。

解决方案如下：

1）将无人机放平且让其保持静止不动，然后重新上电等待一段时间，让陀螺仪进行自校准。如果飞控状态指示灯红蓝交替闪烁几秒，表示陀螺仪正在进行校准。

2）如果尝试重新上电几次还是有问题，则需要检查 MPU6000 芯片是否有故障，方法是查看芯片资料，检查芯片引脚电压，并用示波器查看引脚输出的信号；确认芯片本身存在硬件问题后，需要及时进行更换。

（2）如果 HUD 显示的故障信息是"Gyro cal failed"，这个故障的原因一般是上电时，即在飞控状态灯红蓝灯闪烁时，飞控突然掉电；另外，还有可能是陀螺仪测量的数据超过限值。

解决方案是查找飞控掉电原因，并确保飞控供电不受影响，然后将无人机重新放平，并重新上电。

（3）如果 HUD 显示的故障信息是"Gyros inconsistent"，这是由于飞控上的两个陀螺仪的旋转角速度相差 20°/s 以上导致的，可能的原因是其中一个陀螺仪硬件出现故障，或者是陀螺仪标定不正确。

解决方案如下：

1）将无人机放平，重新上电校准；

2）如果是硬件出现故障，则需要按照第一步的方法进行排故。

◉ 【拓展阅读】

中国的激光陀螺仪发展历程

陀螺仪自诞生以来，就一直是各军事大国的核心技术，因为它可以提供精确的方位、姿态、位置、速度等信息。激光陀螺仪相比传统的机械陀螺仪无须转动部件，也不需要方向环框架、框架伺服机构、旋转轴承、导电环及力矩器和角度传感器等活动部件，所以结构简单，耐冲击力强，工作寿命长，维修方便，可靠性高；同时由于接通电源就能产生激光，所以启动时间短，稳定性好，并且抗干扰能力强，使其平均无故障工作时间已达到 90 000 h 以上；而且激光陀螺仪能够直接输出数字化控制信号，从而实现自动化或智能化控制（图 3-20）。

上述优点使激光陀螺仪成为飞行器惯导系统核心的惯性器件，是一种能够精确确定物体运动方位的精密航空仪器，在国防科学技术和国民经济的许多领域中占有十分重要的地位，现在已经被广泛应用于战机、导弹、潜艇等需要精确制导的武器装备上。我国在该技术的研究上，起步并不比西方国家晚。第二次世界大战结束后，西方各国纷纷启动研究激光陀螺仪的计划。20 世纪 60 年代初，美国研制出世界上第一台激光陀螺仪，引发了一场世界光学领域的革命，并且对我国进行了严格的技术封锁。当时刚刚成立不久的新中国，也在钱学森先生的倡议下成立了激光研究室。1971 年，我国激光陀螺奠基人高伯龙院士应招入京，才开启了国产激光陀螺技术的研发之路。高伯龙院士凭着深厚的理论功底，通过理论推导和计算，终于搞清楚了激光陀螺仪的原理,并根据当时我国的工艺水平,提出了与美国不同的技术路线(图 3-21)。

图 3-20　激光陀螺仪

图 3-21　高伯龙院士

1994 年,全内腔四频差动激光陀螺仪工程样机被研制出来(图 3-22),并成功通过了鉴定,我国成为世界上继美国、苏联、法国之后第 4 个能独立研制激光陀螺仪的国家。

不仅如此,当时其他 3 个国家还没有搞定四频,用的还是二频。也就是说,我们一研制就研制出了世界最先进的激光陀螺仪。

研制难度可想有多大,要知道当时的中国科学家都没见过激光陀螺仪实物,也不清楚里面的原理。而且以当时的科研条件与工艺水平,想研制成功,简直比登天还难。还是那句话,任何涉及核心的技术,我们不能被别人"卡脖子"。

图 3-22　全内腔四频差动激光陀螺仪工程机

或许有人会问:我们现在不是有北斗卫星导航系统吗?为何还要开发复杂、昂贵的激光陀螺仪?这是因为卫星导航虽然方便,全球都可以方便使用,但是有个最大的弱点,就是抗干扰能力不高。卫星在上万米的高空,发射信号很微弱,容易遭到干扰,而且导航卫星也容易在战时遭到敌人攻击,生存力低下。而激光陀螺仪最大的优点就是抗干扰能力强,不需要接收或辐射电磁波。因此,迄今为止没有任何一种方式,可以远距离地干扰陀螺仪工作,而且陀螺仪可在地下、水下、封闭空间内使用。毫无疑问,这是任何卫星导航所无可比拟的。

未来的战争一定是精准打击。包括遍布太空的卫星网络,以及基于无人机所形成的精确侦察打击能力等,而这一切都离不开陀螺仪的帮助。

正是有了高伯龙院士研制出来的国产激光陀螺仪,我国的导弹、战机、潜艇及各种尖端精确制导武器,从此安上了一双能精确定位、精确控制和精确打击的眼睛,也不用再担心受制于人。

也正是有这些老一辈科学家的无私奉献,我国才有了如今的成就。他们默默无闻地用自己一生的心血,为中华民族的复兴打下了坚实的"地基"。

【巩固提高】

1. 陀螺仪的误差有哪些?
2. 简述机械转子陀螺仪和 MEMS 陀螺仪测角原理。
3. 机械转子陀螺仪在航空上有哪些应用?
4. 简述 MEMS 陀螺仪数据校准方法。
5. 军用无人机和消费级无人机使用的陀螺仪是一样的吗?

任务二　加速度计工作原理及排故方法

【任务引入】

无人机飞控状态指示灯黄灯双闪，不能解锁起飞，连接飞控至 Mission Planner 地面站，HUD 显示"Accels not healthy"或者"Accels inconsistent"故障信息。

【任务分析】

无人机飞行时，既有角运动，又有线运动，角运动可以由陀螺仪来感测，线运动一般用加速度计来感测。加速度计对于无人机的位置控制起着至关重要的作用，同时，也是无人机感知水平的重要传感器。

熟悉加速度计的组成、工作原理和使用方法，才能掌握加速度计的安装、校准和排故方法。

【相关知识】

一、加速度计测量原理

加速度计用来感测运载体的线运动信息，是惯导系统的核心器件，其精度和性能基本上决定了惯导系统的精度和性能。

通常，加速度计的工作原理是通过测量弹簧拉一小质量块产生的形变量来得到加速度的。由于加速度计的动态固有频率较高，所以加速度计响应灵敏。弹簧形变大小取决于质量块上的合外力，这个力等于质量块的质量乘以重力加速度矢量和运动加速度矢量之和，意味着加速度计除测量物体运动加速度外，还测量重力加速度。

图 3-23 所示是加速度计的简化模型，由质量块、弹簧和阻尼器组成，敏感轴 x 垂直向上。图中虚线 O 点位置表示基座无加速度时质量块处于自由状态时的位置。假设基座沿图示方向有加速度 a，则质量块在惯性力作用下，使得弹簧发生变形，且阻尼力与变形速率方向相反，由此可得

$$F-mg+D\dot{x}+cx=m\ddot{x} \qquad (3-16)$$

$$F=ma \qquad (3-17)$$

式（3-16）中，等号左边 mg 表示阻尼器测得的阻尼力，$D\dot{x}$ 表示弹簧上测得的弹簧力；等号左边的 F 表示质量块受到的除重力以外的合外力，即质量块的质量乘以物体运动加速度。

当质量块运动达到稳态时，有 $a-g=-cx/m=-F_{弹}/m$。把 $f=\dfrac{F_{弹}}{m}$ 称为比力，即作用在单位质量上的非引力外力。而 $a=g-F_{弹}/m$，所以加速度计的输出和重力加速度做差才能得到

基座的运动加速度,即加速度计测量值包含重力加速度,其实际感测的不是运载体的加速度,而是比力,即作用在单位质量上的惯性力与引力的合力。比力代表了作用在单位质量上的弹簧力,与弹簧形变量成正比。

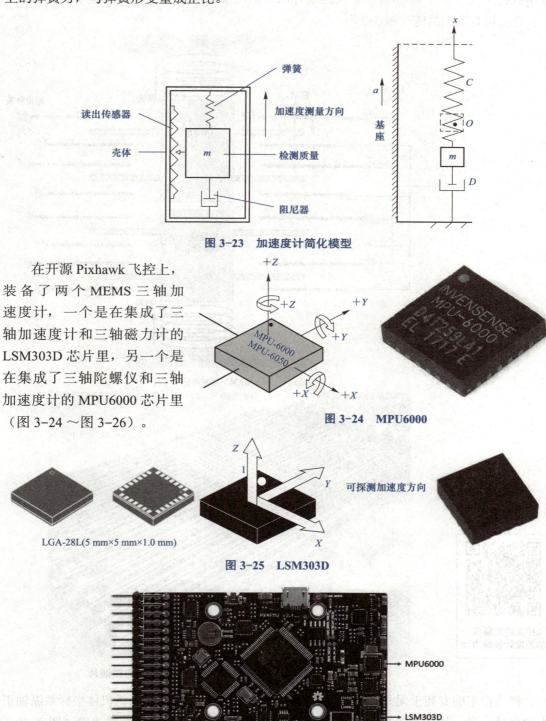

图 3-23　加速度计简化模型

在开源 Pixhawk 飞控上,装备了两个 MEMS 三轴加速度计,一个是在集成了三轴加速度计和三轴磁力计的 LSM303D 芯片里,另一个是在集成了三轴陀螺仪和三轴加速度计的 MPU6000 芯片里(图 3-24 ~ 图 3-26)。

图 3-24　MPU6000

图 3-25　LSM303D

图 3-26　Pixhawk 飞控上的 MPU6000 和 LSM303D 芯片

MEMS 三轴加速度计是采用压阻式、压电式和电容式工作原理,产生的加速度(压力或者位移)分别正比于电阻、电压和电容的变化。这些变化可以通过相应的放大和滤波电路进行采集。但是 MEMS 三轴加速度计的缺点是受振动影响较大,所以无人机飞控安装一定要做好减振措施(图 3-27)。

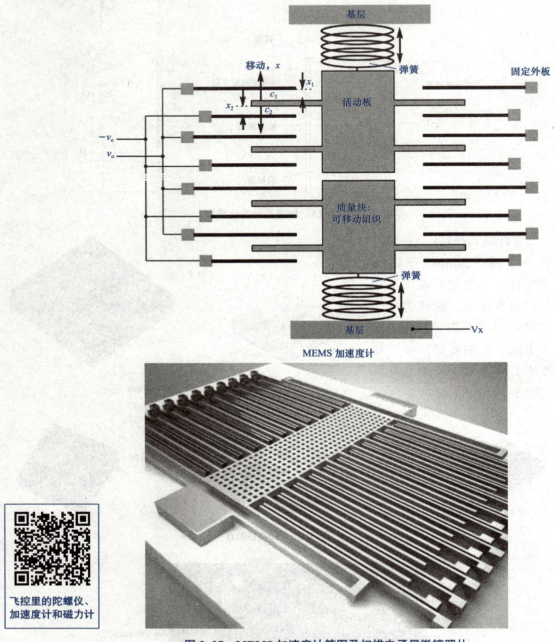

图 3-27　MEMS 加速度计简图及扫描电子显微镜照片

将飞控正确安装于无人机上,使得飞控壳体上的箭头标识与无人机机体坐标系纵轴正方向保持一致,则飞控上的加速度计测量的是无人机机体坐标系下的加速度(图 3-28、图 3-29)。

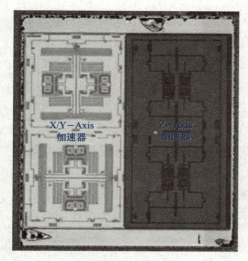

图 3-28　MEMS 三轴陀螺仪内部结构

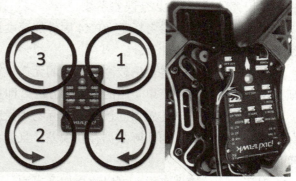

图 3-29　飞控装机示意

如图 3-30 所示，$O\text{-}XYZ$ 坐标系为无人机机体坐标系，R_x、R_y、R_z 分别是 MEMS 三轴加速度计测量的机体坐标系下 3 个轴向加速度，R 为包含重力加速度的合加速度（图 3-30）。

矢量 R 是加速度计所检测的矢量（重力和惯性力的合成）。R_x、R_y、R_z 是矢量 R 在 X、Y、Z 轴上的投影，并满足下列关系：

$$R^2 = R_x^2 + R_y^2 + R_z^2 \qquad (3\text{-}18)$$

通过坐标系变换，可以将机体坐标系下的合加速度转换到地理坐标系中，然后减去重力加速度矢量就是地理坐标系下无人机的加速度了。

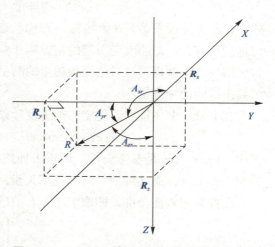

图 3-30　MEMS 三轴加速度计测得的合加速度

二、加速度计校准

在静态放置情况下，无论加速度计的位置在哪，所测得的加速度模值始终应该是当地重力加速度，而实际情况往往不满足这个条件，所以就需要对加速度计进行校准，校准的目的是为了提高姿态解算的精度。加速度计一般校准一次即可，不需要每次都上电校准。

加速度计校准方法主要有两种，一种是依赖于高精度的外部设备，如用转台来进行精确标定（图 3-31），主要校准加速度计安装误差、比例系数和零位偏移，采用的方法是静态六位置标定法。六位置法一般需要借助高精度转台进行试验测试，

图 3-31　加速度计精确标定

将姿态解算测试系统水平固定在转台测试台上面，安装过程中保证系统坐标系与转台测试面坐标系重合，对加速度传感器的各敏感轴进行竖直向上和向下测试，通过转动转台的内框－中框－外框对加速度计3个轴共测试6次，最后利用最小二乘法计算对6位置数据行进最小误差估计得到12个误差系数。

另一种则是重力参考标定（PX4固件加速度计校准算法），飞控会自动运行代码或离线数据采集进行参数计算。

由于转台这类设备价格较高，一般的无人机行业应用它来进行精确标定性价比太低，所以工程上一般采用简单实用的第二种方法，即重力参考标定方法。

在理想情况下，传感器的读数与实际物理量应该相同，但由于一些随机因素的影响，传感器测量到的数据与实际数据存在偏差，且偏差不停变化。偏差大体分为零位偏差和标度偏差两种。

对于一个传感器来说，可以建立如下模型：

$$实际物理量 = K \times 传感器度数 + B \tag{3-19}$$

式中，K为标度系数，B为零偏，理想状态下，$K=1$，$B=0$。但是实际中K与B的值会不停地随机变化，K的改变引起的偏差叫作标度偏差，B的改变引起的偏差叫作零位偏差。传感器校准，就是通过对已知物理量的测量，求出K与B的值，从而对测量值进行修正，解算出准确的物理量。

在Pixhawk飞控中，建立的加速度计模型如下：

$$\text{accel\_corr} = \text{accel\_T} \times (\text{accel\_raw} - \text{accel\_offs}) \tag{3-20}$$

式中，accel_corr是参考矢量，即重力加速度矢量；accel_T是转换矩阵，包含旋转和尺度缩放；accel_raw是实际测量的加速度矢量；accel_offs是加速度数据的零点偏移。

飞控采用六面校准，即取上下左右前后6个面的数据，则可以得到参考向量。

$$\text{accel\_corr} = \begin{bmatrix} g & 0 & 0 \\ -g & 0 & 0 \\ 0 & g & 0 \\ 0 & -g & 0 \\ 0 & 0 & g \\ 0 & 0 & -g \end{bmatrix} \tag{3-21}$$

式中，第一行至第六行数据分别对应飞控箭头朝下、箭头朝上、飞控安装平面朝右、飞控安装平面朝左、飞控反向放置、飞控水平放置时测得的数据。

具体校准步骤如下：

（1）先求出每个轴的偏移，方法是利用重力加速度在每个轴上的最大最小数据，再取平均。

$$\text{accel\_off}[0] = \frac{\text{accel\_raw\_ref}[0][0] + \text{accel\_raw\_ref}[1][0]}{2} \tag{3-22}$$

$$\text{accel\_off}[1] = \frac{\text{accel\_raw\_ref}[2][1] + \text{accel\_raw\_ref}[3][1]}{2} \tag{3-23}$$

$$\text{accel\_off}[2] = \frac{\text{accel\_raw\_ref}[4][2] + \text{accel\_raw\_ref}[5][2]}{2} \tag{3-24}$$

上述三个式子分别求的是无人机机体坐标系下x、y、z轴的零偏值。

（2）下面求 accel_T[3][3] 矩阵的参数，包含 9 个未知参数，一个轴有 3 个数据，共有 3 个方向轴数据，所以这时只需采样无人机飞控箭头朝下、飞控安装平面朝右和飞控反向放置等 3 面数据即可。

$$\begin{bmatrix} g & 0 & 0 \\ 0 & g & 0 \\ 0 & 0 & g \end{bmatrix} = \begin{bmatrix} 飞控箭头朝下测量数据-零点偏移 \\ 飞控安装平面朝右测量数据-零点偏移 \\ 飞控反向放置测量数据-零点偏移 \end{bmatrix} \times accel\_T[3][3] \quad (3-25)$$

这里设"="左边的矩阵为 b，"="右边的第一个矩阵为 A，第二个矩阵为待求的 x，则式（3-25）可写成 $b=A\times x$ 形式，所以，转换矩阵可通过求解线性方程组 $x=A^{-1}\times b$ 求得，即可求得 accel_T[3][3]。

如果无人机与加速度计的坐标系重合，则矩阵 accel_T 的主对角线上的 3 个值就是加速度计 3 个轴的比例。

在加速度计校准过程中，需要注意的事项如下：

（1）采集数据的时候，主要是要获得静态状态下数据，所以最好不要加速晃动飞控。同样的原理，如开源 Pixhawk 飞控校准时，在摆 6 个面的时候，尽量缓慢，且保持一段时间。

（2）虽然求出了 12 个参数，但是 Pixhawk 飞控输出加速度数据的时候，也只用了 6 个数据：3 个零偏和 3 个尺度变换因子。

（3）上述算法只是核心思想，Pixhawk 飞控实际的模型还包含了旋转信息。

$$accel\_corr = rot \times accel\_T（accel\_raw - accel\_offs） \quad (3-26)$$

这里的 rot 矩阵，主要是根据飞控安装方向和外置罗盘的安装方向进行数据坐标系校正；rot 是传感器与机体系之间的旋转矩阵，它们满足：机体坐标系值 = 传感器坐标系值 ×rot。

（4）加速度数据的标定并不能保证飞行是水平的，如果有几度的安装误差，飞机飞起会以固定的角度，一直往同一个方向漂移。

三、由加速度计解算得到姿态角

将加速度计安装在无人机上，并使得加速度计 X、Y、Z 轴与机体 X、Y、Z 轴重合，在机体不剧烈运动的情况下，可认为加速度计测出的加速度表示重力加速度，根据这一特性，可解算出无人机姿态。

世界坐标系下重力归一化矢量 $g=[0, 0, 1]^T$。机体坐标系下，将加速度计测量得到的数据归一化后得到 $a=[a_x, a_y, a_z]^T$。

假设经过旋转 R_n，则 $a = R_n \times g$。

其中，旋转矩阵为

$$\begin{bmatrix} \cos\theta\cos\psi & \cos\theta\sin\psi & -\sin\theta \\ \cos\psi\sin\theta\sin\phi-\sin\psi\cos\phi & \sin\psi\sin\theta\sin\phi+\cos\psi\cos\phi & \sin\phi\cos\theta \\ \cos\psi\sin\theta\sin\phi+\sin\psi\sin\phi & \sin\psi\sin\theta\cos\phi-\cos\psi\sin\phi & \cos\phi\cos\theta \end{bmatrix}$$

可写成 $R_n=R(-\theta, -\psi, -\phi)$，其中 θ 为俯仰角，ψ 为偏航角，ϕ 为横滚角。

由此，得到 $a_x=\sin\theta$，$a_y=-\sin\phi\cos\theta$，$a_z=\cos\phi\cos\theta$。因此得到 $\theta=\mathrm{asin}a_x$，$\phi=\mathrm{atan}(-a_y/a_z)$。

使用加速度计数据时，分别用这两种数据解算得到的姿态角是相反的，一般将加速度计的旋转矩阵取反，即以芯片标明的 X、Y、Z 轴方向为正方向，因此，计算姿态角公式时对旋转矩阵取反：$\theta = a\sin(-a_x)$，$\phi = a\tan(a_y/a_z)$。

若使用 MPU6050，则将芯片上的 X 轴对准前方，Y 轴向左，Z 轴向上。MPU6050 芯片上显示的坐标轴为陀螺仪的坐标轴，MUP6050 中加速度计和陀螺仪坐标轴正方向相反，即将加速度计 X 轴对准后方，Y 轴向右，Z 轴向下，这样表示的好处是如果加速度方向为前，则加速度计所测得的加速度为正。

使用右手定则，大拇指分别指向陀螺仪 X、Y、Z 轴正方向，四指所指方向角度为正（图 2-2）。

由于无人机绕重力加速度的轴转动，加速度计测量值不会改变，加速度计也就无法感知机体的水平旋转，意味着在只有加速度计的情况下，无法通过加速度计测出偏航角 ψ。

既然可以通过加速度计测得俯仰角和滚转角，为什么还要依靠陀螺仪获取姿态角呢？这是因为加速度计的动态性能不是很好，数据不是百分之百准确。一方面，使用加速度计计算姿态的前提是，无人机处于一个理想的静止状态下，然而现实中这是不可能的，那么当无人机处于飞行状态时，加速度计测量得到的数据，便不仅是重力加速度了，可能还包含了飞行过程中所产生的运动加速度；另一方面就算加速度计处于一个相对比较平稳的状态，它对一般的振动和机械噪声很敏感，这样就会得到一些有害加速度，这样计算得到的俯仰角和滚转角存在大量误差而不可用。而陀螺仪动态性能好，几乎不受外界环境干扰，测量的角速度值进行积分，便得到飞机姿态。所以，大部分的 IMU 系统都需要陀螺仪来使加速度计的输出更平滑。

四、Pixhawk 飞控加速度计校准步骤

准备好加速度计校准用到的硬件和软件：Pixhawk 飞控、计算机、Micro USB 线、Mission Planner 地面站（图 3-32～图 3-34）。

图 3-32　Pixhawk 飞控

图 3-33　Micro USB 线

图 3-34　Mission Planner 地面站

用 Micro USB 线连接飞控和计算机（图 3-35），需要注意的是，最好提前将飞控正确安装在无人机上。

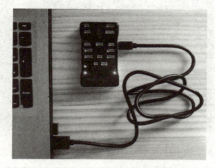

图 3-35　Micro USB 线连接飞控

打开 Mission Planner 软件，进入飞行数据页面，在右上角串口号位置，选择下拉列表中的 PX4 FMU 串口号，波特率设置为 115200。然后单击右上角"连接"图标即可连上飞控，获取飞控数据（图 3-36）。

图 3-36　地面站连接设置

进入初始设置选项，单击"必要硬件"按钮，选择加速度计校准（图 3-37）。

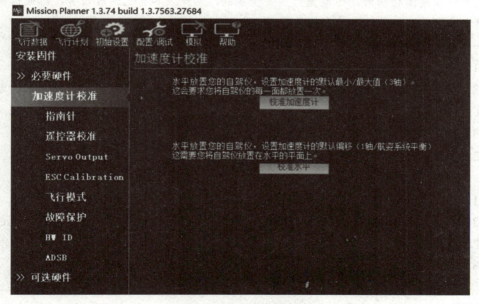

图 3-37　加速度计校准选项

按提示放置飞控，总共有 6 个提示，分别是飞控板水平放置、飞控板左向放置、飞控板右向放置、飞控板箭头朝下放置、飞控板箭头朝上放置、飞控板背面向上放置。每一步完成后单击"完成"按钮。所有姿态都完成之后，会显示校准成功（图 3-38、图 3-39）。

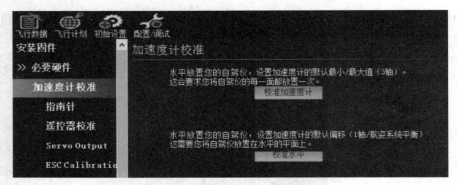

图 3-38 按提示摆放飞控

图 3-39 加速度计校准成功

【任务实施】

无人机在故障检修时，为避免产生安全事故，对他人和自己造成伤害，排故检修人员必须遵守一定的安全使用和检查操作规范。

一、排故前注意事项

（1）飞控已经连接好遥控器接收机，并拆掉螺旋桨和动力电池；

（2）检修前准备好相关的工具盒和材料盒，做好工具三清点工作，拆卸下来的零部件要摆放好；

（3）排故前，确保飞控正确安装，并做好减振措施。

二、Pixhawk 飞控加速度计的检修

1. 查看故障信息

（1）通过 Micro USB 线或者数传将飞控连接上 Mission Planner 地面站。

（2）打开遥控器，并试图解锁，此时，在地面站 HUD 窗口可以看见红色的 Pre-Arm 错误提示，如果没有任何提示，一般是解锁通道不正确，导致飞控无法感知解锁操作。

（3）查看故障信息。

2. 明确故障信息含义

"Accels not healthy"代表加速计不健康，"Accels inconsistent"表示加速度计不一致。

3. 检修

（1）如果故障信息是"Accels not healthy"，可能的原因是加速度计硬件出了问题；也有可能是刷了固件之后，马上启动飞控，导致报这个错误。

解决方案如下：

1）查阅芯片资料，检查加速度计硬件，注意飞控上有两个加速度计：一个和陀螺仪集成在一起；另一个和磁力计集成在一起。检查的时候需要用示波器和万用表对两个加速度计都进行检查，如果硬件出现问题，需要及时更换芯片，并重新刷固件，重新校准加速度计。

2）如果硬件没问题，需要重新给飞控上电，并重新连接。

（2）如果故障信息是"Accels inconsistent"，这是由于两个加速度计出现读数不一致的现象，差值超过 1 m/s^2。可能的原因是其中一个加速度计硬件故障，或者是加速度计标定不正确。

解决方案如下：

按照上一步的方法检查硬件是否故障，如果没有故障，则重新上电，并重新进行加速度计校准。

【拓展阅读】

国产石英挠性加速度计助力"天舟一号"顺利完成任务

加速度计的应用非常广泛，小到手机里的计步器，大到航天、航空、船舶、兵器、石油、岩土工程等诸多领域，其最典型的应用是和陀螺仪搭档构成威力巨大的 IMU。

不同于消费级无人机装配的 MEMS 加速度计，航空航天领域对加速度传感器的质量要求严苛得多，所以在火箭、导弹、民航客机上装配的加速度计采用的是高精度的石英挠性加速度计。石英挠性加速度计是一种通过敏感石英摆片相对位置变化来检测加速度的精密惯性传感器，通过计算可以准确获得系统的速度和位置，为各类系统的导航、制导、控制、调平等提供精确的加速度测量信号。

在 2017 年 4 月 20 日，伴随着"天舟一号"的顺利发射升空以及两天后与"天宫二号"空间实验室成功进行自动交会对接，标志着"太空快递员"的"天舟一号"不仅开启了我国空间站时代，也使得重要部件——石英挠性加速度计留下了浓墨重彩的一笔（图 3-40）。

图 3-40　石英挠性加速度计

这个由中国航天科工集团第三研究院第三十三研究所研制的功勋产品，继助力神舟飞船历次飞行任务、嫦娥系列飞行任务之后，又以稳定的表现为我国航天事业发展提供了重要技术保证。

"天舟一号"搭载的石英挠性加速度计，一方面用于测量飞船飞行过程的线加速度，为飞船确定自身方位提供信息；另一方面用于精确测量荷载六自由度的空间运动，帮助平台精准消除振动。

随着技术的不断突破，国产石英挠性加速度计将有望在更加宏伟的空天探测任务中，再次带给人们新的、更大的惊喜。

【巩固提高】

1. 对在地球表面飞行的无人机来说，它上面的加速度计测量的就是其运动加速度吗？
2. 简述加速度计工作原理。
3. 简述 Pixhawk 飞控上的加速度计校准方法。
4. 为什么要对加速度计进行校准？

任务三　惯性导航系统工作原理及排故方法

【任务引入】

无人机开机自检时显示"IMU 异常"或者"IMU 预热中"。

【任务分析】

惯性导航系统是无人机导航系统的重要组成部分，能够提供位置、速度及全姿态信息，其优点是不依靠外界信息、抗干扰能力强、提供的导航信息多。惯性导航提供的 IMU 数据在飞控中处于最底层的数据。一般可降级飞控，在遇到如 GPS 故障时，可降级飞行模式来保证飞行安全性。其中，IMU 数据决定的角速度飞行模式是所有飞行模式的基础。

学习惯性导航系统的工作原理，对于惯导系统的排故至关重要。

【相关知识】

惯性导航系统（简称惯导）是以牛顿力学定律为基础，通过测量载体在惯性参考系的角速度和加速度，对时间进行积分，且把它变换到导航坐标系中，就能够得到在导航坐标系中的速度、位置和姿态等信息。惯导是一种不依赖于外部信息，也不向外部辐射能量的自主式导航系统。即使在遥远的外太空中，也可以正常工作。除航天外，惯性导航技术也广泛应用于航空、制导武器、舰船、战机等军用领域。

一、惯性导航技术发展历程

第一代惯性导航技术是指 1930 年以前的惯性技术，奠定了整个惯性导航发展的基础。牛顿三大定律是惯性导航的理论基础。

第二代惯性技术开始于 20 世纪 40 年代火箭发展的初期，其研究内容从惯性仪表技术发展扩大到惯性导航系统的应用。

20 世纪 70 年代初期，第三代惯性技术发展阶段出现了一些新型陀螺、加速度计和相应的惯性导航系统，其研究目标是进一步提高 INS 的性能，并通过多种技术途径来推广和应用惯性技术。

当前，惯性技术正处于第四代发展阶段，其目标是实现高精度、高可靠性、低成本、小型化、数字化、应用领域更加广泛的导航系统。例如，随着量子传感技术的迅速发展，在惯性导航技术中，利用原子磁共振特性构造的微小型核磁共振陀螺惯性测量装置具有高精度、小体积、纯固态、对加速度不敏感等优势，成为新一代陀螺仪的研究热点方向之一。

二、惯性导航系统的基本组成

惯性导航系统的核心是由陀螺仪和加速度计组成的惯性测量单元（简称 IMU），之所以称为惯性导航，是因为惯性测量单元都是惯性器件。其中，陀螺仪测量的是无人机的角运动，即无人机绕质心的转动，相应的导航参数有飞机的姿态角和航向角等，其输出可用于建立导航坐标系；加速度计用来测量无人机的线运动，即无人机质心的移动，其输出可用于解算运载体在导航坐标系中的速度和位置。

第二个重要组成部分是惯导平台，可以为实物或虚拟（用陀螺仪输出信息来模拟），其作用是用来跟踪导航坐标系，把加速度计的测量轴稳定在导航坐标系，并提供载体的姿态和方位信息，还有主要由陀螺仪组成的稳定回路。

第三个组成部分是导航计算机，其主要功能是完成导航计算和平台跟踪回路中指令角速度信号的计算。

第四个组成部分是控制显示器，用于给定初始参数及系统需要的其他参数，显示各种导航信息。对于无人机来说，控制显示器的功能转移到地面站。

惯导的组成如图 3-41 所示。

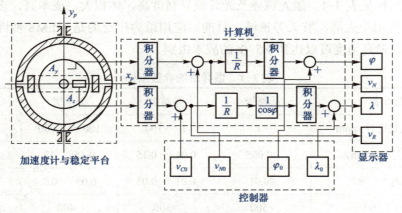

图 3-41 惯导的组成

惯性导航的基本工作原理是以牛顿力学定律为基础，基于两种惯性器件测量的数据，并在给定的基准方向和最初位置信息条件下，由计算单元推算出无人机在惯性空间中的姿态、航向、速度、位置等导航参数的导航参数解算系统，也是一种不依赖外部信息，也不向外部辐射能量的自主式导航系统，其工作环境可以在空中、地面、隧道，甚至还可以在水下。其主要特点如下：

(1) 自主性，全球、全天候导航；

(2) 隐蔽性；

(3) 连续三维定位、定向；

(4) 能获取运动载体完备的运动信息。

但是，在工程上实现一套惯导绝非易事，至少需要解决以下问题：

(1) 必须采用一组高精度的加速度计作为测量单元。惯性导航的基本原理是加速度计的积分运算，因此加速度计的误差将会造成随时间平方增长的位置误差。

(2) 必须依靠一组高性能的陀螺仪来模拟一个稳定的导航坐标系。无人机加速度、速度、位置都是矢量，必须明确相对于哪个参考坐标系；矢量的运算只能分解到该坐标系的3个轴上才能进行。

(3) 必须有效地将运动加速度和重力加速度分离开，并补偿掉其他不需要的加速度分量。因为加速度计不能区分测量值是运动加速度（还包括地球自转引起的哥氏加速度）还是重力加速度，因此要通过陀螺输出来模拟当地水平坐标系进行补偿。

(4) 必须建立全面细致的计算和补偿网络，采用的计算装置要有足够的计算精度和运算速度。

三、惯性导航系统的分类及工作原理

按照惯性测量装置（IMU）在载体上的安装方式，惯性导航系统可分为两类，即采用物理平台模拟导航坐标系的平台式惯导系统和采用数学算法确定出导航坐标系的捷联式惯导系统。

根据应用场景和精度不同，惯导系统可分为战略级、导航级、战术级和商业级（消费级）。参数指标见表 3-1。激光惯导及光纤惯导精度高，体积大，成本高，多为战略级、导航级别，应用于火箭、航天等领域。目前，应用最为广泛的是 MEMS 惯性器件，体积小，质量轻，最高精度可以达到 0.5°/h 的战术级别。

表 3-1 惯导系统参数指标

性能指标	战略级	导航级	战术级	商业级
标度因数稳定性 /ppm	<1	1～100	100～1 000	>1 000
零偏稳定性 /（°/h）	<0.005	0.01～0.15	0.15～15	>15
随机游走 /（°/h）	<0.01	0.01～0.05	0.05～0.5	>0.5
量程 /（°/s）	>500	>500	>400	50～1 000

下面重点介绍平台式惯导和捷联式惯导。

1. 平台式惯导

平台式惯导将测量惯性元件安装在惯性平台（物理平台）的台体上（图 3-42），台体用来模拟某个坐标系（惯性/当地水平坐标系），从而保持加速度计在指定的坐标系内。

陀螺稳定平台是利用陀螺的稳定性和进动性直接或间接地使某一物体对地球或惯性空间保持给定位置或按照给定规律改变起始位置的一种陀螺装置。

如图 3-42 所示，3 个加速度计的敏感轴沿着 3 个坐标轴正向安装，测得载体的加速度信息。通过惯性级的陀螺来稳定平台，从而确定一个坐标系。如果选定某种水平坐标系为导航系，就必须给平台上的陀螺仪施加相应的指令信号，以使平台按指令所规定的角速度转动，从而精确跟踪所选定的导航坐标系。

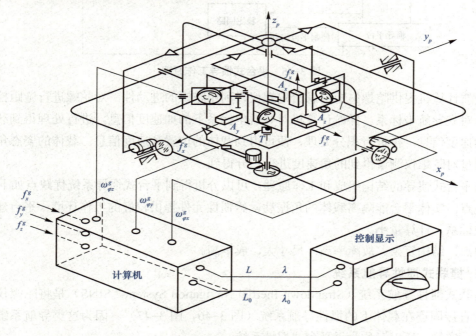

图 3-42　由三自由度陀螺组成的三轴稳定平台

在平台式惯性导航系统中，要把加速度计安装在一个相对惯性空间稳定的平台上（图 3-43），如宇宙航行和弹道导弹；或安装在一个相对于地球稳定的平台上（图 3-44），如飞机。这样就能提供准确的加速度。

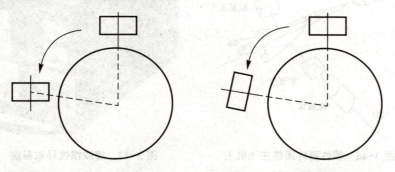

图 3-43　跟踪惯性坐标系　　　　图 3-44　跟踪当地水平坐标系

图 3-45 展示了平台式惯导的工作原理。由图可知，惯导实体平台的主要作用是支撑加速度计，并把加速度计稳定在某一导航坐标系上。根据应用场景的不同，惯导平台可以工作在两种状态：一种是几何稳定状态（稳定工作状态），即平台在基座运动和干扰力矩

的影响下相对惯性空间保持方位稳定；另一种是空间积分状态（指令角速度跟踪状态），即平台相对惯性空间以给定角速率转动。

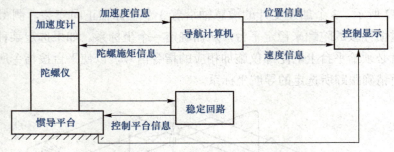

图 3-45　平台式惯导工作原理

导航计算机提供陀螺施矩信息给陀螺仪，利用陀螺的进动性，对陀螺进行施距控制，使平台对齐导航坐标系。导航计算机对导航坐标系下的加速度信息，进行处理得到载体的运动加速度信息，再进行积分处理，便可得到载体的位置和速度信息。载体的姿态角信息则可通过对陀螺仪测量得到的角速度进行积分得到。

由平台式惯导的结构组成和工作原理，可以分析得到平台式惯导系统优缺点如下：

优点：实体平台能隔离载体的角振动，给惯性元件提供较好的工作环境；平台建立了导航坐标系，计算量小。

缺点：结构复杂、故障率高；尺寸大、成本高。

2．捷联式惯性导航系统

捷联式惯性导航系统（Strapdown Inertial Navigation System，SINS）是将陀螺仪和加速度计直接固连在载体上的惯性导航系统（图 3-46、图 3-47）。因为这类导航系统没有惯性平台实体，所以又称为无平台式惯性系统。

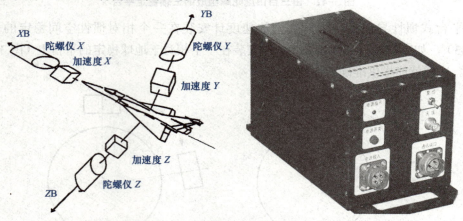

图 3-46　惯性器件固连在飞机上　　　　图 3-47　捷联惯性导航系统

在捷联惯性导航系统中，平台的概念仍然存在，虽然无实体平台，但是有用计算机软件建立的"数学平台"来代替平台式惯性导航系统中的电气机械平台实体。数学平台的主要作用是把机体坐标系下的加速度计测量数据转换到导航坐标系；同时建立和修正姿态矩阵，并计算出飞机的姿态角。

图 3-48 所示为捷联惯导的工作原理框图。图中，b 为运载体的机体坐标系，n 为导航坐标系。加速度计和陀螺仪都直接固连在运载体上，构成 IMU，所以，加速度计和陀螺仪的输出是机体坐标系下的数据。IMU 输出数据，然后输入数学平台。

这里的"数学平台"有以下 3 项功能：

（1）姿态矩阵的计算，通过计算姿态微分方程，实时求解出载体坐标系至导航坐标系的方向余弦矩阵；

（2）比力变换，由获得的坐标变换方向余弦矩阵，把沿载体坐标系各轴上的加速度分量转换到导航坐标系；

（3）姿态和方位的计算，根据方向余弦矩阵与姿态方位的唯一关系，计算出载体的姿态和方位角。

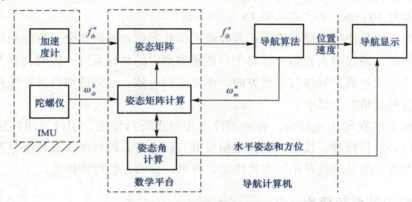

图 3-48 捷联惯导的工作原理框图

数学平台可以得到导航坐标系下运载体的运动加速度，这样再经过积分，便能得到导航坐标系下运载体的位置和速度。

最后来分析捷联惯性导航系统的优缺点。

优点：

（1）由于取消了机械平台，大大减少了机械零部件。据统计，惯性平台的体积和质量约占系统的一半，平台的加工制造成本约占系统的 2/5，而惯性元件只有平台质量的 1/7。

（2）捷联惯导容易采用多敏感元件，实现多余度，可靠性较高。

（3）捷联惯导可以直接给出飞行器的线加速度和角速度信息，提供给飞行控制系统使用，而平台式惯导必须由单独的传感器来提供它们。

（4）捷联惯导较平台式惯导维护简单，故障率低。据国外资料统计，故障率约下降 20%。

缺点：

（1）从动态环境看，SINS 对惯性器件的要求比平台式高。因为惯性器件直接固连在载体上，载体的干扰振荡运动将传递的惯性器件上，因此要求惯性器件的参数和性能有很高的稳定性。

（2）捷联式陀螺仪测量角速度的范围从 0.01°/h 到 400°/s，即动态范围量程高达到 10^8，这对陀螺仪要求大大提高了。

（3）平台式系统的陀螺仪安装在平台上，可以相对重力加速度和地球自转角速度任意定向来进行测试，便于误差标定。而捷联陀螺则不具备这个条件，因而装机标定比较困难，从而要求捷联陀螺有更高的参数稳定性。

（4）对导航计算机的软件精度和实时性要求更强，算法的复杂性大大增强，由此带来的误差较大。

总体来说，捷联惯导精度较平台惯导低，但可靠性好、更易实现、成本低，是目前民用惯导的主流技术。

四、惯性导航系统的自校准

惯性导航系统由于要考虑到初始条件和基准方向，所以需要进行自校准，一般捷联式惯导自校准需要 10 min，平台式需要 15～20 min。

自校准的目的是使得惯导在进入正常导航工作状态前，解决积分运算的初始条件及平台初始调整问题。通过引入初始坐标将平台调整到指定的坐标系内，同时为确保加速度计重心垂直于当地水平面，轴线与东西方向、南北方向一致，必须使惯性平台保持水平，以保证系统符合导航精度的要求。

惯性导航系统在每次飞行前，在地面停放位置进行自校准，引进飞机停放位置的坐标，由系统自动进行校准。校准的过程是粗校准、调水平、精校准。在校准过程中，飞机不能有振动干扰，如发动机开车、飞机移动、阵风、加油、装卸货物等。

五、惯性导航系统应用

惯性系统最先应用于火箭制导，美国火箭先驱罗伯特·戈达德试验了早期的陀螺系统。第二次世界大战期间经德国人冯·布劳恩改进后，应用于 V-2 火箭制导。战后美国麻省理工学院等研究机构及人员对惯性制导进行深入研究，从而发展成应用于飞机、火箭、航天飞机、潜艇的现代惯性导航系统，然而成本及复杂性限制了其可以应用的场合。

国家的很多战略、战术武器及洲际飞行的民航飞机等，都必须依赖惯性导航系统或者惯性导航系统与其他类型的导航系统的组合。它的造价比较高，一台导航级的惯导，至少要几十万美元，而这种精度的导航系统已经足够配备在波音 747 这样的飞机上了。现在，随着 MEMS 惯性器件技术的进步，商业级惯性导航才逐渐走进寻常百姓家。

仅采用手机里的加速度计和陀螺仪，通过多传感器融合算法，在多数应用条件下（载体受到的加速度在大多数时间内主要是重力加速度的情况下），可以获得较好的姿态信息。但如果仅依靠这两个传感器来做传统的惯性导航，由于长期精度问题，无法获得有价值的位置数据。如果在手机上实现类似应用，通常配合 GPS 来实现此类功能。某些没有 GPS 信号的地方，如大型场所的室内手机定位，目前通常通过惯性导航来做动态，通过室内基站（Cell/WiFi/BT）来修正长期精度，某些新型手机增加的气压计也主要是在此类场合使用。

【任务实施】

一、无人机开机自检时显示"IMU 异常"

无人机开机自检的时候显示 IMU 异常，可能的原因是飞行器受到大的振动或者没有水平放置。此时需要重新校准 IMU，步骤如下：

（1）检修前将无人机所有的桨叶都拆卸掉。

（2）打开飞机遥控器，把飞机放置在水平的台面上。

（3）进入 DJI GO App，打开"飞控参数设置"，进入"传感器"页面，然后选择"IMU 校准"。校准过程中不能移动飞机，校准时长为 5～10 min。

二、无人机开机自检时显示"IMU 预热中"

这种现象可能的原因是 IMU 没有校准好，解决方法如下：

（1）将飞机所有桨叶都拆掉。

（2）等待飞机冷却后进行校准，并确保飞机处于水平位置。

（3）开机连接，单击 DJI GO App 右上角进入菜单，然后选择飞行器图标，单击"传感器"，单击"IMU 校准"，等待几分钟。应注意的是这中间不要有任何操作，也不要碰飞行器。

【拓展阅读】

"嫦娥五号"月面上升过程中的惯性导航技术

我国是国际上少数几个可以独立研发高精度惯性导航系统的国家之一，而且我国还拥有完备的全产业链自主研发实力，也是少数几个拥有静电陀螺仪、激光陀螺仪技术的国家之一。

惯性导航技术的发展也助力我国航天搏击太空。2020 年 11 月 24 日"长征五号"准时并成功发射，之后探测器地月转移、近月制动、两两分离、平稳落月、钻表取样、月面起飞、交会对接及样品转移、环月等待、月地转移，12 月 17 日再入返回、安全着陆。23 天的时间内，"嫦娥五号"完成了 1 次对接、6 次分离，两种方式采样、5 次样品转移，经历了 11 个重大阶段和关键步骤，环环相连、丝丝入扣，标志着我国具备地月往返能力。

在此次的探月工程中，"嫦娥五号"用到了我们国家自主研发的惯性导航系统。"嫦娥五号"着陆上升组合体和返回器搭载的是以激光惯导为主份，光纤惯导为备份的惯性导航系统（图 3-49）。

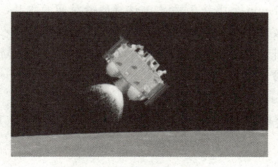

图 3-49 "嫦娥五号"月面起飞

为保证上升器与轨道返回器实现顺利对接，上升器需要上升到指定位置，并调整自身姿态，为对接做好准备。整个对接过程必须分毫不差。地月之间的信息往返需要 2 s 以上，因此地面控制中心只能作为此次对接的辅助手段，上升器必须借助自身携带的特殊敏感器实现自主定位、定姿，而惯性导航系统成为其中的重要组成部分。

在对接窗口期，以落月器在月球表面的精准坐标为惯性导航的起始点，利用惯性导航系统精准测量上升器的角速度和加速度。当上升器垂直上升到指定位置后，调整姿态，修正轨迹，同时配以星光导航系统，精准控制航天器的速度、位置和姿态。当上升器和轨道器逐步接近，轨道参数基本趋于一致时，再通过激光雷达完成全自动对接。

【巩固提高】

1. 惯性导航系统的分类有哪些？
2. 简述飞机利用平台式惯导求得实时位置和速度的方法。
3. 简述捷联式惯导测量位置和速度的原理。
4. 捷联式惯导相较于平台式惯导具有哪些优点？

任务四　航姿参考系统工作原理及排故方法

【任务引入】

装有 Pixhawk 飞控的无人机不能解锁，将飞控连接至地面站，HUD 窗口显示"Compass not healthy""Compass not calibrated""Check mag field""Compasses inconsistent""Compass offsets too high"等故障信息。

【任务分析】

随着微机电系统（MEMS）惯性器件的发展，惯性导航技术成本下降以及 MEMS 器件的小型化，使得 MEMS 惯性器件开始广泛应用于民用无人机领域，如 Pixhawk 开源飞控以及各主要商业级无人机厂商都使用了 MEMS 传感器。但是，MEMS 陀螺仪和加速度计的噪声相对来说很大，一般陀螺仪积分 1 min 会漂移 2°左右，这样随着时间的推移，物体的实际姿态和测量输出姿态的偏差会越来越大。这意味着消费级无人机单纯依靠陀螺仪和加速度计完成不了飞行任务。所以，为了弥补低价 MEMS 陀螺仪和加速度计的积分误差，消费级无人机的飞控一般需要磁力计来修正误差，有时还需用到气压计和 GPS 信息来修正。

因此，了解航姿参考系统的工作原理有利于航姿参考系统故障信息排除。

【相关知识】

一、航姿参考系统和惯性测量单元的区别

在没有高可靠性加速度计和高精度陀螺仪的情况下，消费级无人机飞控普遍采用低成本的微机电系统（MEMS）器件为主构成的航姿参考系统（Attitude and Heading Reference

System, AHRS), 如 MEMS 加速度计、磁力计、陀螺仪等。这些传感器通常成本低、精度较低, 所以, 在这种低精度陀螺仪和加速度计的架构下必须综合运用地球的重力场、磁场等场向量来进行修正。

AHRS 能够为飞行器提供准确可靠的横滚、俯仰、航向等姿态与航行信息, 一般由加速度传感器、陀螺仪及地磁传感器等组成, 内部一般采用多传感器数据融合单元进行航姿解算。

AHRS 的真正参考来自地球的重力场和地球的磁场, 它的静态终精度取决于对磁场的测量精度和对重力的测量精度, 而陀螺仪决定了它的动态性能。在 AHRS 中, 加速度计测量值与当地重力加速度对比, 从而获得姿态; 陀螺仪测量自身角度变化, 磁力计确定当地的磁航向。这也说明 AHRS 离开有重力和磁场环境时候是没法正常工作的。另外, 还需特别注意: 地球磁场和重力场越是正交的地方, 测量精度越高; 而在磁场和重力场平行的地磁南北极, 航向角是没法测出的, 这是航姿参考系统的缺陷所在。一般来说, 纬度越高, 测量误差越大。

而 IMU 一般采用高精度陀螺仪和加速度计, 并将所有运动视为直线运动与旋转运动的总和, 因而通过加速度计测得直线运动, 通过陀螺仪测得旋转运动, 进而和初始姿态相对比, 得到当前的状态与相对位移, 并不依赖外部的重力场或磁场, 可以在任何情况下使用(精度够高)。在 IMU 中, 加速度计测量运动时的数据, 通过积分, 求出相较于初始状态的位移和速度; 陀螺仪则测得自身的角度变化; 然后就可以得到不参照任何参考物的自身姿态(只参考比较自身的初始状态)。

综上, AHRS 和 IMU 区别如下:

(1) 采用的传感器精度和种类不同。AHRS 一般采用精度低的传感器, 且比 IMU 多一个磁力计。

(2) AHRS 是通过与地球参考得出自身姿态, 而 IMU 是相较于自身的初始姿态来进行姿态测量。

(3) AHRS 包含了嵌入式的姿态数据解算单元与航姿信息, IMU 仅仅提供传感器数据, 并不具有提供准确可靠的姿态数据的功能。

由于 AHRS 中的陀螺仪和加速度计在前面内容有介绍, 所以接下来介绍 AHRS 用到的磁力计。

■ 二、电子罗盘

电子罗盘也称数字指南针、磁力计, 是利用地磁场来确定北极的一种设备。现在一般用磁阻传感器和磁通门加工制成电子罗盘。

电子罗盘可由地球的磁场来感测方向, 为导航提供方向数据。然而, 电子设备所受到的磁场干扰, 比地球磁场要强, 导致电子罗盘容易受到各种环境因素的干扰。因此, 电子罗盘需要经过频繁的校正, 才能维持方向数据的准确度。

电子罗盘是无人机重要的导航工具, 能实时提供运载体的航向和姿态。要实现电子罗盘功能, 需要一个检测磁场的三轴磁力传感器和一个三轴加速度传感器。随着微机械工艺的成熟，芯片厂商推出了将三轴磁力计和三轴加速度计集成在一个封装里的二合一传感器模块 LSM303D。在开源飞控 Pixhawk 中就用到了 LSM303D 芯片（图 3-50）。

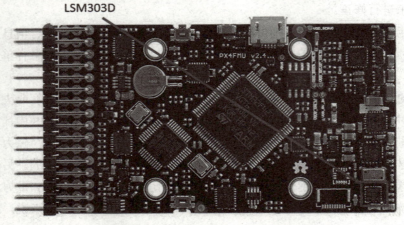

图 3-50　Pixhawk 飞控上的 LSM303D

1．地磁场和航向角

地球的磁场像一个条形磁体一样由地磁南极指向地磁北极（图 3-51）。在磁极点处磁场和当地的水平面垂直；在赤道，磁场和当地的水平面平行，所以在北半球，磁场方向倾斜指向地面。用来衡量磁感应强度大小的单位是特斯拉（T）或高斯（Gs）（1 T=10 000 Gs）。随着地理位置的不同，通常地磁场的强度是 0.4～0.6 Gs。需要注意的是，磁北极和地理上的南极并不重合，通常它们之间有 11.5°左右的夹角，一般称这个夹角为磁偏角。

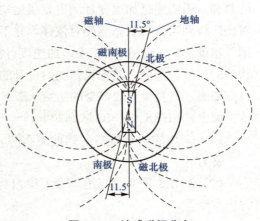

图 3-51　地球磁场分布

地磁场是一个矢量，对于一个固定的地点来说，这个矢量可以被分解为两个与当地水平面平行的分量和一个与当地水平面垂直的分量（图 3-52）。如果保持电子罗盘和当地的水平面平行，那么罗盘中磁力计的 3 个轴就与这 3 个分量对应起来。

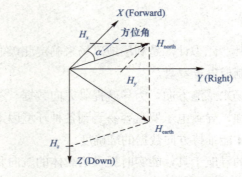

图 3-52　地磁场矢量分解示意

实际上对水平方向的两个分量来说，它们的矢量和总是指向磁北的。罗盘中的航向角 α 为当前方向和磁北的夹角。在电子罗盘水平状态下，只需要用磁力计水平方向两轴（通常为 X 轴和 Y 轴）的测量数据，就可以用式（3-27）计算出航向角。当罗盘水平旋转时，航向角在 0°～360°变化。

$$\alpha = \arctan(H_y/H_x) \tag{3-27}$$

2．工作原理

在 LSM303D 中，磁力计采用各向异性磁致电阻材料来检测空间中磁感应强度的大小。这种具有晶体结构的合金材料对外界的磁场很敏感，磁场的强弱变化会导致 AMR 自身电阻值发生变化。

在制造过程中，将一个强磁场加在 AMR 上使其在某一方向上磁化，建立起一个主磁域，与主磁域垂直的轴被称为该 AMR 的敏感轴，如图 3-53 所示。为了使测量结果以线性的方式变化，AMR 材料上的金属导线呈 45°倾斜排列，电流从这些导线上流过，如图 3-54 所示。由初始的强磁场在 AMR 材料上建立起来的主磁域和电流的方向有 45°的夹角。

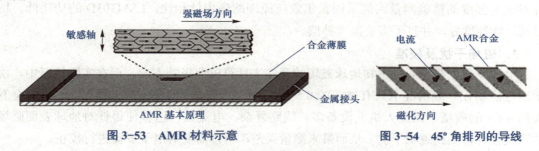

图 3-53　AMR 材料示意　　　　图 3-54　45°角排列的导线

当有外界磁场时，AMR 上主磁域方向就会发生变化而不再是初始的方向，那么磁场方向和电流的夹角 θ 也会发生变化，如图 3-55 所示。对于 AMR 材料来说，θ 角的变化会引起 AMR 自身阻值的变化，并且呈线性关系，如图 3-56 所示。

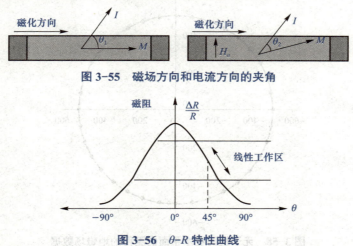

图 3-55　磁场方向和电流方向的夹角

图 3-56　θ-R 特性曲线

在工程上，一般采用惠斯通电桥检测 AMR 阻值的变化，如图 3-57 所示。R_1、R_2、R_3、R_4 是初始状态相同的 AMR 电阻，但是，R_1/R_2 和 R_3/R_4 具有相反的磁化特性。当检测到外界磁场时，R_1/R_2 阻值增加 ΔR，而 R_3/R_4 减少 ΔR。这样在没有外界磁场的情况下，电桥的输出为零；而在有外界磁场时电桥的输出为一个微小的电压 ΔV。

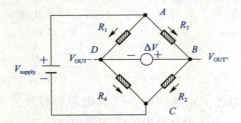

图 3-57　惠斯通电桥

当 $R_1=R_2=R_3=R_4=R$，在外界磁场的作用下电阻变化为 ΔR 时，电桥输出 ΔV 正比于 ΔR，从而建立起磁场和电压的线性关系，这就是磁力计的工作原理。

LSM303D 集成三轴磁力计和三轴加速计，采用数字接口。磁力计的测量范围从 1.3 Gs 到 8.1 Gs 共分 7 挡，用户可以自由选择。并且在 20 Gs 以内的磁场环境下都能够保持一致的测量效果和相同的敏感度，其分辨率可以达到 8 mGs，并且内部采用 12 位 ADC，以保证对磁场强度的精确测量。与采用霍尔效应原理的磁力计相比，LSM303D 的功耗低、精度高、线性度好，并且不需要温度补偿。

3. 磁场干扰及校准

电子罗盘主要是通过感知地球磁场的存在来计算磁北极的方向。而在实际情况中，由于地球磁场在一般情况下只有微弱的 0.5 Gs，而一个普通的手机喇叭相距 2 cm 时就会有大约 4 Gs 的磁场。而无人机上设备多、线路复杂、电流大，这就使得针对地球表面磁场的测量很容易受到磁场干扰，从而带来测量误差，所以需要对电子罗盘进行校正。

当没有磁场干扰时，让磁罗盘在当地水平面内旋转一圈。得到的测量曲线如图 3-58 所示，是一个标准的圆。

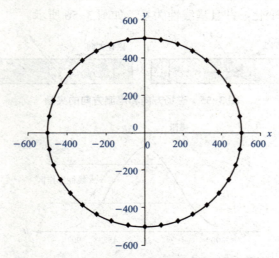

图 3-58　无干扰时在水平面内测得的地磁场数据

当有磁场干扰时，测量曲线会是怎样的呢？这就需要了解干扰磁场的种类，无人机上的干扰磁场一般可分为硬磁场和软磁场。当罗盘所在的环境中存在磁偶极子时，便会产生硬磁干扰，如无人机上的电调、电机、导线中的电流和电池等。由于这些磁偶极子都会产生一个附加的磁场（恒定磁场，类似地磁场，可看作一个矢量场）。因此，当干扰磁场和地磁场叠加到一起时，实际的测量曲线将是在原图的基础上发生偏移（相当于原图各点都进行了相同的向量运算），如图3-59所示。

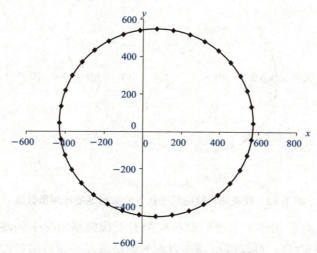

图3-59　硬磁场干扰情况下的地磁场测量数据

软磁干扰是由可磁化物质扭曲当地的磁场所造成的（图3-60）。这些物质主要包括镍、铁和其他能造成干扰的磁性材料。通过上面的分析，不难发现，在有软磁干扰情况下，测量所得的曲线将会是一个椭圆（图3-61）。因此，在利用各点的 x 值和 y 值计算旋转角度时，会比在硬磁干扰情况下难度更大。

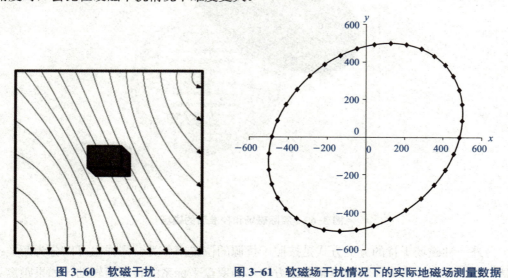

图3-60　软磁干扰　　　　图3-61　软磁场干扰情况下的实际地磁场测量数据

在绝大多数的应用中，硬磁干扰和软磁干扰同时存在，且需要补偿。在这种情况下，本地磁场的测量曲线表现为发生了一定程度上偏移（相对坐标中心）的椭圆（图3-62）。需要说明的是，本地的实际磁场可能会明显大于地球磁场，所以，罗盘中的磁传感器需要有足够的量程进行测量和校准。而对于环境中的这些磁干扰，只需确定其在空间上与传感器的位置关系后，就能够对其进行补偿校准。

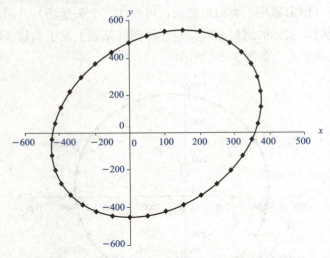

图 3-62　硬磁场和软磁场干扰下的实际地磁场测量数据

图 3-63 是在三维空间中，电子罗盘在周围有干扰磁场情况下的测量图。其中，椭球代表的是实际测量的磁场，球状线框则是罗盘的测量值在经过校准后应该得到的结果。

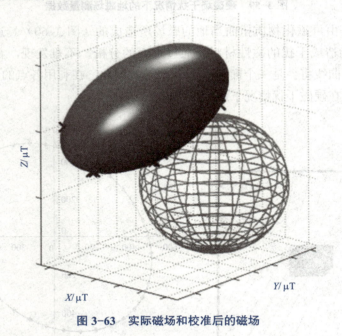

图 3-63　实际磁场和校准后的磁场

另外一种磁场干扰的分类方式是按照干扰源的位置来分类，同样也可以分为两类：一类是干扰源在机体之外，其特点是磁场方向不随罗盘坐标系的转动而转动，如果距离无人机机体较近（如高压线、通信基站附近），这种情况下只能避免使用磁力计来进行导航，而无法通过校准去减弱或者消除；另一类是干扰源在机体上，如机载电子设备、电机、电源线等，它们产生的干扰磁场会随着电子罗盘坐标系的转动而转动，对于罗盘坐标系来说，是一个恒定值。

目前，电子罗盘的校准一般针对的都是干扰源在机体上的硬磁和软磁干扰，比较精准的校准方式是基于最小二乘法的椭球拟合校正方法。

4. 磁罗盘校准

这里以 Pixhawk 飞控磁罗盘校准为例讲解磁罗盘校准方法。校准前需要准备一架组装好的无人机（装有 Pixhawk 飞控）、一根 Micro USB 线和一台装有 Mission Planner 的地面站。当飞控装在无人机上时，建议使用数传代替 Micro USB 线，同时注意远离磁场干扰强的地方，如高压线、通信基站附近及含铁、镍的制品。然后就可以开始校准了。

（1）打开地面站，连接飞控，设置 COM 端口号和波特率，选择"连接"选项，连接成功后进入"初始设置"页面，展开左侧"必要硬件"，可以看到如图 3-64 所示的选项。

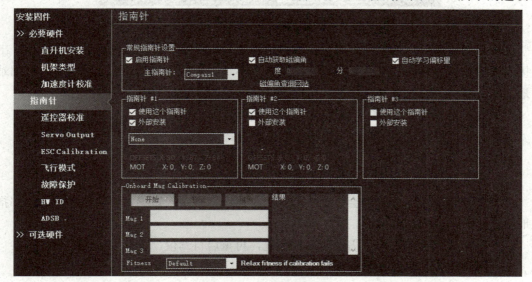

图 3-64 磁罗盘校准页面

（2）设置选项。"指南针 #1"是 GPS 罗盘，属于外置罗盘，所以要勾选外部安装，同时在下拉框里要选择"None"，不可以选择"ROLL_180"，因为 GPS 的罗盘和 Pixhawk 飞控的罗盘一般是同一面且同方向的。"指南针 #2"是飞控内置罗盘。另外，必须要勾选"常规指南针设置"里的"启用指南针"和"自动获取磁偏角"两项，"Onboard Mag Calibration"选项框里的"Fitness"下拉列表改为"Relaxed"或者"Default"。

由于 Pixhawk 飞控支持双罗盘校准，当 Pixhawk 飞控连接集成了电子罗盘的 GPS 模块时，这时需要保证外罗盘安装方向和飞控安装方向保持一致，否则系统会提示"Inconsistent Compasses"消息。

需要注意的是，由于内置罗盘容易受干扰，加上如果没有正确校准，容易出现罗盘不同步的错误。所以，如果飞控连接了 GPS 罗盘，完全可以只使用外置罗盘，因为外置罗盘相较于内置罗盘离磁场干扰更远，比较稳定。

确保选项按照上面的图正确设置，之后单击"开始"按钮即可开始校准。

（3）板载校准。板载校准就是校准程序运行在自驾仪上。单击"Onboard Mag Calibration"选项框中的"开始"按钮，会出现两个正在动的进度条（图 3-65），"Mag 1"

是GPS外置罗盘,"Mag 2"是飞控内置罗盘。

如果自驾仪有蜂鸣器会听到一阵长鸣,然后每秒一次短鸣。将飞机各个方向都指向地面,直到绿色进度条全满为止。

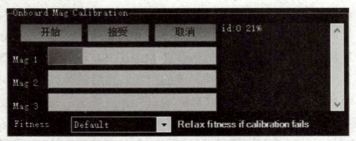

图3-65 校准进度条

进度条满后会出现数据,之后飞控断电重新连接。需要注意的是,出数据后不用单击"接受"按钮。如果罗盘进度条一直在动,一直不出数据,建议飞控刷最新版本,地面站用最新的;同时,GPS要用支架撑起来固定好,飞控的箭头和GPS的箭头保持一致。

(4)校准成功会响3声,飞控要断电,并重新连接地面站。

另外,也可以不依靠地面站来进行磁罗盘校准,步骤如下:

(1)进行遥控器校准;

(2)无人机加锁情况下,全油门和全右偏航打2 s;

(3)如果自驾仪有蜂鸣器会听到一阵长鸣,然后每秒一次短鸣,将飞机各个方向都指向地面;

(4)校准成功会响3声,需要给飞控断电,再重启自驾仪。

5. 倾斜补偿及偏航角计算

经过校准的电子罗盘在水平面上已经可以正常使用了。但是更多的时候机体并不是保持水平的,通常它与水平面都有一个夹角。这个夹角会影响航向角的精度,需要通过加速度传感器进行倾斜补偿。

图3-66展示了物体在空中的姿态。Pitch(Φ)定义为x轴与水平面的夹角,图示方向为正方向;Roll(θ)定义为y轴与水平面的夹角,图示方向为正方向。由Pitch角引起的航向角的误差如图3-67所示。可以看出,在x轴方向10°的倾斜角就可以引起航向角最大8°的误差。

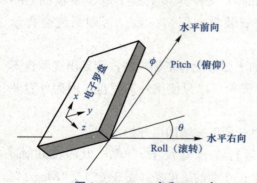

图3-66 Pitch角和Roll角

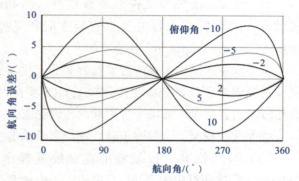

图3-67 Pitch角引起的航向角误差

假设无人机在空中的倾斜姿态如图 3-68 所示，通过三轴加速度传感器检测出 3 个轴上重力加速度的分量，再通过式（3-28）可以计算出俯仰角 θ 和滚转角 ϕ。

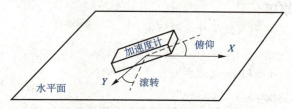

图 3-68 无人机在空中的倾斜姿态

$$\begin{cases} \phi=\arctan\left(A_x/\sqrt{A_y^2-A_z^2}\right) \\ \theta=\arctan\left(A_y/\sqrt{A_x^2-A_z^2}\right) \end{cases} \quad (3-28)$$

式（3-29）可以将磁力计测得的三轴数据（X_M，Y_M，Z_M）通过 Pitch 和 Roll 转化为式（3-27）中计算航向角需要的 H_y 和 H_x。之后再利用式（3-27）计算出航向角。

$$\begin{cases} H_y=Y_M\cos\theta+X_M\sin\theta\sin\phi-Z_M\cos\phi\sin\theta \\ H_x=X_M\cos\phi+Z_M\sin\phi \end{cases} \quad (3-29)$$

假设，三轴磁阻传感器对准载体坐标系进行安装，以东北天坐标系作为参考坐标系。试验地点的磁场矢量强度为 H，东北天 3 个轴向的地磁分量为 H_x、H_y、H_z。同时，利用磁阻传感器测得的载体系下的三轴磁分量为 X_M、Y_M、Z_M。则存在以下关系：

$$\begin{bmatrix} X_M \\ Y_M \\ Z_M \end{bmatrix}=C_n^b \times \begin{bmatrix} H_x \\ H_y \\ H_z \end{bmatrix} \quad (3-30)$$

C_n^b 为从参考系到载体系的变换矩阵。

$$C_n^b=\begin{bmatrix} \cos\gamma & 0 & \sin\gamma \\ 0 & 1 & 0 \\ \sin\gamma & 0 & \cos\gamma \end{bmatrix} \begin{bmatrix} 1 & 0 & 0 \\ 0 & \cos\theta & \sin\theta \\ 0 & \sin\theta & \cos\theta \end{bmatrix} \begin{bmatrix} \cos\psi & \sin\psi & 0 \\ -\sin\psi & \cos\psi & 0 \\ 0 & 0 & 1 \end{bmatrix} \quad (3-31)$$

将式（3-31）展开再代入式（3-30）中，可得：

$$\begin{cases} H_x\cos\psi+H_y\sin\psi=M_x\cos\gamma+M_z\sin\gamma \\ -H_x\cos\theta\sin\psi+H_y\cos\theta\cos\psi+H_z\sin\theta=H_y \\ H_x\sin\theta\sin\psi-H_y\sin\theta\cos\psi+H_z\cos\theta=-M_x\sin\gamma+M_z\cos\gamma \end{cases} \quad (3-32)$$

上述方程，H_x、H_y、H_z 可以通过磁场模型获得，X_M、Y_M、Z_M 通过磁阻传感器获得，但利用上式，还无法解出 3 个姿态角，因为上述 3 个方程不是互相独立的，因此需要知道至少一个姿态角，才能计算另外两个姿态角。所以地磁测姿系统常常需要配合其他装置一起使用。

在无人飞行器上常用加速度计 + 磁强计组合的定姿方法。静止状态或悬停状态，利用加速度计计算得到横滚角和俯仰角，利用磁强计解算得到偏航角。

上述方法忽略了磁偏角（图 3-51）。图中的假设"磁地理坐标系与 b 系重合"，最终解算的偏航角是在磁地理坐标系下的，并非在常用的东北天地理坐标系下，因此，如果得到在地理坐标系下的偏航角，需要减去磁偏角。磁偏角需要根据观测点的经纬高，利用 IGRF 或 WMM 地磁模型计算。

【任务实施】

一、排故前注意事项

检修排故前，一定要将无人机桨叶拆卸下来。

二、检修

将无人机连接至 Mission Planner 地面站，尝试解锁。

1. 故障信息为"Compass not healthy"

如果故障信息为"Compass not healthy"，其含义是罗盘不健康，可能的原因是硬件损坏；或者是环境温度低于 0 ℃，导致罗盘传感器没有数据。

解决方案如下：

（1）无人机重新上电，重新校准罗盘，如果还是同样的故障信息，进行下一步。

（2）如果无人机所处环境温度过低，做好保温措施，重新上电。

（3）在地面站的状态窗口，检查罗盘数值是否正确（图 3-69）。

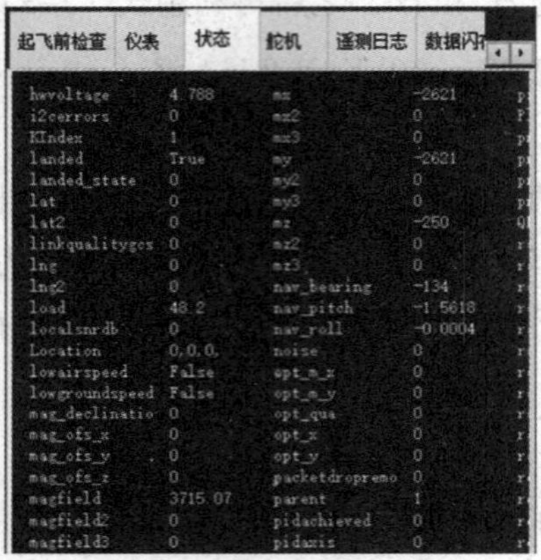

图 3-69 无人机状态信息

（4）如果故障信息依旧，则要考虑罗盘硬件损坏的原因，需要更换磁罗盘。

2. 故障信息为"Compass not calibrated"

如果故障信息为"Compass not calibrated"，其含义为磁罗盘未校准，可能的原因是磁罗盘没有校准，或者磁罗盘被移除和新增，但并未校准。

解决方案为将磁罗盘安装好后，重新进行磁罗盘校准。

3. 故障信息为"Compass offsets too high"

如果故障信息为"Compass offsets too high"，其含义为罗盘偏移值太高。磁罗盘测得的机体坐标系下 X、Y、Z 轴方向的 3 个测量值的平方和开根号 $\sqrt{X_m^2+Y_m^2+Z_m^2}$ 大于 500，就会提示故障信息，一般都是磁罗盘附近有磁性物体（电动机、螺栓、电池等），或者环境有比较强的磁场干扰引起的。

解决方案如下：

（1）使用外置罗盘避开飞控内部各种干扰；

（2）确保无人机周围没有干扰磁场，比如远离高压线、基站以及含有铁和镍的金属物体；

（3）重新上电，并重新进行磁罗盘校准。

4. 故障信息为"Check mag field"

如果故障信息为"Check mag field"，其含义是检查磁场。可能的原因是无人机在室内环境、改变了环境或者附近有磁场干扰。

解决方案如下：
(1) 如果改变了环境，重新做校准即可；
(2) 如果在室内或者有干扰源，远离干扰源即可。

5．故障信息为"Compasses inconsistent"

如果故障信息为"Compasses inconsistent"，其含义是罗盘不一致，原因是内部罗盘和外部罗盘指向不一致（>45°）。通常是外部罗盘方向设置不正确导致。解决方案为在地面站的全部参数表中，修改Compass_orient参数；或者保持外罗盘方向和飞控方向一致，并重新做校准即可。

◎【拓展阅读】

Pixhawk飞控"Bad AHRS"解决方法

在调试无人机时，有时会莫名其妙地报错（图3-70）。

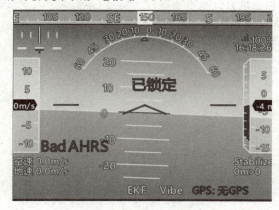

图3-70 Bad AHRS

那么这种错误如何解决呢？"Bad AHRS"意味着航姿参考系统有问题，而航姿参考系统主要由加速度计、陀螺仪和磁力计组成，所以问题可能出在这3个传感器上。

对于多轴无人机，可能的原因如下：
(1) 加速度计和水平没校准，或者校准不对；
(2) 加了GPS，但GPS没固定，或者GPS的箭头没有与飞控保持一致；
(3) 磁罗盘没校准好。

相对应的解决的方法如下：
(1) 正确校准加速度，校准后飞控断电，重新连接，校准水平。
(2) 正确组装GPS，确保固定好GPS，并且GPS的箭头和飞控的箭头要一致。飞控和GPS要是一体的，也就是说，GPS和飞控要一起移动，不可以单个移动。
(3) 正确校准罗盘。如果加了GPS，注意正确校准双罗盘。

对于固定翼无人机，如果按照多旋翼无人机的排故方法还是无法解决这个问题，那可能的原因是飞控搜不到卫星。

这是因为最新的Pixhawk固定翼飞控的AHRS算法使用了GPS信息。很多人是在室内调试飞控，而室内由于没法搜星或者搜星不足精度不够，导致GPS报错，从而导致AHRS报错。

解决方法如下：
(1) 到室外空旷地方搜星，解决GPS搜星问题；

（2）把 AHRS_GPS_USE 的参数改为 0，改后记得单击右边的"写入参数"按钮，改后还应记得飞控断电重新连接（图 3-71）。

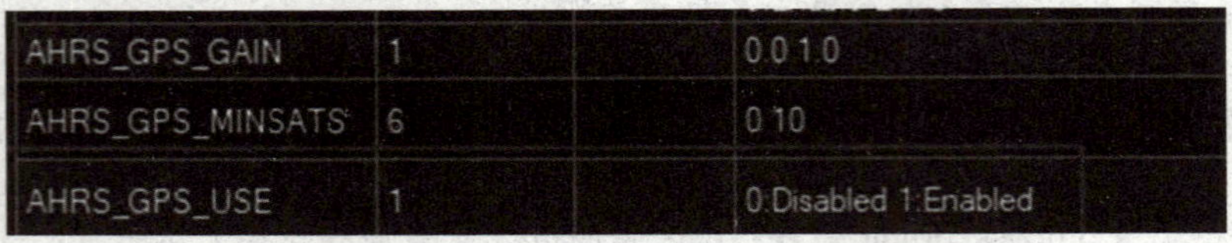

AHRS_GPS_GAIN	1	0 0 1.0
AHRS_GPS_MINSATS	6	0 10
AHRS_GPS_USE	1	0:Disabled 1:Enabled

图 3-71 AHRS_GPS_USE 参数

第二种方法只是室内调试固定翼无人机的权宜之计，建议可以暂时改为 0，等到室外后再改为 1。

【巩固提高】

1. 简述 Pixhawk 飞控上磁力计校准步骤。
2. 简述 AHRS 和 IMU 的区别。
3. 磁力计在使用过程中会遇到哪些磁场干扰？

项目四 04 地基无线电导航系统

【知识目标】

1. 掌握无线电导航角度和距离测量原理。
2. 掌握自动定向机和甚高频全向信标系统测角原理。
3. 掌握仪表着陆系统工作原理。
4. 掌握无线电高度表高度测量原理和测距机距离测量原理。

【能力目标】

1. 能识读 ADF 指示器上的数据,并绘制无人机和导航台的方位关系。
2. 能识读 VOR 指示器上的数据,并绘制无人机和导航台的方位关系。

【素质目标】

1. 具有敬仰航空、敬重装备和敬畏生命的职业素养。
2. 具备一定的探知精神。

【教学导航】

本项目主要介绍地基无线电导航工作原理和仪表数据的分析方法。

任务一 地基无线电导航发展历程及种类

【任务引入】

根据不同应用场景选择合适的无线电导航方式。

【任务分析】

现在大型无人机安装和使用了多种无线电导航设备,这些无线电导航设备配合地面上的导航台,为自动飞行控制系统或地面端人员提供无人机的位置、速度、姿态等导航参数,引导无人机按预定航线飞行,并助力无人机的起飞和降落。

学习无线电导航设备的发展历程和种类，有利于我们从整体层面根据应用场景选择合适的无线电导航方式。

【相关知识】

机载无线电导航设备接收和处理导航台所发射的无线电波，从而获得导航参量，确定出飞机位置及飞往预定点的航向、时间，从而引导飞机沿选定航线安全、经济地完成规定的飞行任务。其主要优点是不受时间、天气限制；精度高；定位时间短，可以连续地、适时地定位；设备简单、可靠。

一、地基无线电导航发展历程

地基无线电导航是一种通过地基无线电信号进行目标定位和导航的方法。对无人机导航来说，机载无线电导航设备接收和处理导航台所发射的无线电波，并通过测量无线电信号某一电参量（如振幅、频率、相位），来获得导航参量，确定出无人机位置及飞往预定点的航向、时间，从而引导无人机沿预定航线正确、安全、经济地完成规定的飞行任务。

20世纪20年代以来，地基无线电导航的发展大致经历了以下3个阶段：

（1）20世纪初至第二次世界大战前夕，以定向为主的早期阶段。地基无线电导航发明于1912年，最早用于航海，引导船舶航行，类似海上灯塔。20世纪30年代，无线电信标用来提供机场的方位信息。这时期发展的无线电导航系统主要是方位系统，属于近中程导航，提供的位置线为大圆弧或恒位线，近距离可当作直线。

（2）第二次世界大战至20世纪60年代，全面开展、日趋完善的发展阶段。1941年，出现了仪表着陆系统（ILS），即盲降系统，是应用最为广泛的飞机精密进近和着陆引导系统。其作用是由地面发射的两束无线电信号实现航向道和下滑道指引，建立一条由跑道指向空中的虚拟路径，飞机通过机载接收设备，确定自身与该路径的相对位置，使飞机沿正确方向飞向跑道并且平稳下降高度，最终实现安全着陆。

1942年，发明了台卡（Decca），其采用连续波信号，频率为70～129 kHz，用于海上近程高精度定位的一种低频连续波相位双曲线定位系统。台卡导航系统是最早出现的以相位延迟原理进行工作的双曲线导航系统。该系统的发射台以连续波的形式发射同一频率的不同谐波信号，而不是发射脉冲信号。该系统主要适用对近海航行的潜艇定位。当接收机与发射台之间保持最佳几何关系时，其定位精度为400 m，最大定位误差不大于3.6 km。台卡导航系统的不足之处在于它仅仅是一个局部导航系统，无法在更大的范围内使用。

无线电双曲线导航系统蓬勃发展，提高了定位精度。1943年美国建成中程系统罗兰-A；1944年英国建成中近程系统台卡。在此基础上，20世纪50年代末美国建成远程系统罗兰-C。20世纪40年代中期德国研制成中远程方位系统桑尼，并由英国发展为更完善的康索尔。这些系统作用距离大大增加，可提供较高的定位精度。

（3）20世纪60年代至今，成熟阶段。至20世纪60年代，发展了超远程系统欧米伽（Omega）系统，此系统是超远程连续波双曲线相位差无线电导航系统。该系统采用连续波信号，频率为 10～14 kHz，能穿透水下 10 m 以上，定位精度达 2～4 n mile，数据更新速率 0.1 次/min。该系统是在信号传输过程中衰减较小，作用距离可达 929～1 296.4 km，定位准确度为 1 852～3 704 m。欧米伽系统在全世界设置了 8 个发射台，工作区域可覆盖全球，能实现全天候、全球性无线电导航定位。欧米伽系统经过 20 多年的建设，其最后一个发射台于 1983 年正式投入使用。这一时期，近程高精度定位系统也得到进一步发展。近年来，还发展了近程甚高频无线电测向系统，与雷达配合使用，可在与对方用甚高频无线电话通信时，测定其方位。

地基无线电导航的发展历程见表 4-1。

表 4-1 地基无线电导航发展历程

年份	系统	信号类型	频率	定位方法	备注
1941	仪表着陆系统（ILS）、精密近进雷达（PAR）	连续波	航向信标工作 108.10～111.95 MHz	航道和下滑道偏离	用于机场进近着陆
1942	台卡（Decca）	低频连续波	70～130 kHz	双曲线定位	主要用于海上高精度定位和沿海岸导航
1943	罗兰-A（Loran-A）	脉冲信号	载频 2 MHz	双曲线定位	主要用于航海导航
1946	伏尔（VOR）甚高频全向信标	连续波	108～118 MHz	方位	精度约为 4～5 n mile
1949	测距器（DME）近程航空导航系统	脉冲	960～1 215 MHz	距离	精度约为 0.5 n mile
1955	塔康（TACAN）战术航空导航系统	脉冲	960～1 215 MHz	方位和距离	主要为军用（如机场、航空母舰等）

由上可知，无线电导航技术在第一次世界大战前后就产生了，但到第二次世界大战才获得了迅速发展，战后在此基础上得到了进一步的发展和完善，并基本形成了现在的格局。航海用的无线电导航系统以双曲线定位体制为主，航空导航则以测距—测向体制为主。某些系统可以同时兼顾航海、航空导航的需要。20 世纪 50 年代后，各种无线导航系统基本完成了全球覆盖。目前虽然 GPS 已经广泛应用，但陆基无线电导航系统还在继续使用，并且还在继续发展之中。

上述陆基无线电导航系统的精度为数千米，与天文导航系统相当。20 世纪 60 年代中期，美国海军导航卫星系统（NAVSAT），即众所周知的子午仪（Transit）系统成功实施，为船舶和潜艇提供了更为精确的定位，开启了星基导航的先河。

■ 二、地基无线电导航分类及技术指标

1. 分类

（1）按有效作用距离分为近程系统、中程系统、远程系统、超远程系统；

（2）按所测电信号参量分为振幅系统、频率系统、相位系统、脉冲系统、混合系统；

(3) 按所测几何参量分为测角系统、测距系统、测距差系统、测高系统；

(4) 按工作方式分为有源系统、无源系统；

(5) 按机载设备实现的系统功能分为自备式系统、他备式系统；

(6) 按飞机的飞行区域分为航路系统、终端区系统。

2. 地基无线电导航的技术指标

(1) 导航精度：即定位误差，用概率统计方法描述；

(2) 覆盖范围：与规定的定位精度相对应；

(3) 系统容量：可同时提供定位服务的用户数量；

(4) 信息更新率：单位时间内可为用户提供定位服务的次数；

(5) 其他指标：连续性、可用性、可靠性、完好性等。

【任务实施】

学生每6人一组，每小组选出一个组长，负责讨论环节的组织、记录和总结。

(1) 小组讨论地基无线电导航的发展历程。各组员根据上课所学内容，阐述地基无线电导航的发展节点和主要特征，最后各小组选派一个代表上台陈述。

(2) 小组讨论地基无线电导航的分类。各组员描述地基无线电导航的分类情况，并查阅 VOR、DME、ILS、无线电高度表等资料，然后将这些无线电导航设备分类情况填入表4-2。

表 4-2　地基无线电导航系统分类

导航系统分类	VOR	DME	ILS	无线电高度表
按有效作用距离分				
按所测电信号参量分				
按所测几何参量分				
按工作方式分				
按机载设备实现的系统功能分				
按飞机的飞行区域分				

(3) 小组讨论地基无线电导航的技术指标。各组员查询地基无线电导航的相关资料，并陈述 VOR 和 NDB 地面无线电导航设备的技术指标。

【拓展阅读】

飞行导航方式的演变历程

1903 年 12 月 17 日 10 时 35 分，莱特兄弟（Wright Brothers）制造的第一架飞机"飞行者 1 号"在美国北卡罗来纳州试飞成功（图 4-1）。

自此，飞机开始发展成为一种重要的远程交通工具。飞机在天空飞行需要一定的设备给飞机和飞行员提供方向，来引导飞机从一个地方飞到另一个地方，我们把这种引导飞机的方式叫作导航。航空百年，飞机的导航方式也发生了很大的改变。导航方式的演变可以分为以下 3 个阶段。

图 4-1　"飞行者 1 号"试飞成功

1. 原始导航阶段

飞机发展初期，没有任何导航设备，完全靠飞行员目视观测一些标志性地标，基本可以实现沿着山脉、河流或者铁路飞行。

20 世纪 20 年代，为了解决飞行员的导航问题，美国国会曾出资修建了巨型的航空邮件飞行指路路标，每个箭头长达约 21 m，横跨整个美国的箭头为飞行员指明了方向（图 4-2）。

另外，为了满足夜航的需要，人们给箭头刷成明亮的黄色，每个箭头上都有一个 15 m 的高塔，塔顶有 1 盏高燃气灯，塔底有小屋供应燃气。由于采用了这种可以轻松辨认的设计，飞行员从 16 km 外就可以看到箭头，每个箭头都指向 5 km 外下一个箭头的位置（图 4-3）。

图 4-2　位于犹他州华盛顿县的巨型箭头

图 4-3　位于俄勒冈州卡蒂奇格洛夫的灯塔

目视飞行作为核心导航一直使用了很多年，直到后来无线电技术的发展。即使是现在，我们依然还在沿用目视导航规则，这是导航的根本。

2. 初级导航阶段

在第一次世界大战期间，无线电导航技术问世。接着，无线电导航台相继出现，让飞机从目视飞行跨越到仪表飞行，它们分别是：

NDB 信标台（20 世纪 20—30 年代）——ADF 接收机；

VOR 信标台（20 世纪 30 年代）——VOR 接收机；

仪表着陆系统（20 世纪 40 年代）——ILS 接收机；

DME 测距台（20 世纪 50 年代）——DME 询问器。

地面的无方向信标台（NDB）、甚高频全向信标台（VOR）、测距台（DME）就像茫茫大海中的灯塔一样无时无刻地向周边空间发射信号，飞机上的接收机收到这些信号后就可以获得不同的信息,如导航台在哪里(NDB),飞机在导航台在什么方位(VOR),飞机离台多远(DME),然后结合多个台的多种信息,飞行员就能在万米高空、茫茫云海之中确定自己的位置。飞机也可从一个信标台飞向下一个信标台,直至安全到达目的地(图4-4、图4-5)。

图4-4　最早应用无线电测向技术的达索MB220型客机　　　　图4-5　VOR地面信标台

无线电导航将飞行员的注意力从飞机外部集中转移到驾驶舱仪表板,它是高度、复杂气象、夜间和海上飞行技术的基础。但是无线电导航也有其自身的缺点,无线电导航的精度依赖于地面台信号,距离地面台太远或有障碍物的地方无法进行定位计算。同时,在规划航路时将航路点集中分布在地面导航台周围,会造成空域的拥挤(图4-6)。

图4-6　珠三角地区拥挤的空域

3. 基于性能的导航(PBN)

PBN不是具体的导航方式,而是一种新的导航理念,分为以下两类:

(1)RNAV导航。随着惯性导航、卫星导航技术在飞机上的应用,人们不甘于飞机还是沿着地面台附近飞行,而是希望飞机在一定的空间内"自由"飞行。

因此出现了一种导航方式叫作RNAV,需满足以下至少1个条件:

1)飞机在无线电导航信号覆盖范围内;

2)机载设备工作能力范围之内(如准确的惯导数据、GPS数据)。

RNAV颠覆了之前背向台飞行的导航理念,RNAV关注的是飞机本身的位置计算能力

（基于性能），只要飞机可以计算出准确的经纬度数据，不用局限于地面台，飞机就可以沿任意期望的路径飞行。

（2）RNP 导航。RNAV 已经足够强大了，为何要引入 RNP？

RNAV 的关键是在导航信号覆盖范围和机载设备能力范围内。但无论是无线电导航、卫星导航（伪距），还是惯性导航（累积误差），都存在误差，会造成定位不准确。

这些问题，RNP 可以通过机载设备实现对导航性能（包括信号的准确性、可信度、连续性、可用性等）的监控与告警，从概念上讲，RNP 是 RNAV 的一种操作方式。

【巩固提高】

1．什么是无线电导航？
2．飞机上有哪些无线电导航设备？
3．地基无线电导航的技术指标有哪些？

任务二　自动定向机工作原理和使用方法

【任务引入】

根据无人机地面端 ADF 仪表指示和磁航向指示，操纵无人机朝向 NDB 导航台飞行。

【任务分析】

自动定向机能够确定地面 NDB 导航台与飞机指向的顺时针相对角，再结合无人机磁航向角，就可以计算出 NDB 导航台的磁航向，从而引导无人机飞向地面导航台，完成航路飞行。

学习机载自动定向机系统结构组成和工作原理，才能掌握利用自动定向机进行导航的方法。

【相关知识】

自动定向机（Automatic Directions Findings，ADF），最早被称为无线电罗盘，早在 1927 年就被首次应用于航空导航，是一种具有广泛用途的陆基无线电导航设备。它可以通过接受地面民用中波无线电广播电台或地面无方向信标（Non-Directional Beacon，NDB）导航台的无线电信号实现对飞机的导航。因其具有成本低、技术成熟、可靠性高和地面导航台多等优点，ADF 至今仍是各种飞机必备的一种无线电导航设备（图 4-7）。

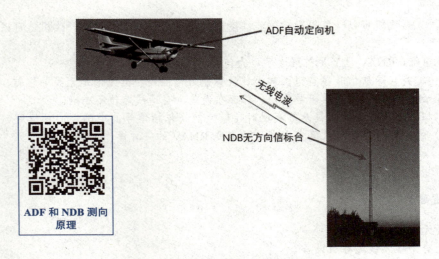

图 4-7 自动定向系统

■ 一、系统组成和主要功能

机载自动定向机系统通过接受地面导航台的无线电信号，可以实现的主要功用如下：

（1）测量飞机纵轴方向（航向）到地面导航台的相对方位角，并显示在方位指示器上。

（2）对飞机进行定位。在飞机上，一般都装有两部自动定向机，在使用中将它们分别调谐在两个不同方位的已知地面导航台或广播电台的频率上。两部自动定向机所测得的相对方位，分别显示在同一个指示器（无线电磁指示器）上。其中，单指针指示第一部自动定向机所测得的相对方位角；双指针指示第二部自动定向机所测得的相对方位角。根据这两个相对方位角在地图上可画出飞机对地面导航台的两条相应的位置线，两条位置线的交点便是飞机的位置。

（3）利用自动定向机判断飞机飞越导航台的时间。当飞机飞向导航台时，可根据相对方位角的变化来判断飞越导航台的时间。如方位指示器的指针由 0° 转向 180° 的瞬间即飞机飞越导航台的时间（图 4-8）。

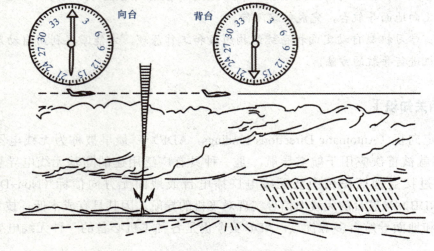

图 4-8 判断飞机飞越导航台的时间

（4）当飞机飞越导航台后，可利用自动定向机的方位指示保持沿预定航线飞行，即向/背台飞行。向台（对准导航台）飞行或背台飞行时，还可以求出偏流修正航迹。

自动定向机系统主要由地面设备和机载自动定向机系统组成。

（1）地面设备。地面设备由中波导航发射机、发射天线（图4-9）和一些辅助设备组成，不断地向空间全方位地发射无线电信号，因此也叫作无方向性信标（NDB），在航图上用图4-10表示。

图 4-9　NDB 发射天线　　　　　图 4-10　NDB 航图标识

根据用途和安装位置的不同，地面导航台又可分为航线导航台和双归航台（图4-11）。

1）航线导航台。安装在航路点上，供飞机在航线上定向和定位用；要求发射功率大，有效作用距离远。航线导航台工作在 190～550 kHz 的频率范围内，发射功率为 400～1 000 W（我国一般用 500 W），有效作用距离不少于 150 km。

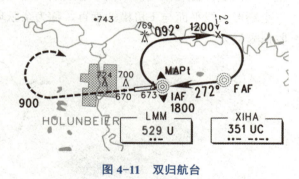

图 4-11　双归航台

不同的航线导航台使用不同的识别信号。识别信号由两个英文字母组成（如 KJ），用国际摩尔斯电码拍发，拍发速度为 20～30 个字母/min。

航线导航台可用于归航。当飞机要求飞往某导航台时，飞行人员首先调节机载自动定向机接收该导航台的信号，观察指示器所指刻度，然后改变飞机航向、使指针对准指示器的航向标记（即机头方向），并且在飞行中保持航向不变，飞机就能飞到该导航台上空。

2）双归航台。有两个导航台，安装在飞机着陆方向的跑道延长线上，近台离跑道头 1 km，远台离跑道头 4 km，供飞机在着陆时使用；特别是在夜间或气象条件很差的白天，双归航台能引导飞机对准跑道，安全地下降到一定高度。

远台一般都兼作航线导航台使用，故发射功率与航线导航台的规定相同。近台发射功率为 100 W 左右，有效作用距离为 50 km。

远台发射的识别信号由两个英文字母组成，如 DF；近台识别信号用远台的第一个字母，如 D。两台的识别信号均采用国际摩尔斯电码发射，拍发速度为 20～30 个字母/min，拍发次数要求用相同间隔，每分钟拍发 6 遍。

（2）机载自动定向机系统主要包括自动定向接收机、接收天线、方位指示器。

1）自动定向接收机（图4-12）。自动定向接收机接收和处理环形天线与垂直天线收到的地面导航台的信号，并将处理后的方位信息通过无线数据链路传至机载导航计算机或地面端，显示出飞机与地面导航台的相对方位。

2）接收天线。自动定向机在进行自动定向时需要两种天线。一种是无方向性天线（垂直天线或辨向天线），其接收的信号用来调谐接收机，并与环形天线接收的信号叠加，为自动定向机提供单值定向；另一种是方向性天线（环形天线），用来提供方位信息。两种天线都工作于190～1 750 kHz波段。

图4-12　自动定向接收机

自动定向机的天线是在两个正交的铁淦氧体上绕成正交的固定环形天线并与垂直天线组装在一起，形成组合式环形/垂直天线，其封装如图4-13所示。这种组合式天线的环形天线部分是正交的两个环形天线，在飞机上安装时，其中一个环面与飞机纵轴垂直，称为正弦环形天线，安装在飞机纵轴中心线上，当飞机正对准地面导航台时，接收信号最小；另一个环形天线平面与飞机横轴垂直，称为余弦环形天线，当飞机正对准地面导航台时，接收信号最大。

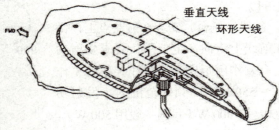

图4-13　ADF天线封装

图4-14所示为飞机航向（机头方向）与地面导航台成不同角度时，正、余弦环形天线输出信号幅值变化情况。

3）ADF指示器。图4-15所示为ADF指示器，机载自动定向机测量的方位角为指示器航向标记与指针方向的夹角，即飞机纵轴方向顺时针测量到飞机和地面导航台连线的夹角，也叫作飞机与地面导航台的相对方位角（图4-16）。

当调整指示器上的HDG旋钮，指示器顶端固定标记（航向标记，黄色三角形）所指刻

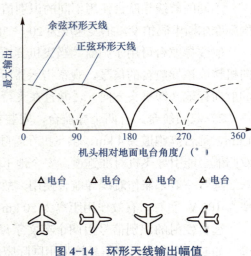

图4-14　环形天线输出幅值

度数为飞机当前的磁航向，则黄色指针箭头所指的刻度即地面导航台的磁方位角。而指示器的航向标记与指针之间的夹角为飞机与地面导航台的相对方位角。三者之间的关系可由下述公式说明：

$$电台磁方位 = 飞机磁航向 + 电台相对方位$$

图 4-15　ADF 指示器

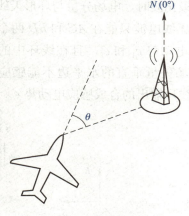

图 4-16　相对方位角

二、ADF 测角原理

利用无线电技术确定空间目标（如飞机）相对于地面导航台的角度坐标，实际上是确定发射或接收无线电波的传播方向。无线电波在空间的传播方向可以用仰角 γ 和相对方位角 θ 来表示，如图 4-17 所示。

当采用中长波测向时，由于是表面波传播，又因地球表面空气介质的不均匀性（如随高度的增加，介电系数减小等）以及上层空气游离的影响，所以电波的传播轨道在垂直平面内发生弯曲，因此在确定仰角 γ 时将有很大误差。所以，除超短波（直达波）定向外，中长波测向设备（如 ADF 自动定向机）不测量仰角 γ，而是测量相对方位角 θ。

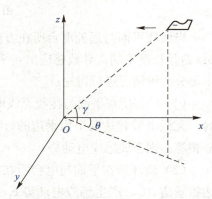

图 4-17　飞机相对于地面台 O 的角坐标

无线电测向设备按其技术特性，可分为振幅式测向设备和相位式测向设备两大类。利用发射信号的载波振幅（称为 E 型）或接收信号的调制深度（称为 M 型）与无线电波到达方向间的关系来测定方向的设备，称为振幅式测向设备。

机载 ADF 自动定向机是采用中、长波的 M 型测向设备来测定地面电台的相对方位的。

由于地面 NDB 导航台向四面八方发射相同的信号，而 ADF 要能够识别无线电信号的来向，因此采用方向性天线。方向性天线有很多种，如八木天线、螺旋天线、抛物面天线、环形天线等。机载自动定向机采用的是环形天线，环形天线的外形可以是各种形状，一般是一个用导线制成的矩形或圆形的线环，如图 4-18 所示。

图 4-19 所示为环形天线的矩形结构形式。图中字母 E 表示电场方向，H 表示磁场方向，S 表示无线电波的传播方向，d 为环形天线两个竖直边距离。当环形天线平面与地平面垂直，且接收的无线电波为垂直极化波时，电场分量与环形天线铅垂边平行，所以无线电波只能在 AC 和 BD 两个铅垂边上产生感应电动势 e_1 和 e_2，且在线环中的方向相反；而与电场矢量垂直的水平边不能感应出电动势，所以，线环输出的合成感应电动势 $e_{合}= e_1-e_2$。

图 4-18 ADF 接收天线

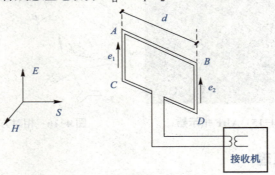

图 4-19 简单矩形环形天线

当线环平面与远处电台所在方向（电波传播方向）成不同角度时，无线电波到 AC 和 BD 路径长度不同，导致感应出 e_1 和 e_2 的相位不同，则合成感应电动势的大小也会不同，下面分 3 种情况进行讨论：

（1）线环所在平面与接收无线电波传播方向垂直时 [图 4-20（a）]，即方位角 $\theta=90°$ 时，无线电波到达两个铅垂边的行程相等，所以，在铅垂边 AC 与 BD 上产生的感应电动势相等，则合成感应电动势 $e_{合}= e_1-e_2=0$。

（2）线环所在平面与电台所在方向平行时 [图 4-20（b）]，$\theta = 0°$。假设电波先到达铅垂边 AC，产生感应电动势 e_1，后到达铅垂边 BD，产生感应电动势 e_2，且 e_1 超前 e_2 一个相角 φ。φ 的大小取决于两个铅垂边间的距离 d，即电波传播的行程差，$\varphi=2\pi d/\lambda$，λ 为无线电波波长。又因为 d 远小于线环与电台之间的距离，所以可认为两个铅垂边所产生的感应电动势的幅度相等，即 $e_1=e_2=e$。此时的行程差 d 最大，相角 φ 也最大，而合成感应电动势最大，为 $e_{合}=2e\sin\left(\dfrac{\varphi}{2}\right)\approx 2e\dfrac{\pi}{\lambda}d=K$。

（3）线环与电台所在方向成 θ 角 [图 4-20（c）]，且 $\theta \neq 0°$、$90°$、$180°$、$270°$ 时。假设电波先到达 AC 边产生 e_1，后到达 BD 边产生 e_2，由于电波传播的行程差为 $\Delta r=d\cos\theta$，所以 e_1 与 e_2 的相位差 $\varphi=2\pi(d\cos\theta)/\lambda$，此时的合成感应电动势 $e_{合}=2e\sin\left(\dfrac{\pi}{\lambda}d\cos\theta\right)\approx 2e\dfrac{\pi}{\lambda}d\cos\theta=K\cos\theta$。

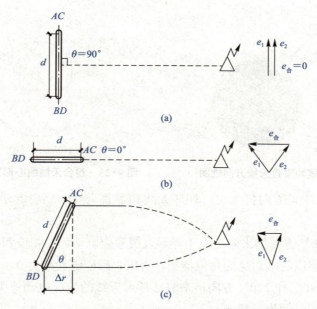

图 4-20 不同来波方向时产生的合成感应电动势
（a）$\theta=90°$；（b）$\theta=0°$；（c）$\theta \neq 0°$、$90°$、$180°$、$270°$

从以上分析可知，电波来向与环形天线平面所成的角度：$\theta=90°$、$270°$时，线圈无电压输出；$\theta=0°$、$180°$时，线圈输出电压为最大；θ 在 $0°\sim90°$、$90°\sim180°$、$180°\sim270°$、$270°\sim0°$变化时，输出电压在最大值与 0 之间按余弦规律变化，且电波从环形天线零接收方向（$90°$、$270°$）左侧或右侧来时，环形天线的合成感应电动势反相，在图 4-21 中分别用 "+" "-" 号标出。因此，无线电波来波方向和环形天线感应电动势的关系在极坐标上表现为 "8" 字形，称为 "8" 字形方向性图。该方向性图描述了接收天线接收信号时，信号强度（幅度）随天线方向变化而变化的规律（图 4-21）。

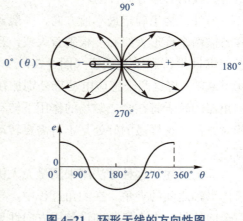

图 4-21 环形天线的方向性图

由环形天线的方向性图可知，环形天线在 $90°$、$270°$方向的合成电动势为零，而且在零点附近场强变化最敏感，因此常用最小值方向对准电波来确定导航台的相对方位。但是在 $0°\sim360°$方位上出现两个零点，造成定向的多值性。为了准确地测定方向，还必须加入无方向的垂直天线。将环形天线产生的合成感应电动势与垂直天线产生的感应电动势叠加在一起，将形成新的合成感应电动势。

图 4-22 表示环形天线接收信号同垂直天线接收信号结合后的天线方向性图的情况。当环形天线接收信号的最大感应电动势 $e_合$ 的振幅和垂直天线接收信号的感应电动势的振幅相同时，叠加后的情况如图 4-23 所示。

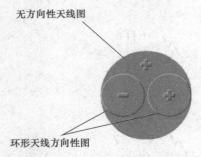

图 4-22 环形天线和垂直天线方向性图

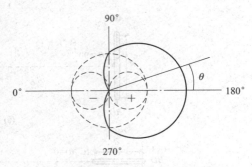

图 4-23 组合天线的心形方向性图

设无线电波从 180°方向传来时,环形天线和垂直天线的感应电动势相位相同,则总感应电动势为 $2e_合$。

当无线电波从 0°方向传来时,由于环形天线感应电动势的相位和电波从 180°传来时反相,但垂直天线感应的电动势的相位不变,所以总感应电动势为 0。

当无线电波从 90°和 270°方向传来时,环形天线的感应电动势为 0,则总感应电动势为垂直天线感应的电动势,即 $e_合$。

同理,可以得到电波从其他方向传来时的总感应电动势,将这些总感应电动势矢量按画方向图的方法连起来,就得到环形天线和垂直天线结合后的天线方向性图,即组合天线的心形方向性图。

另外,为了确定最小值方向,一般还需增加一环形天线,这样就需两个环形天线和一根垂直天线,且两个环形天线分别与飞机的纵轴平行和垂直放置(图 4-24),这样感应的电动势相位相差 90°。将这两个感应电动势分别加在测角器的固定绕组上,测角器的转子将在合成磁场的作用下转动,从而指示出导航台的相对方位,这样做的好处是不再需要转动机构就可判断信标台的方向。

综上所述,这种方法用来测量无人机和导航台连线与无人机机体纵轴之间的夹角。在测角过程中,导航台用无方向性天线发射全向信号,无人机测向设备用方向性天线接收,从而获得不同方位角下的接收无线电波的信号强度。这种测角方法称为用户主动式振幅法测角方式。

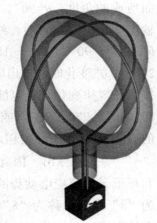

图 4-24 双环形天线

【任务实施】

任务详情:现有一大型无人机正在长沙尖山直升机场旁的 W46 航段上向大托铺方向飞行,由于受气流干扰,无人机偏离原来航线,航向也发生了偏转,变为 63°,现需要根据 ADF 指示操控无人机继续向大托铺方向飞行。

具体实施步骤如下:

(1)登录 http://ga.aischina.com/,单击通用机场资料查询,找到长沙尖山直升机场,然后单击机场名称,页面就会显示该通用机场的信息和地图位置(图 4-25);

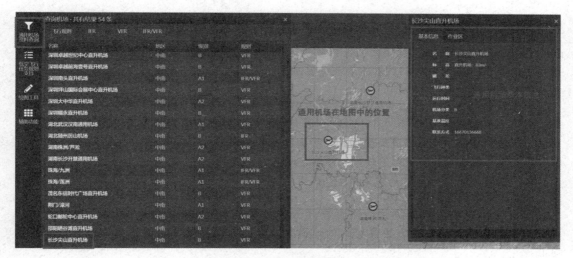

图 4-25 通用机场查询

（2）在地图中找到 W46 航段，并单击位于大托铺的 NDB 导航台图标，调出 NDB 导航台的基本信息（图 4-26）；

（3）将无人机和地面 NDB 导航台的通信频率调至如图 4-26 所示的 520 kHz。这时，地面站 ADF 指示仪会显示导航台的相对方位角，如图 4-27 所示；

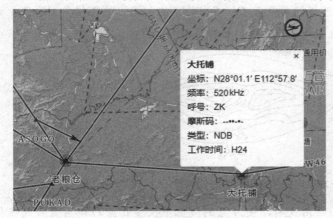

图 4-26 NDB 导航台信息

图 4-27 ADF 指示仪

（4）由图 4-27 可知，相对方位角为 44°，而导航台磁航向 = 飞机磁航向 + 相对方位角，由此可知 NDB 的磁航向为 107°，如果想向着 NDB 飞行，应遥控无人机转向至 107°。

【拓展阅读】

电波传播误差

地面无线电台发射的电波，由于受电离层、大地和海面等的影响，在传播过程中会发生复杂的变化。这种误差的大小一般随接收的地点、时间和季节等有所不同。通常把这种误差称为电波传播误差。

电波传播对无线电定向造成的误差主要有极化误差（夜间效应）、山区效应误差和海岸效应误差等。

1. 极化误差

自动定向机工作在中波波段，电离层对电波的吸收白天比夜间强，因此白天，在 200 n mile（1 n mile=1.852 km）距离之内，接收机只能收到地波信号。而在夜晚，电波受电离层的损耗比白天小，由于电离层反射的天波分量加强，所以定向机可能同时接收到地波与天波信号，会形成电波衰落。

由于反射的天波将使垂直极化波变为椭圆极化波，在环形天线的水平部分产生感应电动势，不仅会使接收信号减弱，同时，使环形天线的最小接收方向模糊不清，而造成定向误差（极化误差）。由于夜间电离层变化较大，工作在中波的自动定向机在夜间受到的影响较大，所以这种极化误差也称为夜间效应。

夜间效应通常出现在日落前 2 h 到日出后 2 h 的一段时间内（电离层变化最大）；由夜间效应引起的定向误差一般为 $10°\sim15°$。

减小夜间效应的根本办法：避免接收天波信号。由于波长越长，电离层反射越弱，所以应尽量选择波长较长、距离较近的地面导航台，并在测定方位时注意读取方位角的平均值。

2. 山区效应误差

山区效应是指电波在传播过程中，遇到山峰、丘陵和大的建筑物时会发生绕射与反射。所以，在山区低空飞行，自动定向机指示器的方位指针有可能出现偏离正确位置或摆动。

图 4-28 展示出了在山区电波绕射引起的方位误差。设点 O 是地面电台的所在位置，由于电波绕射，使点 A 的飞机接收的电波好像是从点 O' 方向传来的，测得的方位角因而产生误差。一般，电波的波长越长，绕射能力越强，对中、长波定向影响较大。

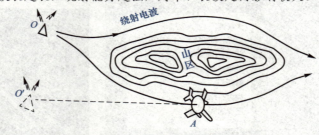

图 4-28 电波绕射引起的方位误差

如图 4-29 所示，由于电波在山区的反射，使 A 点的飞机不仅接收点 O 电台直接传来的电波，还接收来自点 B 的反射波，所测得的相对方位既不是 AO 方位，也不是 AB 方位，而是 AO' 方位。一般来说，电波的波长越短，反射能力越强，所以，地面导航台的频率在多山地区应选得低些（波长较长）为好。

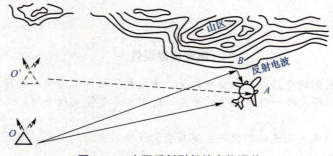

图 4-29 山区反射引起的方位误差

山区效应只存在于靠近山区 30～40 km 的范围，山区效应的大小取决于飞行高度和距山的距离。

3．海岸效应误差

海岸效应是指电波从陆地传向海面或从海面传向陆地时，电波传播方向改变的现象。

产生海岸效应的主要原因是电波经过两种不同媒介的交界面，导电系数不同，使电场相位结构发生畸变。

因为在陆地上（特别是干燥土地）电波传播的速度比在海上的传播速度慢，所以在陆海交界面上电波传播路径发生折射，如图 4-30 所示。

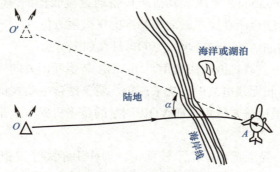

图 4-30　电波穿过海岸线产生折射

地面电台辐射电波的传播方向与海岸线的夹角越小，则误差越大，当传播方向与海岸线垂直时，不产生误差。

海岸效应只在飞机接近海岸线的地面或海面时发生，随着高度的升高，误差逐渐减小，高度在 3 000 m 以上时，海岸效应可以忽略不计。

【巩固提高】

1．简述自动定向机系统的组成及工作原理。
2．说明环形天线的工作原理。
3．图 4-31 所示为 ADF 指示器，请读出相对方位角的大小。如果已知飞机的磁航向为 30°，则导航台的磁方位角为多少？

图 4-31　ADF 指示器

任务三　甚高频全向信标系统工作原理及定位方法

【任务引入】

根据地面站的 VOR 指示器，确定无人机在空中的位置。

【任务分析】

机载 VOR 设备能够确定无人机方位角，选定无人机附近两个 VOR 导航台，就能确定两个无人机方位角，再通过三角测量就能获得无人机的位置信息。

掌握甚高频全向信标系统的结构组成和工作原理，并掌握无人机方位角确定方法，进而掌握基于 VOR 的导航方法。

【相关知识】

甚高频全向信标（Very High Frequency Omnidirectional Range）系统，简称 VOR（伏尔）系统，是一种近程无线电导航系统。VOR 系统属于他备式导航系统，或称地面基准式导航（Ground-Based Navigation）系统。其机载设备通过接收地面 VOR 导航台发射的无线电波，来直接确定以导航台所在位置磁北为基准的飞机磁方位。

相较于同样是测角的 ADF 导航设备，VOR 具有如下特点：

（1）ADF 属于用户主动式振幅法测角，而 VOR 是地面用方向性天线发射无线电波，机上用无方向性天线接收无线电波的方法来测角，属于站台主动式相位法测角；

（2）ADF 测量的是相对方位角，而 VOR 测量的是飞机磁方位角，且其测量精度要比 ADF 高；

（3）工作频率高，受干扰小，指示较稳定。但作用距离受视距限制（图 4-32），与飞行高度有关；

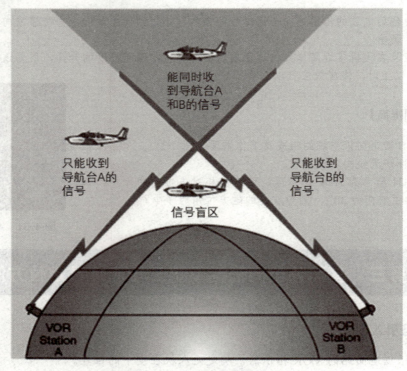

图 4-32　VOR 信号覆盖区域

（4）由于地形起伏较大，有时还有大型建筑物在天线附近，会引起反射波的干扰，导致有较大的测量误差，因此，常规 VOR 信标台对周围场地的要求相当严格。目前使用多普勒 VOR 地面信标来克服对场地要求严格的缺点，只是产生辐射信号的方法不同，机载 VOR 接收机对两者均可兼容。

一、相关角度

VOR 导航系统的功能之一是测量飞机磁方位,而 VOR 方位角在无线电磁指示器(RMI)上的指示又是通过磁航向加相对方位指示的。因此,了解这些角度的定义和相互关系,有助于理解 VOR 机载设备的工作原理。

(1) VOR 方位角。VOR 方位角是指从飞机所在位置的磁北方向顺时针测量到飞机与 VOR 台连线之间的夹角。VOR 方位也称电台磁方位,是以飞机为基准来观察 VOR 台在地理上的方位(图 4-33);

(2) 飞机磁方位。飞机磁方位是指从 VOR 台的磁北方向顺时针测量到 VOR 台与飞机连线之间的夹角(图 4-33),是以 VOR 台为基准来观察飞机相对于 VOR 台的磁方位;

(3) 磁航向。磁航向是指飞机所在位置的磁北方向和飞机纵轴方向(机头方向)之间顺时针方向测量的夹角(图 4-33);

(4) 相对方位角。飞机纵轴方向顺时针量到飞机与 VOR 台连线之间的夹角,叫作相对方位角。ADF 测量的就是相对方位角。

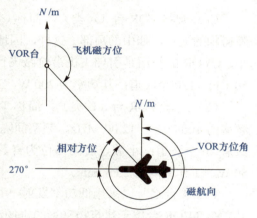

图 4-33 VOR 导航相关角度

从上述 4 个角度的定义,可以得到如下的结论:

(1) VOR 方位角与飞机磁航向无关,只与飞机相对 VOR 台地理位置有关;

(2) 飞机磁方位和 VOR 方位角相差 180°;

(3) VOR 方位角等于磁航向与相对方位角的和。

二、甚高频全向信标系统结构组成

VOR 由地面发射台和机载设备组成。机载 VOR 设备主要有控制盒、天线、接收机和指示器。

1. 地面导航台

地面设备分为航路 VOR 台(A 类)和终端 VOR 台(B 类),在航图上用图 4-34 中的符号表示。

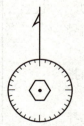

图 4-34 VOR 导航台航图标识

VOR 导航台实物图如图 4-35 所示。

87

图 4-35 VOR 导航台

（1）航路 VOR 台（A 类），简称 CVOR，安装在各相应航路点上，台址通常选在无障碍物的地点，如山的顶部。这样，因地形效应引起的台址误差和多路径干扰可以大大减小。CVOR 的作用是引导飞机沿航路飞行，工作频率为 112.00 ～ 118.0 MHz，频率间隔为 50 kHz，120 个波道；其功率为 200 W，工作距离能达到 200 n mile。

（2）终端 VOR 台（B 类），简称 TVOR，通常位于跑道一侧，用于进近着陆，工作频率为 108.00 ～ 112.00 MHz，频率间隔为 5 kHz，小数点后第一位为偶数的用于 VOR，共有 40 个波道；小数点后第一位为奇数的用于机场区域导航，有 40 个波道；其功率为 50 W，工作距离为 25 n mile。

TVOR 台之所以采用低功率发射，其一是不干扰在相同频率上工作的其他 VOR 台；其二是 TVOR 台位于建筑物密集的机场，多路径干扰严重影响 VOR 的精度，因此，只能用于短距离导航。

TVOR 台通常和 DME 或 LOC 安装在一起。VOR 和 DME 台可以组成极坐标定位系统，另外，VOR 导航系统的机载设备与仪表着陆系统（ILS）的航向信标（LOC）的机载设备的有些部分是共用的，VOR 和 LOC 安装在一起，利用和跑道中心延长线一致的 TVOR 台方位线，可以代替 LOC 对飞机进行着陆引导。

2．机载设备

机载设备接收和处理地面台发射的方位信息，并通过有关的指示器指示出从 VOR 台到飞机或从飞机到 VOR 台的磁方位。

VOR 机载设备包括控制盒、天线、甚高频接收机和指示仪表。尽管有多种型号的机载设备，处理方位信息的方法不同，但它们的基本功能是相似的。图 4-36 所示为机载设备之间的主要信号连接图。

对于大型无人机来说，控制盒和指示器的功能已转移至地面站。

（1）控制盒。控制盒主要用于选择和显示接收信号频率。

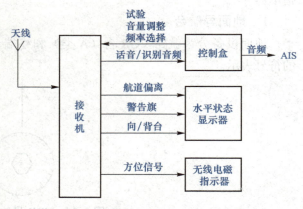

图 4-36 机载设备之间的主要信号连接图

（2）天线。在多数飞机上，VOR 天线和 LOC 天线是共用的，安装在垂直安定面上或机身的上部，避免机身对电波的阻挡，以提高接收信号的稳定性。

（3）VOR 接收机。VOR 接收机用于接收和处理 VOR 台发射的方位信息，包括常规外差式接收机、幅度检波器和相位比较器电路。接收机提供如下输出信号：

1）话音/识别信号，加到音频集成系统（AIS），供飞行员监听；

2）方位信号，驱动无线电磁指示器（RMI）的指针；

3）航道偏离信号，驱动水平姿态指示器（HSI）的航道偏离杆；

4）向/背台信号，驱动 HSI 的向/背指示器；

5）旗警告信号，驱动 HSI 上的警告旗。

（4）指示器。指示器是将接收机提供的导航信息显示给飞机操控人员，根据指示器提供的指示进行飞机的定位和导航。常用的指示器有无线电磁指示器（RMI）和水平姿态指示器（HSI）两种。

1）无线电磁指示器（RMI）是将罗盘（磁航向）、VOR 方位和 ADF 方位组合在一起的指示器。两个指针分别指示 VOR-1/ADF-1 和 VOR-2/ADF-2 接收机输出的方位信息；两个 VOR/ADF 转换开关，分别用来转换输入指针的信号源。

RMI 能够指示 4 个角度：罗盘由磁航向信号驱动，固定标线（相当于机头方向）对应的罗盘刻度指示飞机的磁航向；指针由 VOR 方位和磁航向的差角信号驱动，固定标线和指针之间的顺时针夹角为相对方位角；指针对应罗盘上的刻度指示为 VOR 方位，等于磁航向加上相对方位；而指针尾部对应的罗盘刻度为飞机磁方位，与 VOR 方位相差 180°（图 4-37）。

2）水平姿态指示器（HSI）是一个组合仪表，如图 4-38 所示。HSI 能指示飞机在水平面内的姿态，在 VOR 方式，航道偏离杆由飞机相对于预选航道的偏离信号驱动，指示飞机偏离预选航道的角度，每点 5°；向/背台指示器由向/背台信号驱动，在向台区飞行时，三角形指向机头方向，在背台区飞行时，三角指向机尾方向；预选航道指针随 OBS 全方位选择器旋钮转动，指示预选航道的角度。警告旗在输入信号无效时出来显示。

图 4-37　RMI 指示器

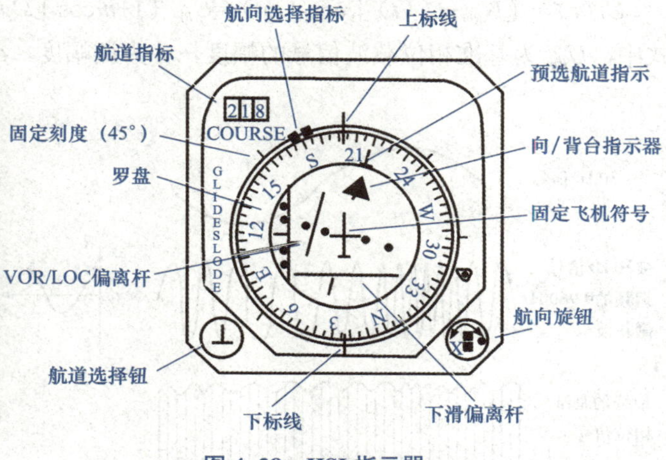

图 4-38　HSI 指示器

三、VOR 测角原理

VOR 导航台会发射两个对 30 Hz 信号进行调制后的射频信号。这两个 30 Hz 信号分别称为基准相位信号和可变相位信号。基准相位信号相当于全方位光线,其相位在 VOR 台周围的各个方位上相同;可变相位信号相当于旋转光束,其相位随 VOR 台的径向方位而变(图 4-39)。

VOR 工作原理

可以把 VOR 地面台想象为一个灯塔,在向四周发射全方位光线的同时,还发射一个自磁北方向开始顺时针旋转的光束。

全向信标是通过测量两个 30 Hz 的低频信号的相位差来测定飞机方位的,两个 30 Hz 信号的相位差正比于 VOR 台的径向方位,即飞机磁方位取决于基准和可变相位信号之间的相位差。

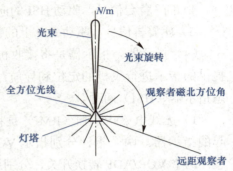

图 4-39 VOR 测量原理示意

为了在 VOR 机载接收机中能够分开两个 30 Hz 信号,VOR 台发射信号采用两种不同的调制方式。

(1)基准相位信号。基准相位信号是用 30 Hz 低频信号先调频到 9 960 Hz 的副载频上,频偏为 ±480 Hz,得到调频副载波(图 4-40)为

$$U(t) = U_m \cos\left[\Omega_s t + \frac{\Delta\Omega_s}{\Omega}\cos(\Omega t)\right] = U_m \cos[\Omega_s t + m_f \cos(\Omega t)] \quad (4-1)$$

式中,Ω 为 30 Hz 角频率,Ω_s 为 9 960 Hz 角频率,$\Delta\Omega_s$ 为频偏,U_m 为调频信号的振幅,m_f 为调频指数。

将调频副载波信号调幅到载频[108~118 MHz]上,并用无方向性天线发射,天线的水平面方向性图为一圆形,在空间形成全向水平极化辐射场,即水平面内任何方位上的信号都一样,无任何差别(图 4-41)。最终的基准相位信号为

$$U_R(t) = [U_{Rm} + U(t)]\cos(\omega t) = U_{Rm}\{1 + m\cos[\Omega_s t + m_f \cos(\Omega t)]\}\cos(\omega t) \quad (4-2)$$

式中,U_{Rm} 为基准相位载波信号的幅度,m 为调幅度,ω 为载波信号角频率。

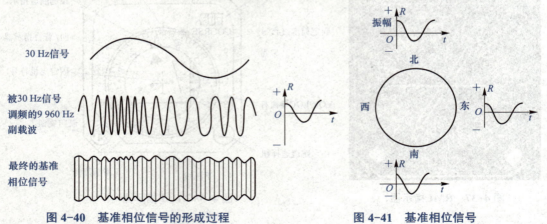

图 4-40 基准相位信号的形成过程   图 4-41 基准相位信号

（2）可变相位信号。可变相位信号是用 30 Hz 低频信号直接对载频调幅，然后由方向性天线发射出去。天线辐射场在各个方位上的正向最大值出现的时刻随方位角的变化而变化。如在正北方向，可变相位信号的正向最大值与基准信号的正向最大值同时出现；在正东方向，可变相位信号的正向最大值比基准信号的正向最大值要晚 1/4 周期；其余方位以此类推。4 个主要方位的信号强度变化如图 4-42 所示。

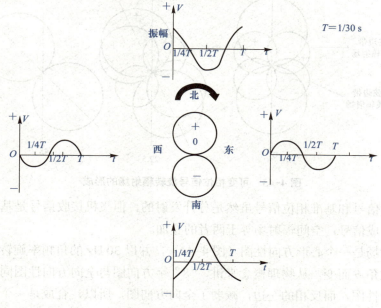

图 4-42　可变相位信号

可变相位信号在空间形成一个"8"字旋转辐射场。有两种方法可以产生旋转的"8"字方向性图：一是旋转具有"8"字方向性图的天线（如半波振子、裂缝天线等）；二是天线不动，用电气的方法使"8"字方向性图旋转。目前大多采用后一种方法。

从高频发射机取出一部分功率（约 10%）加到调制抑制器（去幅器），去掉调幅部分并进行功率放大，输出没有调制的纯载波。它与基准相位信号的载波是同频率、同相位的，然后加到测角器。测角器把载波分解成 30 Hz 正弦和余弦调制的调幅边带波，即正弦调制的边带波 $\sin(\Omega t)\cos(\omega t)$，余弦调制的边带波 $\cos(\Omega t)\cos(\omega t)$。

正弦和余弦调制的边带波分别由 VOR 天线阵中的可变相位天线发射。可变相位天线包括方向性因子分别为 $\cos\theta$ 和 $\sin\theta$ 的两个分集天线，在水平面内形成两个正交的"8"字辐射场。其数学表达式为

$$\begin{cases} U_{正弦}=U_{vm}\sin\theta\sin(\Omega t)\cos(\omega t) \\ U_{余弦}=U_{vm}\cos\theta\cos(\Omega t)\cos(\omega t) \end{cases} \tag{4-3}$$

式中，U_{vm} 为可变相位信号的幅度，θ 为方位角。

两个"8"字方向性图的空间合成辐射场为

$$U_v(t)=U_{vm}[\sin\theta\sin(\Omega t)+\cos\theta\cos(\Omega t)]\cos(\omega t)=U_{vm}\cos(\Omega t-\theta)\cos(\omega t) \tag{4-4}$$

可变相位信号的合成辐射场也是一个"8"字辐射场，两个波瓣的相位相反，并按 Ω

的角频率旋转（30 rad/s）。图 4-43 给出了在不同方位角 θ 时，两个正交的"8"字方向图合成一个旋转的"8"字方向性图的示意，这也就达到了与直接转动天线使方向性图旋转的相同的目的。

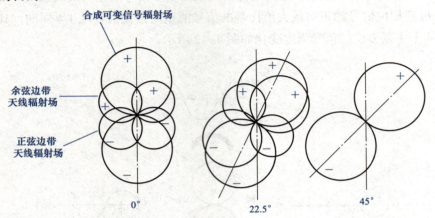

图 4-43 可变相位信号旋转辐射场的形成

可变相位信号和基准相位信号虽然是分开发射的，但飞机接收信号是基准相位和可变相位信号的合成信号，空间辐射场等于两者的叠加。

合成辐射场是一个心形方向性图（图 4-44），并以 30 Hz 的角频率旋转，最大值出现的时刻随方位角 θ 而变。从物理概念来讲，"8"字方向图与全向方向性图同相的一边，加强了全向方向性图，而反相的一边，减弱了全向方向图，所以，合成是一个心形方向性图（图 4-44）。

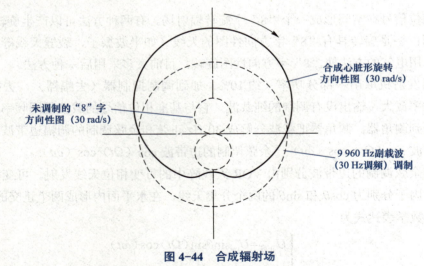

图 4-44 合成辐射场

合成辐射场包络包括两种成分的信号（图 4-45）：一种是由心形方向图旋转产生的附加调幅部分，其相位（最大值出现的时刻）随方位角而改变，这就是可变相位 30 Hz 信号；另一种是 9 960 Hz 调频副载波产生的调幅部分，其相位与方位角 θ 无关。基准相位 30 Hz 信号隐含在 30 Hz 调频的 9 960 Hz 副载波中。

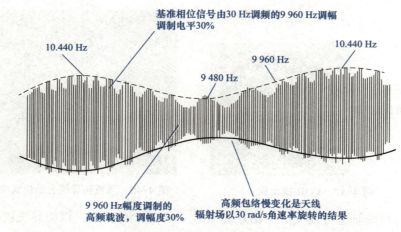

图 4-45 空间合成信号波形

四、功能

VOR 系统在航空导航中的基本功能有以下两个：

（1）定位。利用 VOR 设备定位有两种方法：一种方法是 VOR 台通常和测距台（DME）安装在一起（点 O），利用 VOR 设备测量飞机磁方位 θ，利用 DME 测量飞机到 VOR/DME 台的距离 r，从而确定飞机的地理位置。这种方法叫作测角—测距定位，即 r-θ 定位/极坐标定位，如图 4-46（a）所示。

另一种方法是 VOR 机载设备测出从两个已知的 VOR 台到飞机磁方位，便可得到两条位置线，利用两条位置线的交点便可确定飞机的地理位置。这种定位方法叫作测角定位，即 θ-θ 定位，如图 4-46（b）所示。

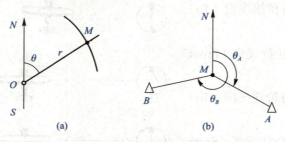

图 4-46 VOR 定位方法
（a）测角—测距定位；（b）测角定位

（2）沿选定的航路导航。VOR 台能够辐射无限多的方位线，或称径向线，每条径向线表示一个磁方位（磁北为基准零度）。驾驶员通过机上全向方位选择器 OBS（Omni-Bearing Selector）选择一条要飞的方位线，称为预选航道。过 VOR 导航台作预选航道的垂线，可将导航台周围区域分成向台和背台区域，图 4-47 中的"To/Fr"即为向背台指示，该指示只表明飞机处于向背台区域，与飞机航向无关。白色斜杠表示当前预选航道和飞机位置关系，向左倾斜表示预选航道在飞机左侧，向右倾斜表示预选航道在飞机右侧。

由图 4-47 可绘制出飞机和导航台的位置关系，如图 4-48 所示。

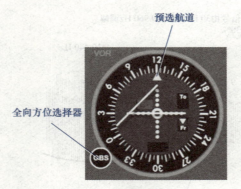
图 4-47 VOR 指示仪

图 4-48 飞机和导航台的位置关系

飞机沿着预选航道可以飞向（To）或飞离（From）VOR 台，以引导飞机沿预选航道飞往目的地（图 4-49）。

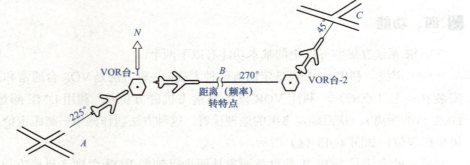
图 4-49 飞机沿航路飞行

从图 4-49 中可以得出：

1）飞机沿 225°方位线飞向（To）VOR 台 -1；

2）飞机沿 90°方位线飞离（From）VOR 台 -1；

3）飞机沿 270°方位线飞向（To）VOR 台 -2；

4）飞机沿 45°方位线飞离（From）VOR 台 -2。

另外，通过航道偏离指示器指出飞机偏离预选航道的方向（左边或右边）和角度，并指引飞机沿正确航道飞行到达目的地。图 4-50 展示了飞机沿 350°预选航道飞向（To）VOR 台，由于受侧风影响，飞机航向改变，飞机航道偏离指示器指出飞机偏离预选航道，应向右边飞行；后面飞机由于

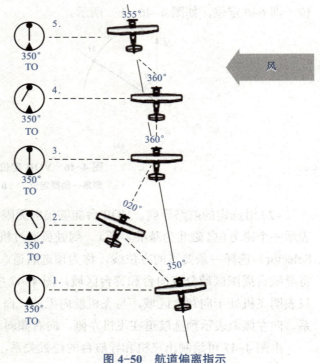
图 4-50 航道偏离指示

惯性，调整过度，航道偏离指示器指出飞机又偏离预选航道，应向左边飞行。

【任务实施】

任务详情：现有一大型无人机在张家界三官寺机场附近飞行，无人机附近有两个 VOR 导航台，现要求仅用 VOR 导航实现无人机的定位。

具体任务实施步骤如下：

（1）登录 http://ga.aischina.com/，单击"通用机场资料查询"按钮，找到张家界三官寺机场在地图中的位置；

（2）在地图中单击通用机场附近的 VOR 导航台图标，会显示 VOR 导航台基本信息，这时，要将张家界 VOR 导航台和临澧 VOR 导航台的频率记录下来；

（3）在地面站上，将两个 VOR 导航设备的频率分别设置为 114.4 MHz 和 117.5 MHz，与附近的两个 VOR 导航台建立连接；

（4）调整 VOR1 仪表盘的 OBS 旋钮，使仪表盘上的偏航指示器（CDI）定中，如果定中后指示旗指向背向，则向左或者向右再旋转 OBS 旋钮 180°，此时 CDI 会再次定中，指示旗也会朝向 VOR（图 4-51），黄色三角形指向的角度为 227°；

（5）同理调整 VOR2 仪表盘的 OBS 旋钮，使得 CDI 定中，并使得指示旗朝向 VOR（图 4-52），黄色三角形指示的角度为 98°；

图 4-51　VOR1 仪表盘　　　　图 4-52　VOR2 仪表盘

（6）综合两个 VOR 仪表的读数，最终可以通过三角定位法在地图上绘制出无人机的位置。

【拓展阅读】

飞机为什么不按直线飞行？

明明两点直线距离最短，可以节省燃油和时间，为什么有的航线并不是直线呢？其原因如下：

1. 地球是圆的

众所周知，平面内两点直线距离最短，但是对于球面上的两点，这个规则就不适用了。地球是一个球体，对于球体表面来说，两点之间的最短距离是一段圆弧，而并非直线，我们把两点之间沿地球表面的最短路径称为大圆航线。

一般来说，距离超过 400km 时，地球表面两点之间的最短距离，投影到地图上就和直线有了明显区别。在这种情况下，选择直航时，飞机在地图上的投影就是一条曲线。这个差别在长距离时才会很明显。

从理论上来说,飞机按大圆航线飞行将是最短、最省时、最省油、最高效的飞行方法。但是实际飞行过程中还需考虑其他因素。

2. 导航技术限制

众所周知,在地面上汽车必须沿着道路行驶,但是天上空间广阔,飞机是不是就可以随心所欲飞行呢?

在民航发展的早期,那时飞机还不是很多的情况下,确实可以这样。但是随着航空业的不断发展,条件就不允许了,因为飞机越来越多,难免出事。果不其然,在1956年6月30日,美国有两架飞机在大峡谷上空相撞,导致128人丧生,这起事故是当时航空史上最严重的一起空难。正是这起空难促进了民航管制系统和民机防撞技术的重大变革。从此以后,飞机飞行有严格要求,飞机只能沿规定的空中走廊——航路飞行,只不过这个航路相较于地面汽车走的公路是无形的。

正如地面开车时需要导航一样,在天上的飞机同样需要导航,现在虽然有卫星导航技术,但很多民航客机的飞行仍然依靠惯性导航和无线电导航(VOR/DME),从而保证飞机的导航精度。

VOR导航技术的一个最大缺点是导航需要依赖导航台,并且飞机只有在向着或背向导航台飞行时才能获得高精度导航,所以,飞机的飞行轨迹本质上就是从一个导航台飞向另一个导航台,并在距离VOR台约10 n mile开始转向下一个VOR台继续飞行。但是由于VOR导航台的数量限制,导航台不可能在一条直线上,所以飞机只能曲线飞行。

3. 适航规章限制

适航规章限制也称ETOPS规定限制。这是由于早期飞机的发动机可靠性不高,为了安全,航空公司都会选择多经过或者靠近有机场的航线,保证遇到突发事件时,可以安全降落,保障乘客生命安全。

例如,早期美国联邦飞行管理局(FAA),认为活塞式发动机的可靠性不足,规定所有双发飞机(民用)飞行的全航路中,任何一点到最近的备降机场的距离不得超过单发飞行60 min的航程,以便在飞行员疲劳或飞机结构受损到不可接受前,能够安全着陆。现在,随着发动机可靠性提升,这个单发飞行到最近备降机场的时间已经延长到了120 min甚至更长时间,使飞机能够选择更近的航线。

4. 空管限制

地面上的车辆有交通管制,天上的飞机同样需要进行管制,我们把这种管制叫作空中交通管制。在地面塔台的空中交通管理员会对每架飞机从起飞到降落的整个飞行过程进行指挥和调配,确保在空中飞行的两个飞机之间保持一定的高度差和水平距离差,避免相撞。

另外,由于我国大多数空域是归空军管制的,因此民航飞机必须绕开这些管制区域。

5. 地形、气候的限制

不同的地理环境会产生不同的天气情况,飞机在飞行中会受到天气条件的制约。比如在盆地、山谷多大雾天气,在温带多雷暴,在热带、亚热带海域多台风、飓风。这些天气带有明显的区域性、季节性,所以,飞机航线会尽量避开这些天气的易发地区。

【巩固提高】

1. VOR测角和ADF测角有什么不同?
2. 简述甚高频全向信标系统的基本工作原理。
3. 图4-53所示为飞机VOR指示器,试根据指示仪上的信息,在右图画出飞机可能的位置。

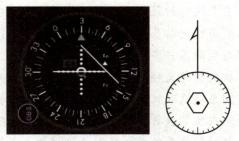

图 4-53 飞机 VOR 指示器

4. 简述甚高频全向信标系统的基本组成。

5. 图 4-54 所示是黄花国际机场标号为 ZGHA-7E 的航路图，看图并回答下列问题：

(1) 在图中画出飞机的磁航向；

(2) 将飞机上 VOR 设备的频率调至 114.05 MHz，调整驾驶舱里 VOR 仪表的 OBS 按钮，使指针指向 240°，试在图中绘制出向台和背台区域，并说明飞机当前处于哪个区域。

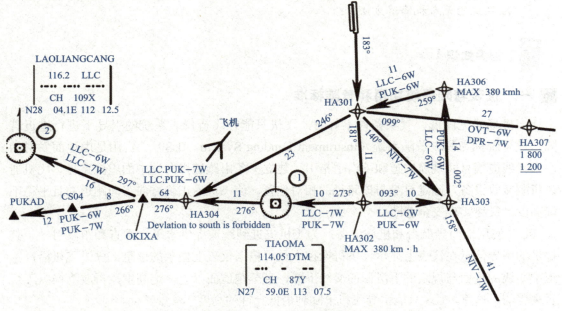

图 4-54 ZGHA-7E 的航路图

任务四　仪表着陆系统

【任务引入】

使用仪表着陆系统，让大型固定翼无人机降落在机场跑道上。

【任务分析】

飞机在降落时有两个阶段，分别是进近和着陆。进近是指飞机下降时对准跑道飞行的过程；着陆是指飞机进入机场后，最终降落在跑道上的过程。进近和着陆是安全飞行的最后一关，也是最容易出事的一环。现在的无人机已经可以在没有任何路基及传统机载导航设备的情况下，仅通过视觉实现飞机的全程自主降落任务；也有无人机基于差分卫星导航实现着陆引导，即通过无人机数据链交换测控遥感与导航定位差分校正数据，差分定位的结果分别送到自动驾驶仪和地面控制站，就可根据要求采用自动驾驶仪或在地面站的无人机驾驶员完成无人机的起飞和着陆。但是，视觉导航需要在能见度较好的气象条件或机场引导目视灯光条件下才能完成，差分卫星导航则容易受电磁干扰。而仪表着陆系统（ILS）可在低能见度天气、目视无法清晰辨认跑道的气象条件下以及 GPS 信号弱的情况下引导无人机降落。ILS 技术依赖地面设备，在低能见度天气时，地面导航台与机载设施建立相关后，系统可由自动驾驶仪完成对准跑道及后续着陆等行为。

因此熟悉仪表着陆系统的结构组成和工作原理，才能掌握基于仪表着陆系统的无人机降落方法。

【相关知识】

一、仪表着陆系统功用和着陆标准

当机场能见度低、气象条件不好时，飞机只能在飞行仪表系统的引导下进行进近着陆，该系统称为仪表着陆系统（Instrument Landing System，ILS）。作用是由地面发射的两束无线电信号实现航向道和下滑道指引，建立一条由跑道指向空中的虚拟路径，飞机通过机载接收设备，确定自身与该路径的相对位置，使飞机沿正确方向飞向跑道并且平稳下降高度，最终实现安全着陆。

ILS 使用地面导航台和机载设备，为飞机进近到跑道提供水平、垂直和距离引导。其提供的引导信息在仪表上显示，飞机操控人员可根据仪表上显示的信息，操纵飞机沿过跑道中心线的垂面与规定的下滑面的交线下降，直至跑道面以上一定高度，再改为操纵飞机目视着陆。这里，ILS 只能引导飞机下降到最低允许的高度。

国际民航组织根据地面设备的精度、机载设备分辨能力、机场净空条件、跑道视距和决断高度等因素，制定了 3 类着陆标准，这 3 类着陆标注使用跑道视距（RVR）和决断高度（DH）两个量划分（表 4-3）。

表 4-3 着陆标准

类别	跑道视距 /m	决断高度 /m
Ⅰ	≥ 800	60
Ⅱ	400 ≤ RVR < 800	30
Ⅲ$_A$	200 ≤ RVR < 400	15
Ⅲ$_B$	50（看着滑行）	0
Ⅲ$_C$	< 50（完全盲目着陆）	0

决断高度是指驾驶员对飞机着陆或复飞做出决断的最低高度。在决断高度上,驾驶员必须看见跑道才能着陆,否则应放弃着陆,进行复飞。决断高度在中指点信标(Ⅰ类着陆)或内指点信标(Ⅱ类着陆)上空,由低高度无线电高度表测量。

跑道视距又称跑道能见度,是指在跑道表面的水平方向上能在天空背景上看见物体的最大距离(白天)。

各类着陆标准的性能如下:

Ⅰ类设施的运用性能:在跑道视距不小于 800 m 的条件下,以高的进场成功概率,能将飞机引导至 60 m 的决断高度;

Ⅱ类设施的运用性能:在跑道视距不小于 400 m 的条件下,以高的进场成功概率,能将飞机引导至 30 m 的决断高度;

Ⅲ$_A$ 类设施的运用性能:没有决断高度限制,在跑道视距不小于 200 m 的条件下,着陆的最后阶段凭外界目视参考,引导飞机至跑道表面。因此也称"看着着陆"(See to Land);

Ⅲ$_B$ 类设施运用性能:没有决断高度限制和不依赖外界目视参考,一直运用到跑道表面,接着在跑道视距 50 m 的条件下,凭外界目视参考滑行,因此也称"看着滑行"(See to Taxi);

Ⅲ$_C$ 类设施的运用性能:无决断高度限制,不依靠外界目视参考,能沿着跑道表面着陆和滑行。

当前 ILS 只能满足Ⅰ类和Ⅱ类着陆标准。

二、ILS 系统组成

ILS 由地面设备和机载设备组成(图 4-55)。

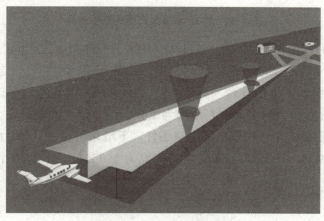

图 4-55 仪表着陆系统

1. 地面设备

地面设备由 3 部分组成(图 4-56),分别是提供横向引导的航向信标台(Localizer,简称 LOC)、提供垂直引导的下滑信标台(Glide Slope,简称 G/S)和提供距离的指点信标台(Marker Beacon,简称 MB)。

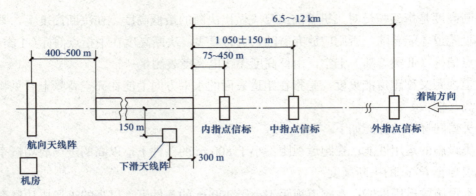

图 4-56　ILS 地面台配置

（1）航向信标台。航向信标台安装在跑道的远端，发射天线产生的辐射场是高指向性的，由跑道远端开始，呈扇形指向跑道入口方向，并向飞机来向扩展。信号在通过跑道中心延长线的垂直平面内，形成航向面（图 4-57），用来提供飞机偏离航向道的横向指引信号。通常，飞机位于跑道延长线偏角 35°的范围内时，才能收到有效的 LOC 信号。

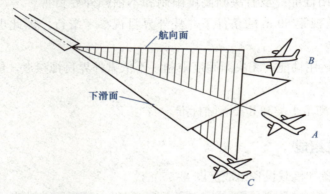

图 4-57　LOC 和 GS 产生的指引信号

航向信标工作频率范围为 108.0～111.95 MHz，以 50 kHz 为间隔，共有 80 个波道，其中小数点后第一位是奇数的频率为 LOC 频率，总共有 40 个。

（2）下滑信标台。下滑信标台（图 4-58）发射天线安装在跑道旁边，离跑道入口约 305 m。信号在垂直方向上的扇形中心角约为 1.4°，信号产生的辐射场会形成下滑面，下滑面和跑道水平面形成夹角。根据机场净空条件，下滑角可在 2°～40°内选择。下滑信标工作频率范围是 329.15～335.00 MHz，频率间隔为 150 kHz，共有 40 个波道。

图 4-58　下滑信标台实物

另外，下滑信标和航向信标的工作频率是配对的，即选择好航向信标频率，下滑信标频率自动配对调谐。

（3）指点信标台。在飞机来向的跑道延长线上相隔一定距离安装3个垂直向上发射信号的低功率信标电台，当飞机在其上空通过时，就接收到信号，地面站操控人员可据此判断飞机与跑道的大致相对位置。

航道指点信标台工作频率为75 MHz，安装在沿着着陆方向的跑道中心线延长线上。根据ICAO规定，包括外指点信标、中指点信标和内指点信标。在一些机场还装有反航道指点信标，用于飞机从反航道进场。外指点信标指示下滑道截获点；中指点信标用来测定Ⅰ类着陆标准的决断高点，即下滑道通过中指点信标台上空的高度约等于60 m；内指点信标用来测定Ⅱ类着陆标准的决断高度点，即下滑道通过内指点信标台上空的高度约为30 m（图4-59）。

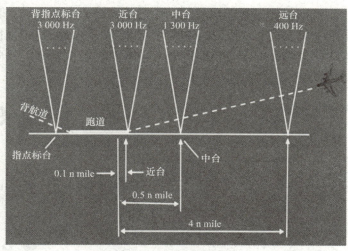

图4-59　指点信标的位置分布

2. 机载设备

ILS机载设备主要由航向道（LOC）天线、下滑道（G/S）天线、接收机、指示器组成。

（1）天线。天线有3种：第一种是水平极化的VOR/LOC共用天线；第二种是用于接收下滑道信号的折叠式偶极天线；第三种是用于接收指点信标信号的环形天线（图4-60）。

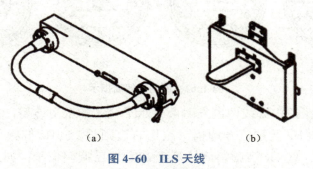

图4-60　ILS天线

（a）航向道天线；（b）下滑道天线

（2）接收机。ILS 机载接收机包括 VOR/LOC 接收机（108.00～118.00 MHz）、G/S 接收机（329.15～335.00 MHz）和 MB 接收机（75 MHz）。前两者一般安装在同一个机盒内。

（3）指示器。ILS 的指示可在不同类型的仪表上显示。VOR/LOC 信息可在 RMI 上显示，航向道信息可在 HSI 指示器上显示，下滑道和航向道信息还可一起在姿态指引仪（图 4-61）和飞行指引仪上显示。

图 4-61 姿态指引仪

三、ILS 工作原理

1. LOC 工作原理

机载接收机收到航向信标发射的信号时，经过处理输出飞机相对于航向道的偏离信号，然后送入姿态指引仪上显示。若飞机在航向道上，偏离指示为 0；航向道指针在飞机左边，表明跑道在飞机左边，提示飞机向左转弯（图 4-62）；同理，航向道指针在飞机右边，提示飞机向右转弯，才能对准跑道线。

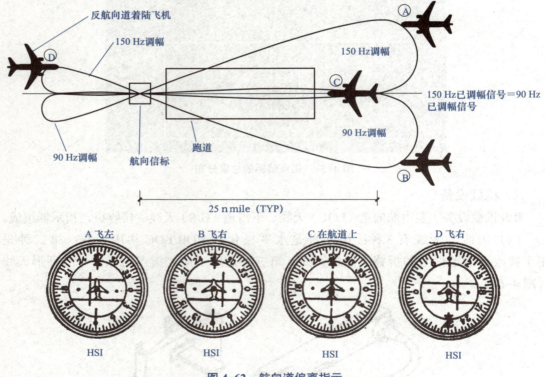

图 4-62 航向道偏离指示

地面航向台沿跑道中心线两侧发射两束水平交叉的辐射波瓣，跑道左边的甚高频载波辐射波瓣被 90 Hz 低频信号调幅，跑道右边则被 150 Hz 低频信号调幅。当飞机刚好在航向面上时，90 Hz 已调幅信号等于 150 Hz 已调幅信号；如果飞机偏离到航向面的左边，90 Hz 调制信号大于 150 Hz 调制信号；反之，如果飞机在航向面的右边，

90 Hz 调制信号小于 150 Hz 调制信号。

上述功能是由机载设备完成的,即接收并处理航向信标台发射的调制信号,具体过程是放大、检波和幅度比较(图 4-63)。

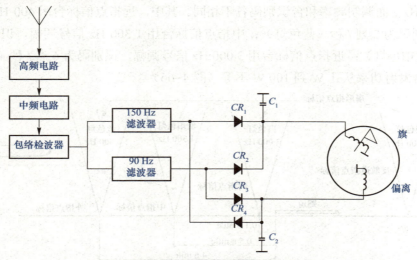

图 4-63 机载航向信标接收机结构组成

2. G/S 工作原理

下滑信标天线安装在跑道入口的一侧,天线通常安装在一个垂直杆上,天线发射的功率小,引导距离在 10 n mile 内。天线在顺着着陆方向上发射两个与跑道平面成一定仰角并有部分重叠的相同形状且同频率的波束。其中,上波束用 90 Hz 调幅,下波束用 150 Hz 调幅,调幅度也一样,这样就形成了飞机偏离下滑面的垂直引导信号。其等效辐射场如图 4-64 所示。

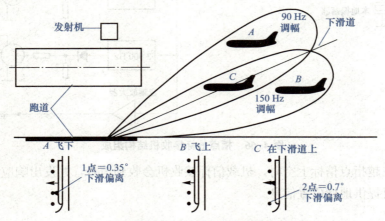

图 4-64 下滑信标天线辐射场和偏离指示

机载下滑接收机收到下滑信标台的发射信号,经过处理后,恢复出 90 Hz 和 150 Hz 信号。如果 90 Hz 和 150 Hz 信号相等,则飞机刚好在下滑面上;如果 90 Hz 幅度大于 150 Hz 信号,表明下滑面在飞机下面,偏离指针向下指;反之,如果 90 Hz 幅度小于 150 Hz 信号,表明下滑面在飞机上面,偏离指针向上指。

3. MB 工作原理

航道指点信标台架设在进近方向的跑道中心线的延长线上，大、中型机场要设置 3 个指点信标台。信标台的位置分布如图 4-65 所示。信标台会垂直向上发射扇形波束，频率均为 75 MHz，而调制频率和台识别码各不相同。其中，远指点信标台用 400 Hz 信号进行调幅，识别码为 2 划/秒（蓝色灯）；中指点信标台用 1 300 Hz 信号调幅，识别码为点-划/秒（琥珀色灯）；近指点信标台用 3 000 Hz 信号调幅，识别码为 6 点/秒（白色灯）。指点信标台发射功率从几 W 到 100 W 不等（图 4-66）。

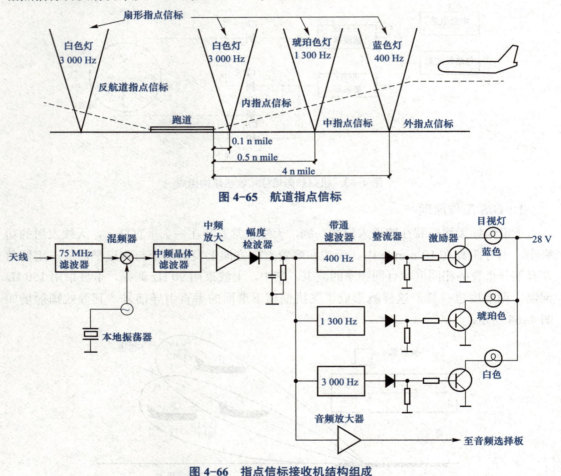

图 4-65 航道指点信标

图 4-66 指点信标接收机结构组成

当飞机飞越指点信标上空时，机载信标接收机会收到信号，并发出响应的音响和灯光信号，向飞机提供地标位置信息。

【任务实施】

（1）在航图上，查找将要降落机场跑道的 ILS 频率，然后将机载 NAV1 接收机的频率调至和 ILS 频率一样（图 4-67）。

（2）以和跑道方向 ±30° 航向飞向跑道延长线 10 n mile 处的点。

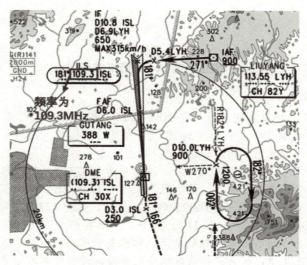

图 4-67　ILS 频率

（3）当无人机收到 ILS 系统的 LOC 信号时，地面站仪表白色竖直指针会显示无人机偏离航向面的情况。指针偏向左侧，表示跑道中心线投射的平面在飞机左侧，指针偏向右侧（图 4-68），表示跑道中心线投射的平面在飞机右侧。

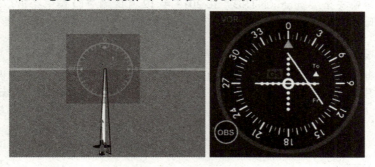

图 4-68　LOC 指示

当无人机收到 ILS 系统的 G/S 信号时，白色水平指针表示无人机相对下滑道中心的偏离程度。指针向上偏离，表示当前下滑面在飞机上方；指针向下偏离（图 4-69），表示当前下滑面在飞机下方。

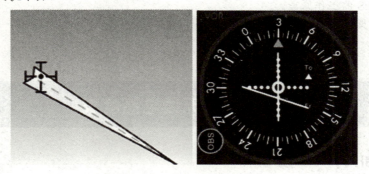

图 4-69　G/S 指示

（4）根据仪表指示就可以遥控无人机或者由飞控控制舵面进近着陆。

【拓展阅读】

韩亚航空 214 号班机空难

1. 空难过程

2013 年 7 月 6 日，韩亚航空波音 777-200ER214 号班机由韩国仁川国际机场起飞，前往美国旧金山，机上共载有 291 名乘客和 16 名机组人员，客机在美国旧金山国际机场降落时发生坠毁，事故共造成 3 人死亡，181 人受伤。

韩亚航空 214 号班机为波音 777-28ER，注册号为 HL7742，事故发生时有 7 年机龄。飞机由机长李郑冈和副机长李江鞠执飞，其中机长有超过 12 000 h 的飞行经验，驾驶波音 777 飞机的经验为 3 220 h；副机长拥有近 10 000 h 的飞行经验，驾驶 777 的经验为 43 h。

旧金山当地时间 2013 年 7 月 6 日 11 时 26 分，飞机在旧金山国际机场 28L 跑道即将着陆时坠毁，飞机撞到机场旁边的海堤，导致发动机和机尾脱落，机尾撞上了跑道尽头附近的防波堤，部分残骸散落在跑道上；机身滑行从左侧冲出跑道，最后停在离海堤 610 m 的地方，且不久后机身前部烧出大洞。飞机着陆瞬间就出现了火球，几分钟后发生爆炸，浓烟从机身冒出。机身冲出跑道停下来后的 90 s 过后，机组人员才打开紧急逃生滑梯疏散乘客。虽然受到强烈撞击，但许多乘客还可以自行离开飞机。

2. 事故发生原因

美国国家运输安全委员会（NTSB）在 2013 年 12 月的调查报告中指出，3 名飞行员没有注意到航速过低，从而导致飞机下降得太快，在最后时刻飞行员试图加速提升飞机高度，但为时已晚。

事后，经 NTSB 分析，是飞行员驾驶飞机着陆时，以为飞机的速度由自动油门控制，然而作为自动驾驶系统组成部分的自动油门是关闭的，而飞行员并没有意识到自动驾驶系统被关闭。另外，当时飞机正按标准程序降落，降落时天气晴朗，由于机场正进行维修，仪表着陆系统（ILS）中的下滑道被关闭，从而影响飞行员无法按照他们最熟悉的程序进行操作。

【巩固提高】

1. 简述 ILS 是如何引导飞机进近的。
2. 简述 ILS 3 个分系统的功用。
3. 简述 LOC 的工作原理。
4. 简述 G/S 的工作原理。
5. 从拓展阅读里的空难事件中，你获得了哪些警示？

任务五　无线电高度表

【任务引入】

在无人机飞行过程中，无线电高度表发生故障，现需要让飞机选择最近的机场进行降落。

【任务分析】

无线电高度表可以给自动油门、自动驾驶和近地警告系统提供支持，是重要的机载设备。如果无线电高度表发生故障，可能受到的相关影响包括：自动驾驶仪进近方式不可用；在进近过程中，飞行指引杆显示意外丢失且无线电高度表显示错误；起飞后，进近中会出现不正常的形态警告；自动油门的工作方式发生错误改变。这会对无人机飞行安全产生严重的影响。

因此，学习无线电高度表系统的组成和工作原理，才能掌握无线电高度表的维护及排故方法。

【相关知识】

无线电高度表是利用无线电波测量飞机到地面的真实高度的一种自主式无线电导航设备，提供预定高度和决断高度的声音与灯光信号，配合 ILS 可完成着陆任务，是在进近着陆过程中保证飞行安全的关键导航设备。一般，无线电高度表的发射信号的频率范围为 400~5 000 MHz，采用频率调制或脉冲调制两种不同的工作机制。通常，脉冲调制高度表多用于大高度的测量，而采用频率调制的高度表，最小测量高度可达 0.5 m，多用于飞机靠近地面的低空飞行引导，特别是在进近着陆阶段（图 4-70）。

图 4-70　进近过程中真实距离测量

一、组成和基本工作原理

飞机上的无线电高度表通常由收发机、接收天线、发射天线和指示器组成（图 4-71）。收发组的功能是产生发射信号和接收地面反射回的信号，并计算出无线电高度。接收和发射天线为喇叭口天线或"π"形天线，且为定向天线，安装在机腹，具有完全相同的电气性能和结构。无线电高度指示器一般是无线电高度表和决断高度指示器，无线电高度信息也可在电子姿态指引仪上显示。

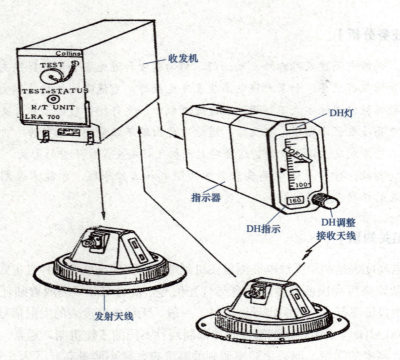

图 4-71 无线电高度表的组成

无线电高度表属于无线电测距系统,一般是测量无线电信号的某一参量,如频率差、相位差或时间差来获取无线电高度的。

目前,民航客机上所使用的无线电高度表有 3 种类型,分别是普通调频连续波无线电高度表、等差频调频连续波无线电高度表和脉冲无线电高度表。

■ 二、无线电高度表

1. 普通调频连续波无线电高度表

普通调频连续波(Frequency Modulated Continuous Wave,FMCW)一般用三角波进行调频,得到三角波线性调制电压,如飞机上的 860F-4 高度表,其发射信号载波为 4 300 MHz,调制信号为 100 Hz 的三角形波,频移 ΔF 为 100 MHz(图 4-72)。

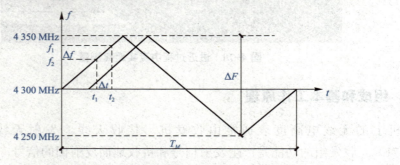

图 4-72 普通 FMCW 高度表发射信号频率随时间变化

FMCW 高度表工作过程为发射机发射信号到地面,同时取样部分发射信号到接收机混频器,地面反射信号反射回接收机,与混频器里的信号进行混频,得到频率差,从而得到无线电高度（图 4-73）。其工作过程如图 4-74 所示。

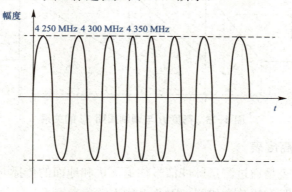

图 4-73 FMCW 高度表发射的射频信号

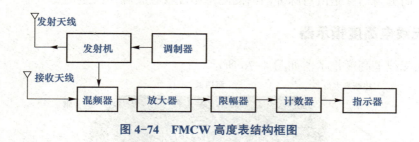

图 4-74 FMCW 高度表结构框图

由图 4-75 可知，t_1 时刻发射机发射三角形调频波，频率为 f_1；t_2 时刻接收机收到地面反射回的无线电波，此时，频率变为 f_2。即在 Δt 间隔内，频率变化了 Δf，这样，频率差就和时间间隔对应上了，所以无线电高度 $H = \frac{1}{2} c \times \Delta t$，式中，$c$ 为无线电波传播速度，一般为光速。

2．等差频调频连续波无线电高度表

等差频调频连续波无线电高度表发射机向地面发射锯齿波调频信号。发射频率是线性锯齿波调频的连续波，发射信号的中心频率是 4 300 MHz，频移是 123 MHz，发射信号的调制周期随飞机高度变化（250 μs ～ 50 ms）。高度越高，调制周期越长，但保持差频等于 25 kHz 不变（选定差频为 25 kHz）。

在等差频调频连续波无线电高度表中，保持差频 F_b 和频段 ΔF 不变，而调制周期 T_M 是随飞机高度变化的。由于发射信号是调频连续波，而且差频保持不变，故称等差频调频连续波无线电高度表。

当飞机高度增加时，电波往返传播时间 Δt 也增加，因此，需增大调频波的调制周期 T_M 才能保持差频 F_b 不变；反之，当飞机高度减小时，电波往返传播时间 Δt 也减小，需减小调频波的调制周期。所以，这种高度表实际上是用调制周期 T_M 的大小来测量高度的。如当前飞机高度为 H，产生的锯齿波为线性（图 4-75），在接收机中的混频 $F_b = \Delta t \frac{\Delta F}{T_M}$，那么飞机当前无线电高度 $H = \frac{1}{2} c \times \frac{F_b \times T_M}{\Delta F}$。

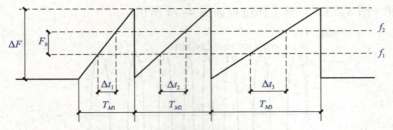

图 4-75　高度 H 与调制周期 T_M 的关系

3．脉冲无线电高度表

脉冲无线电高度表是通过测量脉冲信号往返飞机和地面的传播时间来测定高度的。其测高原理与普通的测距雷达基本相同，因此也称为雷达高度表。

脉冲无线电高度表的高度测量范围取决于发射脉冲的重复周期，最小可测高度取决于脉冲宽度，而测高精度是由对脉冲前沿的测量精度及设备噪声决定的。

■ 三、无线电高度指示器

典型的无线电高度指示器如图 4-76 所示。

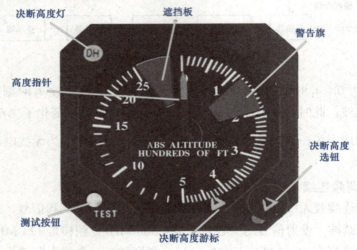

图 4-76　无线电高度指示器

1．无线电高度指示器的组成

（1）高度指针。高度指针用来指示无线电高度，从 −20 到 2 500 ft（1 ft≈0.304 8 m）。指示器的刻度在 0～500 ft 是线性变化；500～2 500 ft 是对数变化；高度大于 2 500 ft 时，指针由遮挡板盖住。

（2）决断高度旋钮。飞机操控员根据具体情况，通过旋钮来选择决断高度。当飞机高度低于决断高度时，决断高度灯亮。

（3）警告旗。警告旗用来监视接收机、发射机和指示器工作是否正常。当系统故障或接收信号弱时，警告旗出现，这时，高度指示无效。

现代飞机一般会将无线电高度数据集成到 EADI 中，如图 4-77 所示。

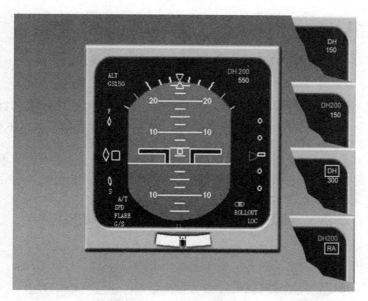

图 4-77　EADI 的高度指示

2. 无线电高度指示器的作用

（1）无线电高度显示。EADI 右上角第二行为无线电高度，无线电高度范围为 –20 ～ 2 500 ft，一般显示为白色，超出 2 500 ft，显示空白。

（2）决断高度显示。EADI 右上角第一行数据为决断高度，用 "DH" 加上数字表示，一般显示为绿色，如 "DH100" 表示决断高度为 100 ft。DH 选择范围为 –20 ～ 999 ft，显示范围为 0 ～ 999 ft。如果选择的 DH 数据为负值，则显示空白。

（3）决断高度警戒。当飞机下降到决断高度以下时，RA 和 DH 会从白色变为黄色，并在开始的 3 s 内，"DH" 会闪亮。

（4）决断高度警戒结束。决断高度警戒可以自动结束或人工复位。当飞机着地或飞机爬升到比选定决断高度高 75 ft 时会自动结束警戒。

（5）无效数据显示。当 RA 或 DH 数据无效时，分别会出现黄色警告旗。

【任务实施】

（1）及时观察并发现故障提示。地面端人员可以直接观察地面站的主飞行显示器，如果观察到有琥珀色的 RA 字样，则表明无线电高度表失效。有时，无线电高度表工作不正常，无法自动检测到失效，会指示错误数值，这时就需要综合相关典型影响来进行判断：

1）自动驾驶仪进近方式是否不可用；

2）进近中 FD 导引杆是否意外消失；

3）在进近、复飞和起飞后爬升阶段是否出现意外构型警告。

（2）将气压高度表指示值与无线电高度表指示值进行比较，进一步核实无线电高度表是否正常工作。

（3）确定无线电高度表故障后，应断开自动驾驶和自动油门，在地面人工遥控飞机飞行。

（4）待飞机平稳落地后，要及时维修无线电高度表。

【拓展阅读】

波音 737 无线电高度表上蹊跷的"-8 英尺[①]"

1. 事故经过

2009 年 2 月 25 日，土耳其当地时间 8 时 23 分，土耳其航空 1951 号（TK1951）航班，由土耳其伊斯坦布尔阿塔图尔克国际机场飞往荷兰阿姆斯特丹史基浦机场。本次航班机型为波音 737-800，注册编号为 TC-JGE，事发时机龄为 7 年（图 4-78）。该航班由 45 岁的哈桑·达新·阿勒桑机长和 42 岁的穆拉特·塞泽副驾驶执飞，其中机长曾在土耳其空军服役，驾驶 F-4E 战斗机的时间超过 5 000 h，累计飞行 17 000 h，其中波音 737 机型为 10 885 h；副驾驶累计飞行 4 146 h，其中波音 737 机型为 720 h。

图 4-78 波音 737-800 型客机土耳其航空涂装

客机经过数小时飞行进入荷兰领空后，获取管制员指令预计降落在 18R 跑道。当飞行员提醒客舱做好降落准备时，驾驶舱中突然警报声大作，失速警报也陡然响起。机长只好宣布接手飞行，然而已经太迟了。客机坠毁在距离跑道 1.5 km 处，导致 9 人遇难，遇难的人员中包含 3 名飞行员，另有 126 人生还（图 4-79）。

图 4-79 TK1951 号航班摔落在距离跑道 1.5 km 处

2. 空难调查

空难发生后，由荷兰安全委员会主导，土耳其航空、美国国家运输安全委员会、波音公司和美国联邦航空管理局共同成立了事故调查组。

调查员赶赴事发现场后，发现客机机身断裂成 3 截，发动机掉落在机身的前方，客机机身

---

① 1 英尺 =0.304 8m。

和发动机保存相对完整,客机两个"黑匣子"也保存尚好,由此可判断,客机失事时速度并不快(图4-80)。

图4-80 客机残骸

调查员从驾驶舱语音记录仪(CVR)的录音中听到,客机在约610 m高度时,响起起落架警报器的声音。正当调查员疑惑于警报声时,他们在飞行数据记录仪(FDR)上找到了答案,FDR显示无线电高度计探测到客机已经到达地面位置,高度计上显示为"-8英尺"。

波音737型客机上搭载了两个高度计系统,一个利用气压测量客机的海拔高度,这也是客机仪表盘上显示的数据;另一个是客机上搭载的一具无线电高度计,这个高度计拥有4根天线,其中两根为发射天线,另外两根为接收天线,据此获取客机高度信息。通常情况下,无线电高度计的精度要高于气压高度计。

在最后的进近阶段,机长的高度计始终显示是"-8英尺"(约-2.4 m),他便认为是客机无线电高度计发生了故障,从而无视起落架警报器的提醒。

调查员根据管制员的指令复盘TK1951号航班最后的进近过程,发现航班根据指令进行调整姿态时,客机进入下滑道时的高度超过了正常标准。这种现象在史基浦机场司空见惯,因为客机可以更快速落地。但这也给飞行员带来操作上的挑战,他们需要控制飞机快速进行下降。

调查员还发现TK1951号航班的飞行员在降落程序的设定上开始得太晚了。航空公司通常规定,飞行员使用仪表降落程序,客机在距离地面300 m高时,需要完成所有检查表程序,并保持客机平稳飞行。然而事实上,TK1951号航班发生危险时,客机的高度仅为140 m,飞行员还没有完成检查表程序(图4-81)。

图4-81 波音737-800驾驶舱

TK1951号航班在最后的进近中,飞行员的操作本来就已经落后于正常进度。无线电高度计故障导致的警报声,又让飞行员分了心。然而以上这些原因并不会直接导致发生坠机。

调查员查阅飞行数据记录时发现，TK1951 号航班在坠毁前 2 min，客机发动机就处于慢车状态。慢车指的是航空发动机能够保持稳定工作的最小转速状态，正常情况下不该在 TK1951 号航班当时的阶段出现。TK1951 号航班直到最后发动机推力才被加大。

TK1951 号航班在 300 多米高度时，客机的计算机便进入了准备着陆状态。此时，机载计算机会自动将发动机推力收回至慢车状态，机头也会自动抬至拉平姿态，这种情况只有在客机触地时才是正常的。异常的是 TK1951 号航班还没有来到跑道上，客机就已经抬高机头放慢速度。这也导致客机逐步进入失速状态。

后来，调查员发现客机的机载计算机主要控制两套系统，分别是自动驾驶和自动油门控制。其中自动驾驶控制客机的方向和高度，而自动油门控制决定着发动机的推力大小，而且这两个系统独立作业。自动油门控制系统的数据源自无线电高度计。

TK1951 号航班客机的无线电高度计发生故障以后，数据一直停留在"-8 英尺"，这也直接导致自动油门控制系统做出错误指令，无线电高度计是整个事故的起因。

波音 737 无线电高度计的发送和接收天线都位于驾驶舱下部，其中有 3 根天线在坠机中被摧毁，只有机长侧的 1 根天线尚好。调查员推测可能是天线某个部件发生故障或受到干扰导致错误读数，在检测保存完好的天线时，并未发现问题。他们发现的异常：这些部件并不是客机原装零部件。

综上，整个空难的分析如下：

TK1951 号航班进入降落阶段时，飞行员将客机下降至下滑道中，而当时由于无线电高度计故障，机载计算机控制油门自动收回至慢车状态，而此时 3 名飞行员均未察觉这一反常情况。

阿勒桑机长虽然看到无线电高度计异常，但是他忽视了这个问题，并关闭了警报器。TK1951 号航班按照管制员指挥进近，他们必须同时操纵客机快速下降高度和降低飞行速度。然而，飞行员们浑然不知的是，他们已经在机载计算机的控制下进入了降落模式，而且在进行检查表程序，没有人注意客机已经逐步落入失速状态。

驾驶舱中警报此起彼伏的时候，飞行员仍在关注于检查表进度，客机距离地面的高度越来越小。当阿勒桑机长意识到危险，并推至全油门时，一切均为时已晚，TK1951 号航班重重地拍在地面上。

2010 年 5 月 6 日，荷兰安全委员会发布了最终的事故报告。报告将 TK1951 号航班事故的肇因归咎于多个因素。主要原因是飞行员无视警报的重要性，次要原因是无电线高度计发生故障。

令人遗憾的时候，截至 TK1951 号航班事故报告发布，波音公司仍没有搞明白无线电高度计为什么会失效。事故报告要求波音公司提升无线电高度计的可靠性，波音公司要对自动驾驶仪和自动油门的使用做必要的修正，并重申审查"失速方法"的程序。报告指出飞行员如何改出客机失速状态很关键，定期的相关培训也很重要。

事故报告同样提醒所有航空公司和飞行训练组织，需要进行经常性训练计划，其中就包括如何从进近阶段将客机改出失速状态。事故报告同样指出，关于无线电高度计故障的报告程序问题，这种情况并不仅限于土耳其航空公司，无法报告此类问题限制了安全计划的有效性，这也导致航空公司和飞机制造商对风险的评估失真，从而限制了他们控制风险的能力。因此，事故报告建议各民航管理部门，使航空公司意识到报告的重要性，并确保严格遵守报告程序。

【巩固提高】

1．一般在什么情况下会用到无线电高度表？
2．简述无线电高度表测高原理。
3．读完拓展阅读，你觉得哪些问题值得反思？

任务六　测距系统

【任务引入】
仅利用无线电导航中的 DME 设备对飞行中的大型无人机进行定位。

【任务分析】
DME 能够测量飞机至导航台的斜距，其地面设备一般和 VOR 或者 ILS 安装在一起，能够用来获取飞机的位置信息，一般用于测距—测角和测距—测距定位，是一种重要的无线电导航设备。

熟悉 DME 的功用、组成及测距原理，才能掌握基于 DME 的定位方法。

【相关知识】

一、功用和组成

1. 功用

测距仪（Distance Measuring Equipment，DME）用于测量飞机与地面测距信标台之间的斜距（图 4-82）。

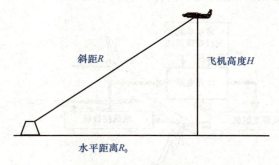

图 4-82　斜距

飞机高度在 30 000 ft 左右，当飞机与测距台的距离在 35 n mile 以上时，所测得的斜距与实际水平距离的误差小于 1%；当飞机在着陆进近的过程中与测距台的距离小于 30 n mile 时，其飞行高度通常也已降低，因而所测得的斜距与水平距离的误差仍然为 1% 左右。所以在实际中把斜距称为距离是可以接受的。只有在飞机保持较高的高度平飞，接近测距台的情况下，斜距与实际水平距离之间才会出现较明显的误差。

测距系统由机载测距机和地面测距信标台组成。其中，地面测距信标台在航图中的符号表示如图 4-83 所示。一般，DME 和 VOR 导航台安装在一起，在航图中用图 4-84 表示。

图 4-83 测距信标台在航图中的符号　　　　图 4-84 DME 和 VOR 合装

DME 可连续地向飞行管理计算机和其他需要用到距离信息的机载电子系统提供飞机和测距信标台的实时距离信息。

DME 获取的距离信息，如果结合 VOR 提供的方位信息，可采用 ρ-θ 定位方法对飞机进行定位；如果结合其他方位的 3 个测距台提供的距离信息，还可采用 ρ-ρ-ρ 定位法对飞机进行定位；在飞机进近着陆过程中，利用 DME 的距离信息和 VOR 的方位信息，还可以实现对飞机的进近引导。

在飞行中，使用 DME 连续地测量飞机到地面测距台的斜距，还能计算地速和到台时间。这是因为随着飞机接近或离开信标台，测得的斜距也会变化，而测量斜距的变化率就可得出飞机接近或离开信标台的速度。由 DME 询问器所测得的速度叫作地速（KTS）。显然，若飞机以信标台为圆心做圆周飞行时，DME 距离指示器上指示的地速为零。另外，只有当飞机在到地面信标台的航线上，且远离信标台飞行时，所测得的到台时间才是精确的。

2. 组成

测距系统由机载测距机和地面测距信标台组成（图 4-85）。

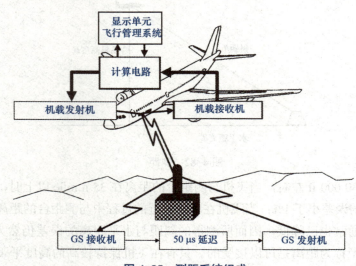

图 4-85 测距系统组成

其中机载测距机主要由天线、询问器和指示器组成。询问器主要由收发信机组成。发射机的作用是产生、放大和发射编码的询问脉冲对；接收机的作用是接收、放大和译码所接收的回答脉冲对。询问器天线为刀形天线，其作用是发射询问信号和接收回答信号，它是具有垂直极化全向辐射图形的单个 L 波段天线。DME 测量的距离信息一般在 EHSI 和 RDDMI 上显示（图 4-86）。

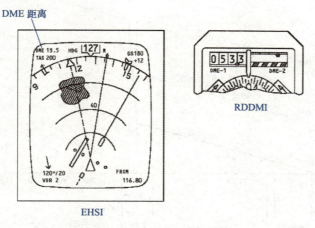

图 4-86　DME 距离信息显示

DME 机载询问器的询问频率范围为 1 025～1 150 MHz，波道间隔为 1 MHz，共有 126 个询问频率，采用频率复用技术，即相同 X、Y 波道，载频相同，脉冲对脉冲间隔不同，如 30X 和 30Y 波道的载频都为 1 054 MHz。询问信号格式如图 4-87 所示。其中，X 波道询问脉冲对的脉冲间隔为 12 μs，Y 波道为 36 μs。

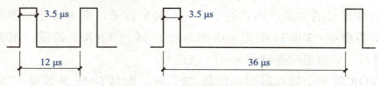

图 4-87　询问脉冲对 X 和 Y 波道信号格式

机载询问器发射的询问脉冲对信号的重复频率不是固定的，而是围绕某一个平均值随机变化，而且询问器在不同的工作状态，其平均值也不同。

地面测距信标台主要由天线和应答器组成。DME 地面应答器的应答频率范围为 962～1 213 MHz，波道间隔为 1 MHz，有 126 个 X 波道和 126 个 Y 波道，共计 252 个波道。询问应答波道配合工作，以 30X 波道为例，飞机询问频率为 1 054 MHz，地面应答频率为 991 MHz，而 30Y 波道的飞机询问频率也为 1 054 MHz，但是地面应答频率为 1 117 MHz。

应答信号格式如图 4-88 所示。其中，X 波道应答脉冲对的脉冲间隔为 12 μs，Y 波道为 30 μs。

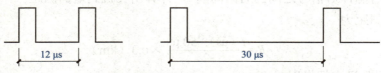

图 4-88　应答脉冲对 X 和 Y 波道信号格式

另外，任何一个信道的发送与接收频率均差为 63 MHz。询问应答频率配对规律如图 4-89 所示。

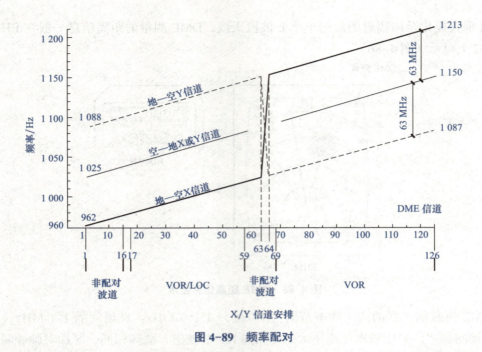

图 4-89　频率配对

由图 4-89 可知，X/Y 波道询问频率 =1 024+ 波道号，如 100X/Y 波道询问频率 =1 024+100=1 124（MHz）。

应答频率与波道号的关系：如果处于 1～63X/Y 波道，则 X 波道应答频率 =961+ 波道号，Y 波道应答频率 =1 087+ 波道号；如果处于 64～126X/Y 波道，则 X 波道应答频率 =1 087+ 波道号，Y 波道应答频率 =961+ 波道号。

另外，当 VOR 频率小数点最后一位是"0"时，配对 DME X 波道；当 VOR 频率小数点最后一位是"5"时，配对 DME Y 波道。

二、工作原理

图 4-90 为机械询问器测距机系统工作原理简图，由图可知，机载询问器通过无方向性天线向地面发射射频脉冲对信号，即"询问"信号；地面测距信标台收到"询问"信号后，经过 50 μs 的延迟，触发发射机产生相应的"应答"射频脉冲对信号向空间辐射，机载询问器收到应答信号后，距离计算电路根据发射机发射的询问脉冲对信号与应答机接收的应答脉冲对信号之间的时间间隔 t，计算出飞机到地面测距信标台之间的斜距为

DME 测距原理

$$R=\frac{t(\mu s)-50\ \mu s}{2}\times 0.3\ (km) \quad (4\text{-}5)$$

1. 机载测距机询问发射

机载测距机在接通电源后即可正常工作。但是，只有在飞机进入系统的有效作用范围，在测距机接收到足够数量的测距信标台所发射的射频脉冲对信号的情况下，测距机才会产生脉冲对"询问"信号发射，以使测距信标台产生相应的"应答"信号。

测距机产生的询问脉冲信号的重复频率是变化的。当测距机处于跟踪状态时，询问脉冲信号的平均重复频率较低，通常为 10～30 对/s；当测距机处于搜索状态时，询问重复频率较高，一般为 40～150 对/s。典型测距机在跟踪状态的平均询问率为 22.5 对/s；在搜索状态为 90 对/s。

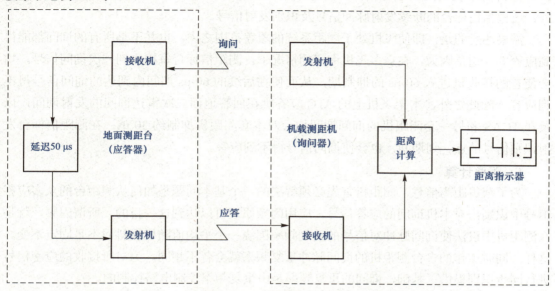

图 4-90　测距机系统工作原理

2. 测距信标台应答

测距信标台在接收到询问信号后，经过 50 μs 的延迟，便产生相应的应答信号发射，以供机载测距机计算距离，这就是询问应答信号。应答信号和询问信号一样，也是射频脉冲对信号在测距信标台中采取用接收机噪声来触发发射机产生脉冲对信号发射的方法，使测距台发射机在询问飞机很少的情况下也维持规定的发射重复频率，以使测距机系统正常发挥其功能。由于噪声所触发的脉冲信号是断续的，可以把测距信标台的这种发射脉冲称为断续发射脉冲，或者称为噪声填充脉冲，以区别于前面所说的在询问信号触发下所产生的应答发射脉冲。

另外，地面测距台还有应答抑制功能。所谓抑制，是指测距信标台在接收到一次询问脉冲对后，使信标接收机抑制一段时间，抑制的时间一般为 60 μs，特殊情况下可达 150 μs。在抑制的寂静期中，信标台不能接收询问脉冲。采取这一措施的目的是防止因多径反射信号而触发应答。

为了便于机组判别正在测距的测距信标台是否是所选定的测距信标台，各信标台以摩尔斯电码发射 3 个字母的识别信号。

总之，测距信标台所发射的射频脉冲信号可分为以下三类：

第一类是由询问信号触发产生的应答脉冲对，这类应答脉冲对的数量取决于发出询问的机载测距机的多少；

第二类是由测距信标台接收机噪声所触发的断续发射脉冲对；

第三类是固定的识别信号脉冲对。

第一、二类信号都是随机间隔的脉冲对，而识别信号是等间隔的脉冲对。

3. 机载测距机接收信号

机载测距机在每发射一对询问脉冲后即转入接收状态。所接收的信号中，既可能有测距信标台对本机询问的应答信号，又包括信标台对众多其他飞机测距机的应答脉冲，另外，还包括信标台的断续发射脉冲信号及识别发射信号。

需要注意的是，即使飞机处于测距系统的覆盖范围之内，也并不是所有的询问都能得到应答的。这是因为，在众多飞机询问的情况下，测距信标台每接收到一次询问信号，均会使它的接收机进入 60 μs 的抑制期，从而使在后续的 60 μs 期间内到达的询问信号得不到应答。除此之外，本架飞机上的 ATC 应答机在回答地面二次雷达询问的发射期间，以及在 TCAS 和另一套测距机的询问期间均会对本套测距机抑制约 30 μs；在测距信标台发射识别信号的点、划期间，也会使询问信号得不到应答。

4. 距离计算

为了获得距离信息，测距机首先必须解决的一个基本问题是如何从测距台的众多应答信号中识别出对本机询问的应答信号。应用闪频原理可以达到这一目的。所谓闪频，就是在测距机中设法使询问脉冲对信号的重复频率围绕一个平均值随机颤抖而不是固定不变。这样，同时工作的多台测距机的询问脉冲重复频率就会各不相同，为对所接收的应答信号进行同步识别提供了基础，询问的重复频率是由重复频率控制电路控制的。

■ 三、询问器工作状态及转换

机载测距机在接通电源后即可正常工作，即工作于自动等待状态。整个状态转换如图 4-91 所示。

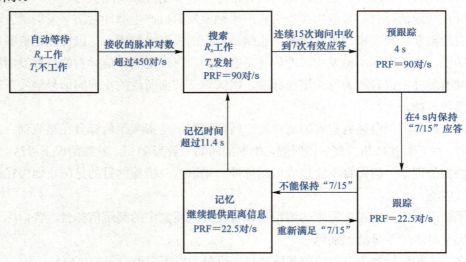

图 4-91　询问器工作状态转换

（1）自动等待。当所接收到的脉冲对数超过 450 对 /s 时，表示飞机已进入有效测距范围，测距机由自动等待状态转为搜索状态。

（2）搜索。询问信号的平均重复频率较高，如满足"7/15"准则，测距机即可结束搜索,转入预跟踪状态。

(3) 预跟踪。进入预跟踪状态后,测距机继续进行上述询问—接收识别过程。询问仍然维持较高的 90 对 /s 的询问率。

(4) 跟踪。在经历 4 s 的预跟踪状态后,测距机进入正常的跟踪状态。询问率从搜索状态的 90 对 /s 降为 22.5 对 /s,或者从 40 对 /s 降为 12 对 /s。

(5) 记忆。若在跟踪状态由于某种原因使上述"7/15"准则得不到满足,则测距机将转为记忆状态。此时距离显示器所显示的距离读数继续更新。一旦信号重新获得,返回跟踪状态。如果记忆状态持续 4～12 s(典型时间为 11.4 s),仍不能重新获得有效的应答信号,则测距机将转为搜索状态,脉冲询问率又重新增加到 90 对 /s。

【任务实施】

任务详情:设一架大型无人机从张家界三官寺机场起飞,往机场东北方向 30 km 处执行航测任务,现要求仅依靠 DME 设备了解无人机的实时位置。

具体实施步骤如下:

(1) 登录 http://ga.aischina.com/,查找张家界三官寺机场;

(2) 在无人机工作区域附近,找到 3 个用于定位的 DME 地面设备的工作频率,注意当无人机附近有 3 个以上的 DME 地面设备时,去掉离无人机最近的地面设备,只选用剩余 3 个 DME 地面设备;

(3) 一般飞机上只装有两部机载测距机,可先将其中两个地面导航台的工作频率设定为机载测距机的工作频率,测得两个距离,再将其中一个测距机的工作频率更改为最后一个地面导航台的工作频率,测得第三个距离。最终可由飞行管理计算机计算出飞机的具体位置。

在实际工作过程中,一般飞行管理计算机使用两台 DME 设备测量的数据和大气数据惯性基准组件(ADIRU)提供的惯性数据来获得无人机位置信息。

【拓展阅读】

区域导航

传统的无线电导航系统只能依赖 VOR、DME、NDB 等地面导航台进行单纯的向/背台飞行,而不能实现自由的跨台直飞,这就将飞机限制在导航台的覆盖范围之内,限制了飞机的飞行路径,造成空域资源得不到充分利用。随着民航业的迅速发展和空中流量的迅速增加,传统的无线电导航方法再也不能满足日益增长的航班流量需求,同时也束缚了国民经济的发展。这就有必要开发新的导航方法,所以国际民航组织就研究出了区域导航(Regional Area Navigation,RNAV)。目前,RNAV 程序主要用于基础终端区的仪表进场程序与仪表离场程序。我国从 2013 年开始,在北京、广州、上海、深圳等地的民航机场的终端区开始逐步实施 RNAV 程序。

国际民航组织对区域导航(RNAV)的定义:区域导航是一种允许飞机在台基导航设备的基准台覆盖范围内或在自主导航设备能力限度内或在两者配合下按任何希望路径飞行的导航方法。从现代区域导航的发展来看,可以用于 RNAV 导航源的导航系统有 VOR/DME、双 DME、罗兰-C、欧米伽导航系统、惯性导航系统、全球卫星导航系统。

RNAV 是一种能够在广阔的区域内,而非限制在定点之间,提供导航能力的导航系统。

现代飞机已普遍使用以 VOR/DME 为基础的 RNAV 导航系统。其基本原理是通过连续测得飞机到 VOR/DME 地面信标台的方位和距离信息，从而获得飞往某个确定的航路点的航向和距离。

接下来，以 VOR/DME 为导航源的区域导航系统为例讲解区域导航的基本原理。图 4-92 所示为基于 VOR/DME 的区域导航原理，图中以 VOR 所在位置为坐标原点，建立极坐标系。已知航路点的极坐标为 (ρ_2, θ_2)，现通过机载导航设备测量出飞机到导航台的方位和距离，得到飞机的极坐标为 (ρ_1, θ_1)，需要求的是 ρ_3 和 θ_3。

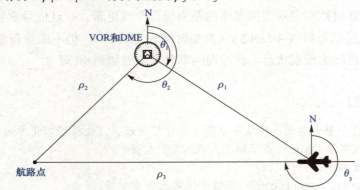

图 4-92　基于 VOR/DME 的区域导航原理

由三角形数学知识可得

$$\begin{cases} \rho_3 = \sqrt{\rho_1^2 + \rho_1^2 - 2\rho_1\rho_2 \cos(\theta_2 - \theta_1)} \\ \theta_3 = \theta_2 + \arcsin\left[\dfrac{\rho_1}{\rho_3} \times \sin(\theta_2 - \theta_1)\right] \end{cases} \quad (4\text{-}6)$$

这样就可获得沿预定航线飞行的航线角和距离，在飞机的移动过程中三角形也会变化，但通过连续求解该三角形就可以获得实时的航线角和航路距离。

由此可以看出传统无线电导航和 RNAV 的不同点，两者对比见表 4-4。

表 4-4　传统无线电导航和 RNAV 比较

导航方法	传统导航	区域导航
飞行路线	沿导航台飞行	沿航路点飞行
依赖的导航设施	NDB、VOR、DME	VOR/DME、双 DME、INS/IRS、GNSS
机载设备	无线电导航接收机	无线电导航接收机 + 区域导航计算机
机载设备数量	单套或双套	多套
定位计算	相对于电台的定位	绝对定位

区域导航相比原有的传统导航在设计理念方面有非常大的革新，区域导航能够脱离导航台的约束进行点对点的自由飞行（图 4-93），区域导航充分利用现代成熟的计算机技术，便于发挥多种导航设备的优势。在定位技术中采用了余度技术和卡尔曼滤波技术后使精度和可靠性都大大提升。区域导航也能与自动驾驶和机载显示设备耦合，实现自动导航和显

示器监视。与传统导航相比，区域导航的特点反映在航路结构、定位方法、导航计算等多方面。

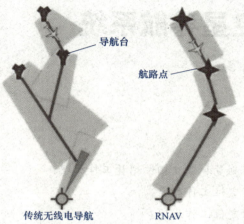

图 4-93　RNAV 和传统无线电导航比较

【巩固提高】

1. DME 有什么作用？
2. 简述 DME 的测距原理。
3. 已知 VOR 导航台测得的飞机磁方位角为 60°，且和 VOR 导航台同在一个位置的 DME 测得的飞机距离导航台为 90 n mile，试在图 4-94 中画出飞机的位置。

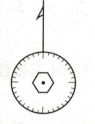

图 4-94　导航台标志

项目五 05 卫星导航系统

【知识目标】

1. 掌握伪距测量和载波相位测量工作原理。
2. 掌握卫星定位工作原理。
3. 掌握相对定位工作原理。
4. 掌握差分定位工作原理。

【能力目标】

1. 能理解地面站 GPS 相关信息的含义。
2. 能够搭建差分定位系统。
3. 会进行网络 RTK 设置。

【素质目标】

1. 具有吃苦耐劳的工作作风和爱岗敬业的职业精神。
2. 具备一定的爱国素养。

【教学导航】

本项目主要介绍卫星导航系统相关参数的含义和卫星导航设备的使用方法。

任务一 卫星导航系统的发展和种类

【任务引入】

查阅资料,找出世界上主要的卫星导航系统种类及区别。

【任务分析】

21 世纪的我们,来到一个陌生的城市求学、旅游或者探亲,只需要打开手机里的导航软件,就可以享受到卫星导航提供的各种便利。同样,得益于卫星导航系统，无人机可以进行定位精度要求高的航空测绘、植保作业及农林监测等任务。

了解全球主要卫星导航系统，才能明确各卫星导航系统的特点和区别。

【相关知识】

来到空旷的地方，在智能手机上打开"北斗伴"App，在 App 里的卫星天顶图上很快就会出现 25～30 颗卫星，主要有美国的 GPS、俄罗斯的 GLONASS、欧洲的 GALILEO 和我国的北斗卫星导航系统的卫星，这些卫星分别用其所属国家的国旗表示（图 5-1）。

图 5-1　GNSS 卫星

一、第一代全球导航卫星系统

第一代全球导航卫星系统又名美国海军卫星导航系统（Navy Navigation Satellite System，NNSS），由于系统里的卫星运行在与赤道夹角为 90°的极轨道上，也即沿着地球的子午线绕地球旋转，故也称为子午（Transit）卫星导航系统。

1957 年 10 月 4 日，苏联成功发射第一颗人造地球卫星 Sputnik 1，开创了人类的空间世纪，地球进入了航天时代（图 5-2）。第一颗人造地球卫星发射后，来自美国约翰斯·霍普金斯大学应用物理实验室（JHU/APL）的吉尔（William Guier）博士和魏芬巴哈（George Weiffenbach）博士利用地面对 Sputnik 1 信号多普勒测量数据对 Sputnik 1 进行了精确定轨（图 5-3）。

图 5-2　Sputnik1

图 5-3　吉尔（右）和魏芬巴哈（左）

JHU/APL 的麦克卢尔（Frank McClure）博士和克什纳（Richard Kershner）博士则提出了利用多普勒测量方法进行定位的思想（图 5-4）。

1958 年，受美国海军委托，克什纳博士领导的团队，开始开展子午卫星导航系统的研究。1964 年 1 月，子午卫星导航系统建成后，开始用于美国北极星核潜艇的导航定位，后逐步用于其他各种舰艇的导航定位。1967 年 7 月，子午卫星导航系统解密并提供民间商业用途。

图 5-4　麦克卢尔和克什纳

子午卫星导航系统是世界上第一套卫星定位系统，具有划时代的意义，主要由空间部分、地面控制部分和用户部分组成。

空间部分的作用是播发导航定位信号，由 6 颗卫星组成，每颗卫星运行在一个极轨道上，轨道高度为 1 075 km，如图 5-5 所示。

地面控制部分的作用是监控导航系统及编制导航电文，是由跟踪站、计算中心、注入站、控制中心、海军天文台等组成的。

用户部分即多普勒接收机，其作用是接收导航信号、完成导航定位（图 5-6）。

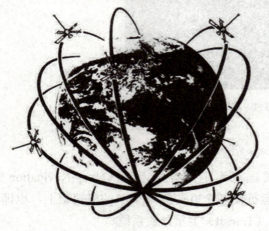
图 5-5　子午卫星导航系统星座

图 5-6　多普勒接收机天线

子午卫星导航系统是基于多普勒频移效应来进行定位的，即卫星相对于地面接收机的运动速度是在变化的，两者靠近和远离时，会出现由于频率增加和减少导致的运动多普勒频率变量由正至负的变化。通过对多普勒频移的瞬时测量，能够确定运动载体的移动速度，进而通过对多普勒频移的连续积分测量，可以求出卫星和接收机之间的距离变化。

这样，采用多普勒测量方法，就可以测定接收机在不同时间至同一卫星的距离差，再结合卫星轨道数据，就可以采用双曲面定位法来求解载体的位置（图 5-7）。

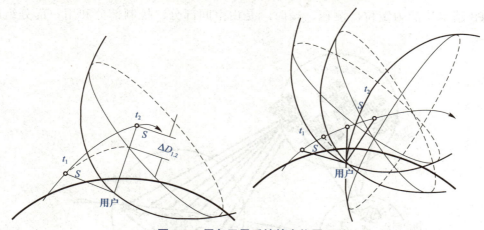

图 5-7　子午卫星系统的定位原理

由于该系统卫星数量较少，无法实现对全球的连续覆盖，且卫星运行高度较低，每隔 1～2 h 才有一颗卫星飞过地面观测站，意味着不能同时接收到多颗卫星信号；这样一台接收机需要通过观测一次完整的卫星通过数据，才能获取良好的定位几何条件，定位时间长，也无法提供快速连续实时三维导航定位；而且不同卫星信号频率相同，导致有时需要关闭部分卫星避免干扰；另外，该系统受地球重力场和大气阻力影响大，且需要进行多普勒积分，导致定位精度低，只能用于低动态、低精度定位，难以满足飞机、导弹等高动态导航定位要求。

为了解决上述问题，美国海军又提出 Timation 计划，以提高子午卫星导航定位能力。同时，美国空军也在开展 621B 卫星定位系统研究，即在 0°、30°、60° 的椭圆轨道上，布设 15～20 颗卫星，以实现全球连续的三维定位。

1969 年，美国国防部建立了国防导航卫星系统（DNSS）计划，将各军种独立的研制工作统一起来，形成了统一的联合使用系统，由美国国防部长办公室建立导航卫星执行调控小组，制定 DNSS 可行性研究规划。新一代卫星导航系统名为"授时与测距导航系统／全球定位系统"（Navigation Satellite Timing And Ranging Global Positioning System，NAVSTAR GPS，简称 GPS）。

二、美国的全球定位系统

GPS 是获得美国国防部批准、陆海空三军联合研制的第二代全球导航卫星系统，也是第一个具有全能性、全球性、全天候、实时性、高精度的导航定位和授时系统。该系统由美国空军 GPS 联合计划办公室负责，包括民用部门在内的多个部门派代表参与；美国空军航天司令部所辖的第 14 空军联队负责星座运行，美国运输部负责民用 GPS 服务运行和管理，美国海岸警备队导航中心和民间 GPS 服务联络委员会负责支持使用标准定位服务的民用用户。

与第一代子午导航卫星系统相比，第二代系统的卫星轨道更高、卫星数量更多、工作频率更高，而且定位原理基于到达时间估计的三球交会原理，并实现了实时动态定位。

GPS 基本功能为定位、测速、授时，是由空间部分、控制部分和用户部分组成的（图 5-8）。

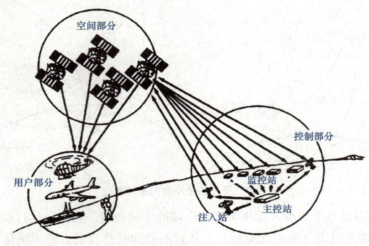

图 5-8　GPS 组成

1. 空间部分

空间部分即 GPS 卫星星座，是由 24 颗卫星组成的，卫星高度约为 20 200 km，分布在倾角为 55°的 6 个轨道平面内，运行周期约为 11 h 58 min（图 5-9）。

GPS 卫星的主要功能是接收和存储地面监控站发来的导航信息；接收并执行监控站的控制指令；接收地面主控站通过注入站发送给卫星的调度指令；生成并向用户发送用于导航定位的信号（测距码、载波）；通过星载高精度原子钟产生基准信号，提供精确的时间基准；另外还有其他特殊用途，如通信、监测核爆等（图 5-10）。

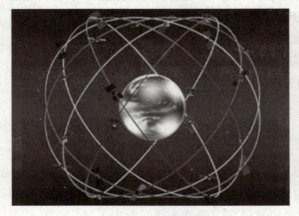
图 5-9　GPS 卫星星座

图 5-10　GPS Block IIF 卫星

2. 控制部分

控制部分包括 1 个主控站、3 个注入站和 5 个监测站（图 5-11）。

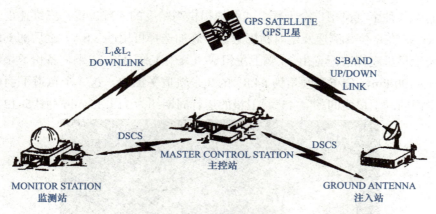

图 5-11 控制部分组成

主控站位于美国科罗拉多（Colorado）的法尔孔（Falcon）空军基地。它的作用是根据各监测站对 GPS 的观测数据，计算出卫星的星历和卫星钟的改正参数等，并将这些数据通过注入站注入卫星；同时，它还对卫星进行控制，向卫星发布指令，当工作卫星出现故障时，调度备用卫星，替代失效的工作卫星工作；另外，主控站也具有监控站的功能。

监控站有 5 个，除一个和主控站在同一个地方外，其他 4 个分别位于夏威夷（Hawaii）、阿松森群岛（Ascencion）、迪戈加西亚（Diego Garcia）、卡瓦加兰（Kwajalein）。监控站的作用是接收卫星信号，监测卫星的工作状态。

注入站有 3 个，它们分别位于阿松森群岛、迪戈加西亚、卡瓦加兰。注入站的作用是将主控站计算出的卫星星历和卫星钟的改正数等注入卫星。

地面监控部分的功能如下：
（1）跟踪 GPS 卫星、确定卫星轨道及卫星钟改正数、预报卫星轨道；
（2）建立卫星钟改正模型；
（3）编制成导航电文，并通过注入站送往卫星；
（4）通过注入站向卫星发布各种指令。

3．用户部分

用户部分即 GPS 接收机，其功能为接收卫星星历、测定从接收机至 GPS 卫星的距离，并利用上述信息确定自身的三维位置、三维运动速度和钟差等参数。

三、俄罗斯 GLONASS（格洛纳斯）导航系统

GLONASS（Global Navigation Satellite System）是俄罗斯的全球导航卫星系统，由俄罗斯联邦航天局、国防部工业与能源部和运输部组成的 GLONASS 项目部协调委员会管理。俄罗斯航天局负责系统及增强系统的开发、性能监测与控制。GLONASS 系统提供军用和民用两种服务。

GLONASS 由卫星星座、地面监测控制站和用户设备 3 部分组成。其主要服务内容包括确定陆地、海上及空中目标的坐标与运动速度信息等。GLONASS 技术可为全球海陆空

及近地空间的各种军、民用户全天候、连续地提供高精度的三维位置、三维速度和时间信息。GLONASS 在定位、测速及定时精度上优于施加选择可用性（SA）之后的 GPS。

该系统卫星星座标准配置由 24 颗卫星组成，其中工作卫星 21 颗，备份卫星 3 颗，卫星高度为 19 100 km，分布在倾角为 64.8°的 3 个轨道平面内，这 3 个轨道平面两两相隔 120°，同平面内的卫星之间相隔 45°，卫星的运行周期约为 11 h 15 min（图 5-12）。

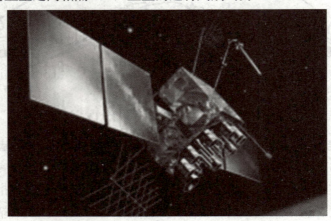

图 5-12　格洛纳斯卫星

GLONASS 与 GPS 有许多不同之处如下：

（1）卫星发射频率不同。GPS 的卫星信号采用码分多址体制（CDMA），每颗卫星的信号频率和调制方式相同，不同卫星的信号靠不同的伪码区分。而 GLONASS 采用频分多址（FDMA），卫星靠频率不同来区分，每组频率的伪随机码相同。由于卫星发射的载波频率不同，GLONASS 可以防止整个卫星导航系统同时被敌方干扰，因而具有更强的抗干扰能力。

（2）坐标系不同。GPS 使用世界大地坐标系（WGS-84），而 GLONASS 使用苏联地心坐标系（PE-90）。

（3）时间标准不同。GPS 系统时与世界协调时相关联，而 GLONASS 与莫斯科标准时相关联。

四、欧洲伽利略系统

欧洲伽利略系统（GALILEO）是欧洲计划建设的新一代民用全球卫星导航系统。系统主要由空间段、环境段、地面段、用户段 4 部分构成。空间段为 30 颗卫星构成的星座，其中，首颗在轨试验卫星 GIOVE（Galileo In-Orbit Validation Element）-A（图 5-13）于 2005 年 12 月发射升空。星座中的 27 颗卫星为工作卫星，3 颗为候补卫星，卫星运行高度为 24 126 km，位于 3 个倾角为 56°的轨道平面内；地面段由 2 个地面控制中心组成。GALILEO 系统是世界上第一个专门为民用目的设计的全球性卫星导航定位系统，与现在普遍使用的 GPS 相比，它将更先进、更有效、更可靠。它的总体思路具有 4 大特点：自成独立体系；能与其他的 GNSS 系统兼容互动；具备先进性和竞争能力；公开进行国际合作。GALILEO 提供 5 种服务：公开服务（OS），与 GPS 的 SPS 相类似，免费提供；生命安全服务（SoLS）；商业服务（CS）；公共特许服务（PRS）；搜救（SAR）服务。

图 5-13　GALILEO GIOVE A 卫星

五、北斗卫星导航系统

2020 年 6 月 23 日，我国"北斗三号"最后一颗全球组网卫星发射任务顺利完成，这意味着北斗将进入服务全球、造福人类的新时代。北斗系统是着眼于国家安全和经济社会发展需要，自主建设、独立运行的卫星导航系统。

我国的北斗卫星导航系统建设的启动要追溯到 1994 年，这一年，提出了"三步走"发展战略。"三步走"发展战略是按照"质量、安全、应用、效益"的总要求，坚持"自主、开放、兼容、渐进"的发展原则，遵循"先区域、后全球""先有源、后无源"的总体思路稳步推进的。

第一阶段是从 1994 年至 2003 年，建成北斗卫星导航试验系统，简称"北斗一号"，目标是具备区域有源服务能力。"北斗一号"于 1994 年立项，2000 年 10 月 31 日发射了第一颗试验卫星，2000 年 12 月 21 日发射了第二颗试验卫星，从而建成了北斗卫星导航试验系统，我国成为世界上第三个拥有自主卫星导航系统的国家；2003 年发射了第三颗北斗导航试验卫星，进一步增强了"北斗一号"的性能。"北斗一号"系统是由空间部分、地面部分（以地面控制中心站为主）和北斗用户终端组成的。其中，空间部分由 2~3 颗地球静止卫星（GEO）构成；控制段由一个地面主控站和若干标校站组成。其定位原理是以两颗卫星的已知位置为球心，以测定的卫星至用户终端的距离为半径，形成两个球面，且球面相交得到一个圆弧；然后由电子高程地图提供一个以地心为球心，地心到用户终端距离为半径的球面；圆弧和第三个球面相交可得到两个点，再用排除法，即可得到用户的位置。上述距离测量和位置计算是由地面主控站与用户终端通过应答方式完成的。完成定位的同时，既能获得位置，也能进行通信（图 5-14）。

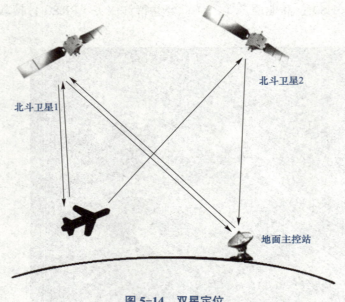

北斗卫星导航系统初识

北斗和GPS的区别

图 5-14 双星定位

第二阶段是从 2004 年至 2012 年，建成北斗区域卫星导航系统，简称"北斗二号"，最终形成区域无源服务能力。这一阶段的发展目标是构成一个具有连续实时无源三维定位测速能力的区域性卫星导航系统，为我国及亚太地区用户提供无线电导航卫星服务。首颗卫星于 2007 年发射，2012 年年底完成了 5 颗 GEO 卫星、5 颗 IGSO（倾斜地球同步轨道）卫星和 4 颗 MEO（中轨道）卫星的组网服务。

第三阶段是从 2013 年至 2020 年，建成北斗全球卫星导航系统，简称"北斗三号"，最终形成全球无源服务能力。"北斗三号"由空间段、运控段和用户段组成。空间段由 30 颗卫星组成，其中包括 3 颗地球静止轨道（GEO）卫星、3 颗倾斜地球同步轨道（IGSO）卫星和 24 颗中圆地球轨道（MEO）卫星，这样的三种轨道混合星座布局抗遮挡能力更强，能实现全球覆盖、全球服务；运控段包括主控站、注入站和监测站；用户段包括北斗终端、与其他导航系统兼容的终端及相关的应用服务系统（图 5-15）。"北斗三号"全球服务的性能指标：空间信号测距误差优于 0.5 m，其定位精度单频测量为 7 m，双频测量为 3 m，测速精度为 0.2 m/s，授时精度为 20 ns。其可以提供 6 种服务：卫星无线电导航服务、星基增强系统、区域短信息通信服务、全球短信息通信服务、国际 SAR 服务和精密单点定位服务。

图 5-15 "北斗三号"卫星星座

"北斗三号"系统提供的服务及参与的卫星见表 5-1。

表 5-1 "北斗三号"系统提供的服务及参与的卫星

序号	服务类型	卫星类型及数量
1	卫星无线电导航服务	3 颗 GEO 卫星、3 颗 IGSO 卫星及 24 颗 MEO 卫星
2	星基增强系统	3 颗 GEO 卫星
3	区域短信息通信服务	3 颗 GEO 卫星
4	全球短信息通信服务	14 颗 MEO 卫星
5	国际 SAR 服务	6 颗 MEO 卫星
6	精密单点定位服务	3 颗 GEO 卫星

六、日本准天顶卫星导航系统

日本准天顶卫星导航系统(Quasi-Zenith Satellite System,QZSS)是一个兼具导航定位、移动通信和广播功能的卫星系统,旨在为日本上空运行的美国 GPS 卫星提供"辅助增强"功能。

QZSS 的第一阶段包括 3 颗倾斜同步轨道卫星和 1 颗地球同步轨道卫星,目前已经完成 4 颗卫星的部署。第一颗技术试验卫星"指路者 Michibiki"于 2010 年 9 月 11 日发射,剩下 3 颗 QZS-2、QZS-3、QZS-4 分别于 2017 年 6 月 1 日、2017 年 8 月 19 日、2017 年 10 月 10 日发射,其中 QZS-3 是地球同步轨道卫星,其余 3 颗是倾斜同步轨道卫星(图 5-16)。

图 5-16 QZSS 卫星星座

QZSS 系统的轨道设计保证了其服务地区覆盖东亚及大洋洲,能够给日本领土内用户一天提供 12 h 以上的服务。在 4 颗卫星阶段,能够保证有 1 颗卫星始终以较高的仰角位于日本上空,同时,在其系统覆盖的东亚及大洋洲范围内,24 h 内都能可见 4 颗卫星。也就是说,QZSS 系统能够全天候对上述地区提供服务。

QZSS 系统功能概括起来主要有 GPS 系统补充、GPS 系统精度增强、告警服务。它一方面能提高 GPS 的信号可用性；另一方面能提高 GPS 信号强度和可靠性（图 5-17）。

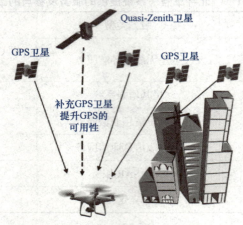

图 5-17　GPS 系统补充

QZSS 系统主要为移动用户提供通信和定位服务。通过播发差分修正数据及试验导航信号等辅助导航定位服务，QZSS 系统可使覆盖区内的 GPS 接收机达到亚米级定位精度。

七、印度区域卫星导航系统

印度区域卫星导航系统（Indian Regional Navigation Satellite System，IRNSS）是一个由印度空间研究组织（ISRO）发展、运营和管理的自由区域型卫星导航系统。印度区域卫星导航系统将提供两种服务，即民用的标准定位服务和供特定授权使用者（军用）的限制型服务。

按照印度的计划，IRNSS 的组网工作将分为两大步骤。第一步是发射地球同步卫星组成覆盖印度全境的"区域卫星导航系统"，这一系统由 7 颗卫星和地面控制段、用户段组成。其覆盖范围是南亚次大陆及周边地区，定位精度在印度洋区域优于 20 m，在印度本土及邻近国家定位优于 10 m。第二步是再发射大约 10 颗导航卫星，从"区域卫星导航系统"向印度版"全球卫星定位系统"迈进。

【任务实施】

学生每 6 人一组，每小组选出一个组长，负责讨论环节的组织、记录和总结。

（1）分小组讨论"世界上主要的卫星导航系统有哪些？"及"卫星导航系统的基本组成是怎样的"。小组讨论后，选派一名代表总结陈述讨论结果。

（2）分小组讨论 GPS 和北斗卫星导航系统的区别，分别从卫星数量、卫星轨道、系统组成、系统功能、定位精度等方面进行比较，最后上台总结陈述。

【拓展阅读】

为什么要发展北斗卫星导航系统？

卫星导航系统已成为当今社会重要的空间信息基础设施，代表着一个国家的综合实力和核心竞争力，具有广泛的社会、经济、科技和国防意义。建造全球卫星导航系统是一个浩大长期的工程，需要进行周密的部署，投入大量的人力、物力和财力。

卫星导航系统能提供定位、导航和授时服务，具有高精度、实时性和普适性等特点，其应用遍布国民经济、国家安全和民众生活的方方面面，给各行各业带来了极大的便利，是军力倍增器、经济放大器和能源节流器。如美国投入巨资打造的 GPS 系统对全世界是免费使用的，在全球形成巨大的市场，产生新的国际性产业，同时也会形成一股强大的国家软实力。

卫星导航助力无人机高效植保作业

在和平年代，全球人民确实可以享受 GPS 带来的福利，但一旦发生战争，对于美国来说，GPS 是一种武器，美国可以人为降低 GPS 的定位精度，对于安装了 GPS 接收机的其他国家的军机和战舰来说，就会失去导航能力，搞不清方向和目标；而美国的导弹可以精确打击。其他国家军备绝对不能使用美国的 GPS，一旦形成依赖，后果就不堪设想。

所以必须发展本国的定位导航系统，当然，发展本国的定位导航系统只是少数大国的权利。因为全球的定位导航系统实在是太浩大了，综合国力微弱的小国家根本就建造不起。

我国从 20 世纪 70 年代开始，就提出了"新四星"计划。到了 20 世纪 80 年代初期，以"两弹一星"元勋陈芳允院士为首的专家团体提出了双星定位方案，这是当时公认的最优方案，但是由于经济条件等原因耽搁了 10 年。直到 1991 年，海湾战争中 GPS 系统在作战非常成功的应用，让中国人意识到建造一个属于自己的卫星导航系统的重要性，所以被搁置 10 年的双星定位方案就马上启动了。然后自 20 世纪 90 年代开始，北斗系统启动研制，按三步走发展战略：先有源后无源、先区域后全球。先后建成了"北斗一号""北斗二号""北斗三号"系统，走出了一条中国特色的卫星导航系统建设道路。

作为独立自主的大国，建立自己的卫星导航系统能够保障国民经济的正常运行和国防安全。它所催生的是战略性新兴产业、低碳经济和绿色产业，能产生巨大的经济和社会效益，同时也能在世界上争取更多话语权。

【巩固提高】

1. "北斗三号"卫星星座和 GPS 卫星星座有什么不一样的地方？
2. "北斗三号"由什么组成？
3. 简述 GPS 的组成。

任务二　绝对定位工作原理及排故方法

【任务引入】

解锁或者控制基于 Pixhawk 飞控的无人机时，地面站 HUD 窗口显示与 GPS 相关的告警信息，无人机无法解锁或者无法执行相关命令。

【任务分析】

很多无人机现已标配了卫星导航设备，而且大部分组合导航也有卫星导航的参与，尤其是执行自动任务的无人机更离不开卫星导航。无人机卫星导航设备主要接收 GPS 信号，在 GPS 信号减弱、定位精度降低、GPS 故障等情况下，GPS 并不能提供有效的、准确的导航信息，而无人机有很多飞行模式都需要 GPS 的参与。如果这时解锁起飞的飞行模式或者切换的飞行模式刚好需要 GPS 提供的准确导航信息，无人机就无法解锁或者切换飞行模式。

　　了解绝对定位的工作原理和定位精度影响因素，才能掌握卫星导航设备的正确安装、维护及故障排除的方法。

【相关知识】

一、GPS 卫星的信号结构

　　GPS 卫星信号主要包含用于导航定位的卫星星历等数据，这些数据经调制后再广播给用户。卫星上有日稳定度约为 10^{-13} 的铯原子钟，产生 10.23 MHz 的基准频率。卫星载波信号工作在 L 波段，载波信号频率有 4 个，分别为 L1、L2、L3、L5，载波信号上调制有测距码和导航电文（图 5-18）。

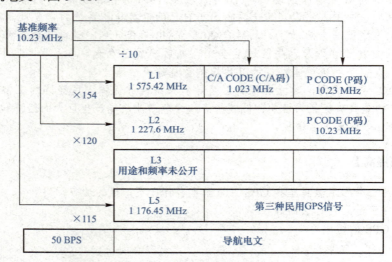

图 5-18　GPS 卫星信号结构

1. 载波

　　载波的作用是搭载其他调制信号、测距和测定多普勒频移，其实质是频率很高的无线电波。

　　当前，GPS 信号主要有 L1、L2 和 L3 载波。其中，L1 载波中心频率为 1 575.43 MHz，波长为 19.03 cm，在 L1 载波上调制有 C/A 码和 P 码；L2 载波中心频率为 1 227.60 MHz，波长为 24.42 cm，在 L2 载波上调制有 P 码；L3 载波用途和频率暂未公开，资料显示其用于发现核爆炸或给其他高能量红外辐射事件的核爆炸侦察系统（NDS）平台提供通信联系（图 5-19）。

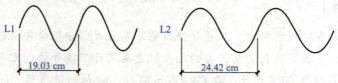

图 5-19　L1 和 L2 载波波长

GPS 现代化后，增加了 L5 载波，其中心频率为 1 176.45 MHz，波长为 25.48 cm。单频接收机只能接收 L1 载波信号，测定载波相位观测值进行定位。由于不能有效消除电离层延迟影响，只适用于短基线（<15 km）的精密定位。双频接收机可以同时接收 L1、L2 载波信号。利用双频对电离层延迟的不同，可以消除电离层对电磁波信号的延迟的影响，可用于长达几千千米的精密定位。民用 GPS 通常只使用 L1 波段，而勘测与军事用途则需要同时使用 L1 和 L2 波段。L5 是第三种民用 GPS 信号，有利于 GPS 测量过程中的周跳探测、电离层延迟误差改正和整周模糊度的确定，将民用定位精度从 5 m 提升至 30 cm。

2. 测距码

测距码的作用是测量卫星至接收机距离，其实质为伪随机噪声码（Pseudo Random Noise，PRN），既具有随机噪声的特性，又可以精确定义（实际上隐含有时间信息）。不同的码（包括未对齐的同一组码）间的相关系数为 0 或 $1/n$（n 为码元数），对齐的同一组码间的相关系数为 1（图 5-20）。

图 5-20 测距码

测距码有两种，分别为 C/A 码和 P 码。C/A 码为粗码/捕获码（Coarse/Acquisition Code）的英文缩写，无差别地供世界民用用户使用，提供标准定位服务，其码率为 1.023 MHz，周期为 1 ms，1 周期含 1 023 个码元数，每个码元宽度为 293.05 m，调制在载波 L1 上；P 码是精码（Precise Code）的英文缩写，只供美国及其盟国军事和特殊用户使用，提供精密定位服务，其码率为 10.23 MHz，周期为 7 天，1 周期包含 6 187 104 000 000 个码元，码元宽度为 29.30 m，调制在 L1 和 L2 载波上。

P 码由于调制在 L1 和 L2 载波上，因此能校正大部分的电离层误差，而且 P 码的速率为 C/A 码的 10 倍，使接收机处理信号的分辨率高、噪声低，同时多径影响较小，所以总定位精度远远优于 C/A 码。

3. 导航电文

导航电文是卫星以二进制码的形式发送给用户的导航定位数据，其内容主要有卫星星历、系统时间及卫星钟校正参数；轨道摄动改正；卫星状态信息；测距时间标记；电离层延迟改正参数；其他与导航有关的信息。这些信息均采用不归零二进制编码形式，是码率为 50 Hz 的比特流。导航电文经编码后与伪随机码通过模 2 加运算进行扩频，再将扩频后的码对载频进行二进制相移、键控后发射给用户。

一帧导航电文由 25 个主帧组成，每个主帧包含 5 个子帧，每个子帧由 10 个字组成，每个字包含 30 个比特（图 5-21）。

导航电文中重要的导航参数有卫星测距精度、电离层延迟改正、卫星时钟数据龄期、卫星时钟改正、时间 2 参数及轨道摄动改正 9 参数。

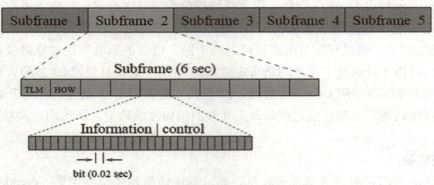

图 5-21　一帧导航电文的结构

二、码伪距测量

伪距是卫星定位中引入的一个很重要的概念。它是与距离同一量纲而且包含有距离信息，不是真正的距离。

GPS 通过测时来测距，即通过测量卫星信号发射至接收的时间间隔来得到距离信息。发射时间为卫星时间，是通过原子钟测量得到的；由于接收机一般采用廉价时钟，接收时间为接收机时间，与 GPS 卫星时间有未知时间差，在定位前无法校正该时间差，无法测量卫星与接收机真实距离，所以测量的距离为伪距。

伪距的数学表达式为

$$\rho = r + \Delta r \tag{5-1}$$

式中，r 为真实的距离，Δr 是由各种因素引入的确定性或随机性的距离畸变，如卫星钟差、电离层延迟、接收机钟差等因素。

卫星至接收机的伪距是通过伪随机码（伪码）得到的，伪码是现代扩频通信中广泛采用的一种信道编码方式，是一种二进制的伪随机系列，具有类似于随机二进制序列 "0" "1" 的分布特性，但并不是真正的随机序列，具有预先确定性和周期性（图 5-22）。目前，广泛应用的伪随机码都是由周期性数字序列经过滤波等处理后得到的。

图 5-22　伪随机码

测量伪距的具体过程如下：

（1）接收机产生一个和卫星一模一样的本地伪码信号，伪随机码用于后续的卫星信号的区分及捕获。如接收机 1 通道用于接收 13 号卫星信号，则需将该通道复制码设定为 13 号卫星的伪随机码（图 5-23）。

（2）接收机搜索卫星发射的信号，对卫星信号进行捕获。卫星信号的捕获通过伪随机码时延对齐使得相关性最大，匹配长度一般为 1 ms。对齐的方法是接收机在时间轴上平移本地信号，直至与所接收到的卫星信号对齐（图 5-24）。一旦捕捉到信号，即两信号相关度为 1 时（图 5-25），便转入对信号的跟踪调整。

图 5-23 卫星和接收机产生相同的伪随机码

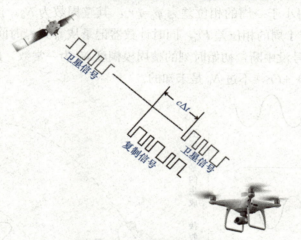

图 5-24 卫星信号到达接收机

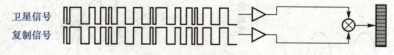

图 5-25 相关度检测

（3）在精确锁定的情况下，本地伪随机序列将与被接收的卫星信号序列相位同步，即时延对齐。时延对齐后即可解码卫星导航电文，获取子帧的时间戳，然后根据字（一个字 0.6 s）、位（一个位 20 ms）、伪随机码（C/A 码周期 1 ms）、码元位置（一个码元约 1 μs）的顺序确定接收码元的时间。例如，解码后的导航电文某子帧时间戳为 T_0，则该子帧第 5 字节、第 2 位、第 2 个 C/A 码周期、第 2 个码元的发射时间为（$T_0+4\times0.6+1\times0.02+1\times0.001+0.000\,001$）s。

（4）本地伪随机序列变换成便于进行时间测量的脉冲，将此脉冲在用户本地时间轴上读数，即可得到卫星信号到达接收机的时间。

（5）卫星信号发射和接收的时间差就是卫星信号的传播时间。最终的伪距 $\rho=c*\tau$，其中，c 为卫星信号的传播速度。

三、载波相位测量

载波相位测量伪距的原理和码伪距测量原理类似，不同点时测量尺度不同，码伪距测量的尺度是码元宽度，而载波相位伪距测量是以载波波长作为时延测量的尺度。载波相位测量的观测量是接收机所接收到的卫星载波信号与本振参考信号的相位差。由于接收机收到的卫星信号是已调制信号，所以在载波相位测量前必须要先去调制。在码结构已知的条件下，通过码相关法可以得到卫星发射的纯净载波信号，即将所接收到的调制信号（弱卫星信号）与接收机产生的复制码（信号强）相乘（图5-26），从而获得全波长的、信号质量好的载波。在码结构未知的情况下，可以利用平方律环路检波等方法得到纯净载波。得到纯净载波后，就可以对信号进行相位测量。

图 5-27 所示为接收机在 t_0 和 t_1 时刻接收到卫星发射的载波。在 t_0 时刻，接收机首次观测卫星，可以测得小于一周的相位差为 $\varphi_0=Fr_0$，其整周数为 N_0。接收机继续跟踪卫星信号，不断测定小于 1 周的相位差 Fr_i，同时计数器记录从 t_0 到 t_1 时间内的整周变化量 $\text{Int}(\varphi)$，只要卫星信号没中断，初始时刻的整周模糊度 N_0 为一常数。此时包含整周数的相位差为 $\phi=N_0+\text{Int}(\varphi)+Fr_i$，不过 N_0 是未知的。

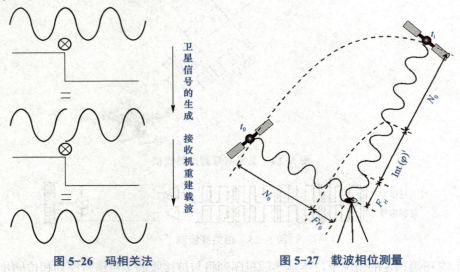

图 5-26　码相关法　　　　图 5-27　载波相位测量

整周数可以通过伪距法、多普勒法、平差法等方法来确定。伪距法是将伪距观测值减去载波相位测量的实际观测值（转换为以距离为单位）后即可得到；平差法是将整周未知数当作平差中的待定参数，从而求取整数解（短基线测量）或者实数解（长基线测量）；多普勒法是将相邻两个观测历元的载波相位相减，消去了整周未知数，从而直接解出坐标参数，常用来获得未知参数的初始值。

还有一种方法是快速确定整周未知数法，这种方法对某一置信区间所有整数组合一一进行平差，取估值的验后方差或方差和为最小的一组整周未知数作为整周未知数的最佳估值。进行短基线定位时，利用双频接收机只需观测 1 min 便能成功地确定整周未知数。该方法可用于快速静态定位。

当卫星信号中断或失锁时，接收机计数器无法连续计数使整周计数不正确，但不到一整周的相位观测值仍是正确的，这种现象称为周跳（图 5-28）。

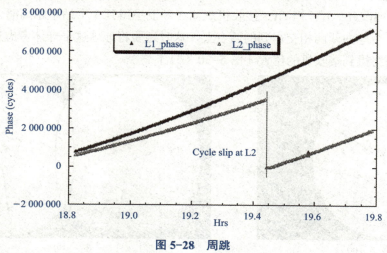

图 5-28 周跳

产生周跳的原因：建筑物或树木等障碍物的遮挡；电离层电子活动剧烈；多路径效应的影响；卫星信噪比（SNR）太低；接收机的高动态；接收机内置软件的设计不周全。

周跳的探测与修复是 GPS 载波相位数据处理中不可缺少的组成部分，只有消除了周跳的"干净"相位数据，才能用于 GPS 精密定位。

载波相位测量的特点是精度高（可达毫米级），但存在模糊度和周跳问题，广泛应用于测绘等对精度要求较高的领域。

四、GPS 绝对定位

绝对定位也叫作单点定位，是单独利用一台 GPS 接收机的观测值确定接收机在地球坐标系中绝对位置的方法。其定位结果是与所用星历同属一坐标系的绝对坐标。绝对定位实质是根据测距交会的原理，利用 3 颗以上卫星的已知空间位置交会出地面未知点（用户接收机）在 WGS-84 坐标系中的位置（图 5-29）。

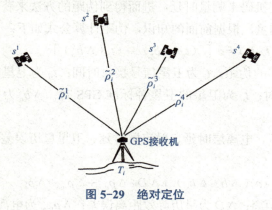

图 5-29 绝对定位

GPS 导航定位原理

1. 绝对定位的几何原理

当 GPS 接收机观测一颗卫星得到一个站星距离（卫星至 GPS 接收机的距离）时，则接收机可能的位置是在以卫星为球心，站星距离为半径的球面上 [图 5-30（a）]；当 GPS 接收机观测两颗卫星得到两个站星距离时，则接收机可能的位置是在两个球面相交的圆圈上 [图 5-30（b）]；当 GPS 接收机观测 3 颗卫星得到 3 个站星距离时，则接收机可能的位置是 3 个球面两两相交得到的两点上，这时还要将地球这个球体考虑进来，就可以排除一点，最终得到接收机的位置 [图 5-30（c）]。

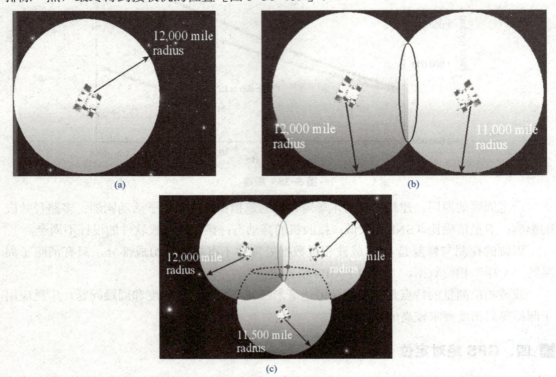

图 5-30 测距交会
（a）一个站星距离；（b）两个站星距离；（c）三个站星距离

2. 码伪距单点定位

码伪距单点定位即采用伪随机码来测量时延，进而得到伪距的方法来获得接收机的绝对位置。该方法将伪距作为观测量，根据前面的知识，伪距计算公式如下：

$$\rho^i = c(\tilde{t}_r - \tilde{t}_{si}) = c[(t_r + \Delta b_r) - (t_{si} + \Delta b_{si})] \tag{5-2}$$

式中，ρ^i 为接收机观测卫星得到的伪距；$\tilde{t}_r$ 为卫星信号接收时间；$\tilde{t}_{si}$ 为卫星的卫星信号发射时间；t_r 为接收机标准 GPS 时；t_{si} 为卫星的卫星钟标准 GPS 时；Δb_r 为接收机钟差；Δb_{si} 为卫星 i 的卫星钟差。

另外，还需考虑接收机噪声、电离层时延、对流层时延、卫星星历误差等因素，所以修改后的伪距如下：

$$\rho^i = r + c(\Delta b_r - \Delta b_{si}) + \Delta D + \Delta \rho_{trop} + \Delta \rho_{ion} + \Delta \rho_r \tag{5-3}$$

式中，r 为卫星至接收机的真实距离；ΔD 为星历等效距离误差；$\Delta \rho_{trop}$ 为电离层折射改正；

$\Delta\rho_{ion}$ 为对流层折射改正；$\Delta\rho_r$ 为接收机噪声误差。

现通过导航电文获得卫星在地球坐标系的位置为 (X^i, Y^i, Z^i)，并设接收机在地球坐标系的位置为 (X_r, Y_r, Z_r)。则可以列出方程如下：

$$\rho^i = \sqrt{(X^i-X_r)^2+(Y^i-Y_r)^2+(Z^i-Z_r)^2}+B \tag{5-4}$$

式中，$B=c(\Delta b_r-\Delta b_{si})+\Delta D+\Delta\rho_{trop}+\Delta\rho_{ion}+\Delta\rho_r$，这里把 B 也当成一个待求的未知数。

要求解 4 个未知数，就至少需要列 4 个方程，意味着要观测至少 4 颗卫星。在实际求解中，为了提高定位精度，一般观测的卫星数越多越好，当观测的卫星数大于 4 时，一般通过最小二乘平差法求解接收机的三维坐标位置。

3. 载波相位单点定位

为了提高单点定位精度，可以将伪距观测值换成载波相位观测值。

设在 GPS 标准时刻 T_a，卫星 S_j 发射的载波信号相位为 $\varphi(t_a)$，经传播延迟 $\Delta\tau$ 后，在 GPS 标准时刻 T_b 到达接收机。

根据电磁波传播原理，T_b 时接收到的和 T_a 时发射的信号相位不变，即 $\varphi^j(T_b)=\varphi^j(t_a)$；而在 T_b 时，接收机产生的本振信号的载波相位为 $\varphi(t_b)$。这样，在 T_b 时，载波相位观测量为 $\Phi=\varphi(t_b)-\varphi^j(t_a)$。

考虑到卫星钟差和接收机钟差，有 $T_a=t_a+\delta t_a$，$T_b=t_b+\delta t_b$，这里 δt_a 和 δt_b 分别是卫星的卫星钟差和接收机钟差。

对于卫星钟和接收机钟，其振荡器频率一般稳定良好，所以，信号的相位与频率的关系可表示为

$$\varphi(t+\Delta t)=\varphi(t)+f\Delta t \tag{5-5}$$

式中，f 为接收机产生的固定参考频率；Δt 为微小时间间隔；φ 以 2π 为单位。

设 f^j 为卫星发射的载波频率，f_i 为接收机本振产生的固定参考频率，且 $f_i=f^j=f$，同时考虑到 $T_b=T_a+\Delta\tau$，则有 $\varphi(T_b)=\varphi^j(T_a)+f\Delta\tau$。

综合上述式子，可得

$$\Phi=\varphi(T_b)-f\delta t_b-\varphi^j(T_a)+f\delta t_a=f\Delta\tau+f\delta t_a-f\delta t_b \tag{5-6}$$

另外传播延迟中，还要考虑电离层和对流层的影响 $\delta\rho_{trop}$ 和 $\delta\rho_{ion}$，则有

$$\Delta\tau=\frac{1}{c}(\rho-\delta\rho_{trop}-\delta\rho_{ion}) \tag{5-7}$$

式中，ρ 为卫星至接收机的几何距离。

这样就得到

$$\Phi=\frac{f}{c}(\rho-\delta\rho_{trop}-\delta\rho_{ion})+f\delta t_a-f\delta t_b \tag{5-8}$$

考虑到载波相位整周数，最终可以得到接收机对卫星的载波相位测量的观测方程：

$$\Phi_k^j=\frac{f}{c}(\rho-\delta\rho_{trop}-\delta\rho_{ion})+f\delta t_a-f\delta t_b+N_k^j \tag{5-9}$$

剩下的步骤和码伪距单点定位一样。

4. 分类

绝对定位根据定位时天线是否静止，可分为静态绝对定位和动态绝对定位。

（1）静态绝对定位是指接收机天线处于静止状态下，确定观测站坐标，这时，可以

连续地在不同历元同步观测不同的卫星，测定卫星至观测站的伪距，获得充分的多余观测量，测后通过数据处理求得观测站的绝对坐标。在静态绝对定位中，根据观测量的不同，又可分为伪距法静态绝对定位和载波相位法静态绝对定位。

（2）动态绝对定位是将 GPS 用户接收机安装在载体上，并处于动态情况下，确定载体的瞬时绝对位置的定位方法。一般来说，该方法只能获得很少或者没有多余观测量的实时解，因而定位精度不是很高。在动态绝对定位中，观测量一般是伪距，而不采用载波相位，这是因为载体在运动过程中，要保持对所测相同卫星载波相位的连续跟踪，技术上有一定困难；另外，动态解算整周未知数的方法，其应用尚有一定的局限（图 5-31）。

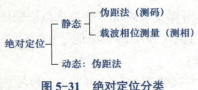

图 5-31 绝对定位分类

5. 单点定位精度

单点定位精度和用户等效距离误差（UERE）与精度衰减因子（DOP）有关，用户等效距离误差是将单点定位时可能发生的所有误差归化到站星距离上所得的结果。精度衰减因子是位置质量的指示器，它通过考虑每颗卫星相对于星座中其他卫星的位置，来预计用该星座能得到的位置精度。DOP 值的大小和所观测卫星的数量与分布有关，表征可见卫星在空间几何分布的好坏，对测距误差起着放大作用。DOP 值越小，准确程度越高，定位的几何条件越好。常用的精度因子有位置精度因子（PDOP）、平面精度因子（HDOP）、高程精度因子（VDOP）、接收机钟差精度因子（TDOP）、几何精度因子（GDOP）。一般用得比较多的是 HDOP，可以通过 Mission Planner 地面站来查看连接 Pixhawk 飞控的 GPS 信号的平面精度因子（图 5-32）。

图 5-32 HDOP

单点定位精度与用户等效距离误差和精度衰减因子满足如下关系：

$$m = \text{UERE} \times x_{\text{DOP}} \tag{5-10}$$

式中，m 为定位精度，x_{DOP} 代表各种不同的精度衰减因子。

式（5-10）表明 GPS 绝对定位精度主要取决于卫星分布的几何条件和观测量的精度。意味着当卫星分布相同时，用户等效距离误差越小，定位精度越高（图 5-33）；

当用户等效距离误差相同时,卫星分布越好(数量多且分布均匀),定位精度越高(图 5-34)。

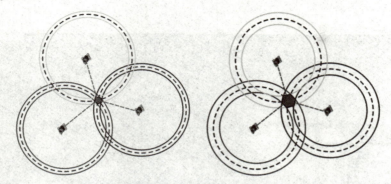

图 5-33　DOP 相同,UERE 不同时的定位精度

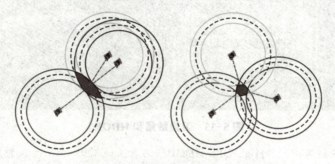

图 5-34　DOP 不同,UERE 相同时的定位精度

【任务实施】

1. 基于地面站 HUD 窗口告警信息的排故

地面站 HUD 窗口显示的 GPS 常见故障信息有"GPS Glitch""Need 3D Fix""Bad Velocity""High GPS HDOP"等。

(1) GPS Glitch。"GPS Glitch"的含义是 GPS 出现故障。可能的原因是 GPS 损坏。解决方法是更换好的 GPS 模块。

(2) Need 3D Fix。"Need 3D Fix"的含义是需要 3D 锁定,GPS 没有定位,如果设置电子围栏或是在悬停模式解锁,一定要进行成功定位后才能解锁。

该故障信息可能的原因是没有 GPS 信号或者没有检查到 GPS 硬件。解决方法如下:

1) 检查无人机是否安装了 GPS,如果没有安装 GPS,就不能切换到需要 GPS 导航信息的飞行模式,如返航模式、定点模式、自动模式。

2) 如果安装了 GPS,就不能在室内飞行;在室外飞行要检查 GPS 连接线是否断开,或者连接线是否正确接到飞控上。

3) 如果正确安装了 GPS,在室外飞行时,要将无人机放在室外无遮挡的地方,并等待 GPS 被 3D Fix 定位。

(3) Bad Velocity。"Bad Velocity"的含义是速度数据无效,是速度解算有问题,这与 GPS 是相关的,因为水平速度很大程度上都取决于 GPS 数据。"Bad Velocity"一般表现为 GPS 飘逸速度过快,高于 50 cm/s。该告警信息可能的原因是移动速度过快,或者 GPS

刷新率低于 5 Hz。解决方法是等待锁定更多数量的 GPS 卫星，可以通过地面站查看锁定的卫星数量和 HDOP 数据来进行评估，一般 HDOP 小于 1.5 表明卫星数量能够满足要求（图 5-35）。

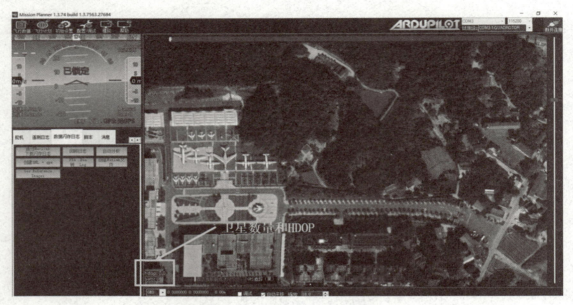

图 5-35　卫星数量和 HDOP

（4）High GPS HDOP。"High GPS HDOP"的含义是 GPS 水平定位精度因子过高，一般是卫星数量不够导致的，HDOP 的精度没达标不能解锁。解决方法是将无人机放在室外无遮挡、无干扰的地方，并保证 GPS 没有被遮挡，然后等待搜星，当锁定更多的卫星后，HDOP 数据就会下降（图 5-36）。

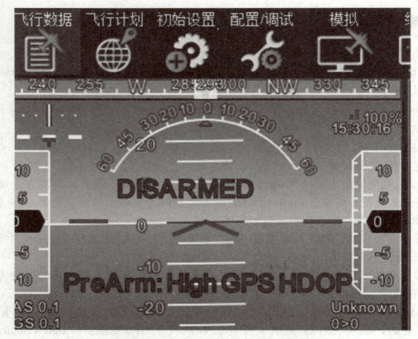

图 5-36　High GPS HDOP 告警信息

2. 基于飞行日志的故障分析

飞行日志保存了无人机上电后各项飞行数据，能记录无人机在飞行过程中的各种状态，其中就包括 GPS 相关信息。当无人机出现故障后，维护人员可以通过回放飞行日志，来分析可能的故障原因，并据此制订排故方案。飞行日志里存储的 GPS 信息见表 5-2。

表 5-2 飞行日志 GPS 主要信息

名称	含义
Status	0= 没有识别到 GPS，1= 识别到 GPS 但未定位，2=GPS 和 2D 定位成功，3=GPS 与 3D 定位成功
NSats	当前使用的卫星数量
HDoP	水平定位精度因子（＜1.5 是好的，＞2.0 不是很好）
Lat	GPS 纬度
Lng	GPS 经度
Alt	GPS 报告的高度
VZ	垂直速度
Spd	水平地面速度
GCrs	航向
U	布尔值，表明是否在使用 GPS

例如，在自动模式下（AUTO\LOITER\RTL），GPS 异常会导致无人机突然飞向一个错误的位置或者来回飘逸。GPS 异常一般包括丢星或者卫星数量突然减少。在飞行日志中，可以很直观地看见卫星数量 NSats 的减少和 HDOP 值的变大（图 5-37）。

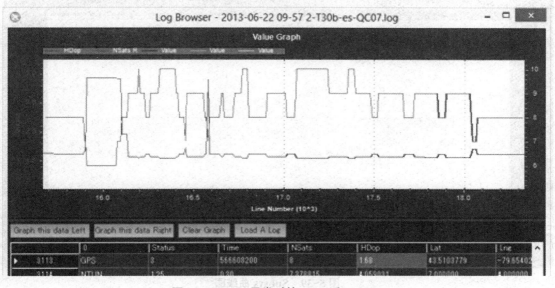

图 5-37 GPS 异常时的 NSats 和 HDOP

当 GPS 正常时，可看到 NSats 数值很大，从图 5-38 可以看出，搜到的卫星数量维持为 18～21 颗，相应地 HDOP 数值非常好，为 0.57～0.71，表明这段时间内，GPS 提供的导航定位数据精度很高。

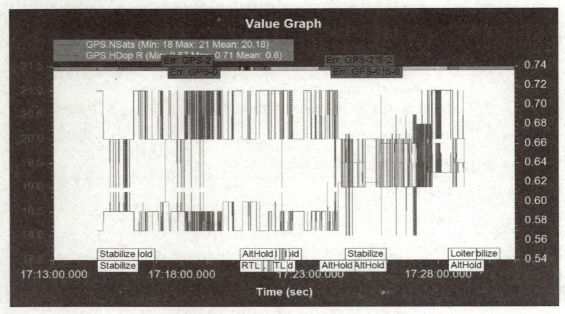

图 5-38 GPS 正常时的 NSats 和 HDOP

通过飞行日志还可以查看 GPS 错误信息和故障保护信息。在飞控中，GPS 子系统代码为 11，GPS 故障保护子系统代码为 7，可通过查看飞行日志中 ERR 条目下的 Subsys 确定是哪个子系统出现问题。图 5-39 绘制的是 Subsys 曲线图，图中直线对应的值为 11，据此就可以确定这段时间内只有 GPS 出现错误信息了。

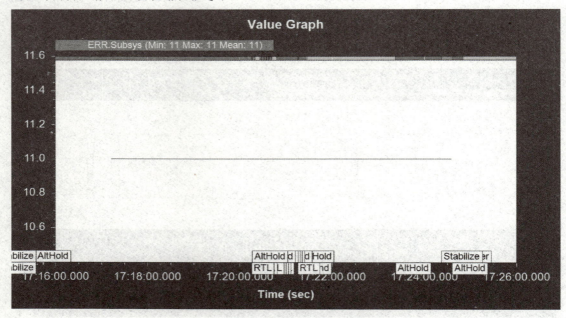

图 5-39 Subsys 曲线图

确定好子系统后，就可以进一步查看详细信息，每个子系统都有对应的错误代码。

子系统 GPS 的错误代码有两个，分别是 ECode 2 和 ECode 0。ECode 2 表示 GPS 故障；ECode 0 表示 GPS 故障解除。图 5-40 红框中就显示了 GPS 错误代码，从图中可以看出，先后 3 个时间点出现了 GPS 故障，但是故障很快就消除了。

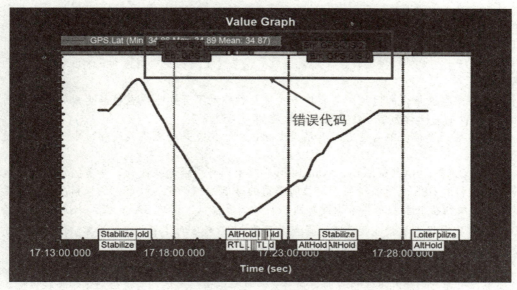

图 5-40 错误代码

子系统 GPS 故障保护的错误代码也是两个，分别是 ECode 1 和 ECode 0。ECode 1 表示 GPS 断开锁定至少 5 s；ECode 0 表示 GPS 恢复锁定。

◎【拓展阅读】

GPS 定位中的误差来源

GPS 定位中的误差来源大体可分为 3 类，即空间段引起的误差、环境段引起的误差和用户段引起的误差（图 5-41）。

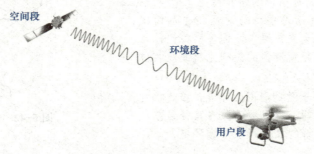

图 5-41 误差来源

1. 空间段引起的误差

空间段引起的误差和卫星有关，包括星历误差、卫星钟差、相对论效应、信号在卫星内的时延、卫星天线相位中心偏差和 SA 误差。

（1）星历误差。星历误差是指卫星星历求出的卫星位置和速度与卫星的实际位置和速度的差。星历误差的大小主要取决于卫星定轨系统的质量，如定轨站的数量及其地理分布、观察值的数量及精度、定轨软件的完善程度等。另外，与星历的外推时间间隔（实测星历的外推时间间隔可视为零）也有直接关系。

（2）卫星钟差。卫星钟差是指 GPS 卫星上原子钟的钟面时与 GPS 标准时间的差别。为了保证时钟的精度，GPS 卫星均采用高精度的原子钟，但它们与 GPS 标准时之间存在由钟差、频偏、频漂等产生的误差，也包含钟的随机误差。这些偏差的总量均在 1 ms 以内，由此引起的等效距离误差约可达 300 km。

（3）相对论效应。由于卫星钟和接收机钟所处的状态（运动速度和重力位）不同而引起两台钟之间产生相对钟误差的现象。相对论效应误差对测码伪距观测值和载波相位观测值的影响是相同的。

（4）信号在卫星内的时延。测距信号在卫星钟驱动下开始生成至信号生成并离开发射天线相位中心间的时间称为信号在卫星内的时延。

（5）卫星天线相位中心偏差。卫星天线相位中心偏差是指卫星天线相位中心与卫星质心之间的偏差。

（6）SA 误差。SA（Selective Availability）政策即可用性选择政策，是美国军方为了限制非特许用户利用 GPS 进行高精度点定位而采用的降低系统精度的政策。它包括降低广播星历精度的 ε 技术和在卫星基本频率上附加随机抖动的 δ 技术。实施 SA 技术后，SA 误差已经成为影响 GPS 定位误差的最主要因素。虽然美国在 2000 年 5 月 1 日将 SA 关掉，但是战时或者必要时，美国仍可能恢复或采用类似的干扰技术。

2. 环境段引起的误差

环境段引起的误差和卫星信号的传播有关，包括电离层延迟、对流层延迟、多径效应。

（1）电离层延迟。60～1 000 km 的大气层在紫外线、X 射线、γ 射线和高能粒子作用下，该区域内的气体分子和原子产生电离，形成自由电子和正离子，影响无线电信号的传播，使传播速度发生变化，传播路径产生弯曲，从而产生电离层延迟。

（2）对流层延迟。对流层是高度在 50 km 以下的大气层，这一区域的大气折射率取决于气温、气压和相对湿度等因子，信号的传播路径也会产生弯曲。由于上述原因，距离测量值产生的系统性偏差成为对流层延迟。对流层延迟对测码伪距和载波相位观测值的影响是相同的。

（3）多径效应。GPS 信号通过反射、直射和散射等传播途径建立无线链路，使得 GPS 接收机收到从各个不同方向、不同的延迟时间到达的 GPS 信号（图 5-42）。不同相位的多个信号在接收端叠加，有时同相叠加而增强，有时反相叠加而减弱。这将使测量值产生系统误差，即多路径误差。多路径误差对测码伪距观测值的影响比对载波相位观测值的影响大得多。

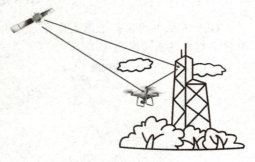

图 5-42　多径传播

多路径误差取决于测站周围的环境、接收机的性能及观测时间的长短。所以要消除多路径误差，就需要使用一个性能好的 RTK，在周围环境开阔、无水面的地方测量。

3. 用户段引起的误差

用户段引起的误差和接收机有关，主要包括接收机钟差、接收机位置误差、接收机测量噪声、接收机天线相位中心偏差、信号在接收机内的时延。

（1）接收机钟差。与卫星钟一样，接收机钟也有误差。而且由于接收机中大多采用石英钟，因而其钟误差较卫星钟更为显著。该误差主要取决于钟的质量，与使用时的环境也有一定关系。接收机钟差对测码伪距和载波相位观测值的影响是相同的。

（2）接收机位置误差。在授时和定轨时，接收机的位置通常被认为是已知的，其误差将使授时和定轨的结果产生误差，即接收机的位置误差。接收机的位置误差对测码伪距和载波相位观测值的影响是相同的。

（3）接收机测量噪声。接收机进行 GPS 测量时，仪器设备及外界环境影响会引起随机测量误差，即接收机测量噪声。测量噪声取决于仪器性能及作业环境的优劣。一般来说，测量噪声的值远小于上述各种偏差值。观测足够长的时间后，测量噪声的影响通常可以忽略不计。

（4）接收机天线相位中心偏差。接收机天线相位中心与天线参考点之间的差异称为接收机天线相位中心偏差。

（5）信号在接收机内的时延。卫星测距信号在到达接收机天线相位中心后还需要花费时间来进行信号的放大、滤波及各种处理后，才能进入码相关器与来自接收机的复制码进行相关处理以获得测码伪距观测值。同样在接收机钟信号的驱动下开始生成复制码至复制码生成并最终进入相关器进行相关处理也需要花费一段时间。

【巩固提高】

1. 测站接收机产生一个与卫星伪随机码结构和初相都相同的基准信号，当接收机接收到卫星发射的 C/A 码信号后，将基准信号时延 τ 与接收信号对齐，该时延即卫星信号传播的时间。然而在实际计算中，进行两信号比对的长度为 1 ms（1 023 个码元），在极端情况下，基准信号延迟 1 ms（CA 码周期）即可保证信号对齐，此时 $\tau \leqslant 1$ ms，这时计算出的卫星至接收机的距离不会超过 300 km，而 GPS 卫星高度一般为 20 000 km，说明我们的时延计算有误，那错哪儿了呢？

2. 若伪距测量均方差为 ± 4 m，PDOP=5，VDOP=4，HDOP=3，则伪距单点定位三维空间定位精度、高程方向定位精度、水平方向定位精度各为多少？

3. 绝对定位可细分为哪些类型？

任务三　相对定位工作原理及设置方法

【任务引入】

现需要利用无人机测绘对某块果林进行面积测量，果林位置偏僻，且手机 4G 信号微弱，要求无人机导航定位精度达到厘米级。

【任务分析】

根据前面所学内容，无人机卫星导航绝对定位的精度达不到厘米级，只能使用相对定位来提高导航定位精度。在相对定位中，载波相位差分定位方法应用最为广泛，在无人机执照考试、房地一体测量、大场景三维建模等领域发挥着巨大的作用。

熟悉相对定位工作原理，才能掌握无人机卫星导航相对定位设备的安装及使用方法。

【相关知识】

在绝对定位中,由于来自空间段、环境段和用户段误差的影响,其定位精度不高,即使可以通过一些方法对这些误差进行处理,但绝对定位的精度仍不能满足精密定位测量的需要。为了进一步消除或减弱这些误差的影响、提高定位精度,一般采用相对定位方法。

相对定位是至少用两台 GPS 接收机,各自安置在基线的两端,同步观测相同的 GPS 卫星,以确定基线两端点处接收机天线之间的相对位置和基线向量。在相对定位中,需要多个测站中至少一个测站的坐标值作为基准,利用观测的基线向量求解出其他各站点的坐标值。它是目前 GPS 定位中精度最高的一种定位方法,广泛应用于精密导航、大地测量、精密工程测量、地球动力学研究等(图 5-43)。

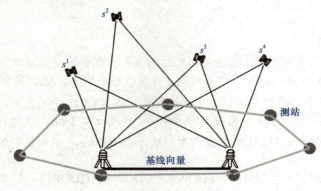

图 5-43　GPS 相对定位

在相对定位中,两个或多个观测站同步观测同组卫星的情况下,卫星的轨道误差、卫星钟差、接收机钟差及大气层延迟误差,对观测量的影响具有一定的相关性。将这些观测量进行不同组合,按照观测站、卫星、历元 3 种要素来求差,可以大大削弱误差的影响,从而提高定位精度。

根据定位过程中接收机所处状态的不同,可将相对定位分为静态相对定位和动态相对定位(图 5-44)。

图 5-44　相对定位分类

一、静态相对定位

静态相对定位是指用两台接收机分别安置在基线的两个端点,其位置静止不动,同步观测 4 颗以上相同的卫星,解算基线向量,从而确定两个端点在协议地球坐标系中的相对位置的方法。

静态相对定位一般采用测相伪距观测值作为基本观测量。为了可靠地确定载波相位的整周未知数,一般需要 1～3 h 的观测时间,对于中等长度的基线(100～500 km),其

精度可达 $10^{-6} \sim 10^{-7}$ 量级，是当前 GPS 定位中精度最高的一种方法。

在测相伪距观测中，首要问题是如何快速而精确地确定整周未知数。在确定好整周未知数后，随着观测时间的加长，相对定位的精度不会显著提高。因此，提高定位效率的关键在于快速而可靠地确定整周未知数。

由于当距离不太远的两个测站同步观测相同卫星时，GPS 的各种观测误差具有较强的相关性，所以一种简单而有效的消除或减弱误差的方法是将 GPS 的各种观测量进行不同的线性组合，然后作为相对定位的相关观测量。这样做的好处是能消除或减弱一些系统性误差的影响，如卫星轨道误差、钟差、大气折射误差等，同时，也能减少平差计算中未知数的个数。

1. 基本观测量

假设安置在基线端点的接收机 T_1 和 T_2，在历元 t_1 和 t_2，对 GPS 卫星 S^j 和 S^k 进行了同步观测，分别得到载波相位观测量：$\varphi_1^j(t_1)$、$\varphi_1^j(t_2)$、$\varphi_1^k(t_1)$、$\varphi_1^k(t_2)$、$\varphi_2^j(t_1)$、$\varphi_2^j(t_2)$、$\varphi_2^k(t_1)$、$\varphi_2^k(t_2)$。取符号 $\Delta\varphi^j(t)$、$\Delta\varphi_i(t)$、$\delta\varphi_i^j(t)$ 分别表示不同接收机之间、不同卫星之间和不同历元之间的观测量之差，则有

$$\begin{cases} \Delta\varphi^j(t) = \varphi_2^j(t) - \varphi_1^j(t) \\ \Delta\varphi_i(t) = \varphi_i^k(t) - \varphi_i^j(t) \\ \delta\varphi_i^j(t) = \varphi_i^j(t_2) - \varphi_i^j(t_1) \end{cases} \quad (5-11)$$

接收机观测卫星的载波相位观测量的表达式为 $\varphi_i^j(t) = \dfrac{f}{c}[\rho_i^j(t) - \delta\rho_{i\text{trop}}^j(t) - \delta\rho_{i\text{ion}}^j(t)] + f\delta t_i(t) - f\delta t^j(t) + N_i^j(t_0)$。

2. 线性组合

目前普遍采用的线性组合形式有单差、双差和三差 3 种。

（1）单差观测方程。单差即在不同观测站，同步观测相同卫星所得观测量之差（图 5-45）。其可表示为

$$\Delta\varphi^j(t) = \varphi_2^j(t) - \varphi_1^j(t)$$
$$= \dfrac{f}{c}[\rho_2^j(t) - \rho_1^j(t)] + \dfrac{f}{c}[\delta\rho_{1\text{trop}}^j(t) - \delta\rho_{2\text{trop}}^j(t)] + \dfrac{f}{c}[\delta\rho_{1\text{ion}}^j(t) - \delta\rho_{2\text{ion}}^j(t)] + f[\delta t_2(t) - \delta t_1(t)] + N_2^j(t_0) - N_1^j(t_0) \quad (5-12)$$

若取符号：
$$\begin{cases} \Delta t(t) = \delta t_2(t) - \delta t_1(t) \\ \Delta N^j = N_2^j(t_0) - N_1^j(t_0) \\ \Delta\rho_{\text{trop}}^j(t) = \delta\rho_{2\text{trop}}^j(t) - \delta\rho_{1\text{trop}}^j(t) \\ \Delta\rho_{\text{ion}}^j(t) = \delta\rho_{2\text{ion}}^j(t) - \delta\rho_{1\text{ion}}^j(t) \end{cases}$$

则单差方程可写为

$$\Delta\varphi^j(t) = \dfrac{f}{c}[\rho_2^j(t) - \rho_1^j(t)] - \dfrac{f}{c}[\Delta\rho_{\text{trop}}^j(t) + \Delta\rho_{\text{ion}}^j(t)] + f\Delta t(t) + \Delta N^j \quad (5-13)$$

由式（5-13）可以看出，卫星钟差的影响已经消除，这是单差模型的优点。两观测站接收机的相对钟差，对同一历元两站接收机同步观测量所有单差的影响均为常量。而卫星轨道误差和大气折射误差，对两站同步观测结果的影响具有相关性，其对单差的影响明显减弱。

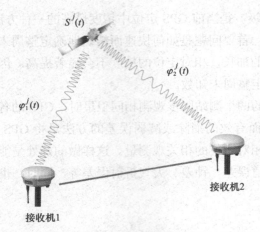

图 5-45 单差示意

如果对流层对独立观测量的影响已经根据实测大气资料利用模型进行了修正；电离层的影响也利用模型或双频接收机进行了修正，则载波相位观测方程中相应项，只是表示修正后的残差对相位观测量的影响。这些残差的影响在单差后会进一步减弱。

另外采用单差法，能使观测方程比独立观测时要少一半。

（2）双差观测方程。双差即在不同观测站，同步观测同一组卫星，所得单差之差（图 5-46）。其可表示为

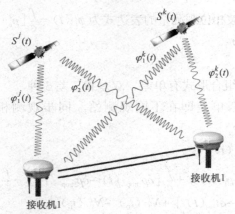

图 5-46 双差示意

$$\nabla\Delta\varphi^k(t) = \Delta\varphi^k(t) - \Delta\varphi^j(t) \qquad (5-14)$$

若忽略大气折射残差的影响，可得双差观测方程：

$$\nabla\Delta\varphi^k(t) = \frac{f}{c}[\rho_2^k(t) - \rho_2^j(t) - \rho_1^k(t) + \rho_1^j(t)] + \Delta N^k - \Delta N^j \qquad (5-15)$$

由式（5-15）可以看出，双差模型消除了接收机钟差的影响。另外，双差观测的必要历元数只与同步观测的卫星数有关，与观测站的数量无关。为了解算观测站的坐标未知数和载波相位的整周未知数，在两个或多个观测站同步观测 4 颗卫星时，必须至少观测两个历元。双差观测方程的缺点是可能组成的双差观测方程数进一步减少。如两个观测站，两个历元，同步观测 4 颗卫星，独立观测量方程总数为 16，双差观测方程仅为 6 个。

（3）三差观测方程。三差是在不同历元，同步观测同一组卫星，在双差的基础上进一步做差。其可表示为

$$\delta\nabla\Delta\varphi^k(t) = \nabla\Delta\varphi^k(t_2) - \nabla\Delta\varphi^k(t_1) \tag{5-16}$$

将式（5-15）代入式（5-16）中可得

$$\delta\nabla\Delta\varphi^k(t) = \frac{f}{c}[\rho_2^k(t_2) - \rho_2^j(t_2) - \rho_1^k(t_2) + \rho_1^j(t_2)] - \frac{f}{c}[\rho_2^k(t_1) - \rho_2^j(t_1) - \rho_1^k(t_1) + \rho_1^j(t_1)] \tag{5-17}$$

由式（5-17）可以看出，三差模型消除了整周未知数的影响，但使观测方程的数量进一步减少，这会对未知参数的解算可能产生不利影响。在实际定位中，一般采用双差模型加平差模型来求解未知参数。

二、动态相对定位

动态相对定位是指将一台接收机安置在基准站上固定不动，基准站在协议地球坐标系中的坐标已知；另一台接收机安置在运动载体上，两台接收机同步观测相同卫星，以确定载体相对基准站的瞬时位置（图 5-47）。

动态相对定位过程中存在 3 类误差。第一类是每个用户接收机公有的，包括卫星钟差、星历误差等；第二类是不能由用户测量或由校正模型计算的传播延迟误差，包括电离层误差、对流层误差；第三类是各用户接收机固有误差，包括内部噪声、通道延迟、多路径效应等。动态相对定位可以完全消除第一类误差，第二类可以大部分消除，主要取决于基准接收机和用户接收机的距离，第三类误差则无法消除。

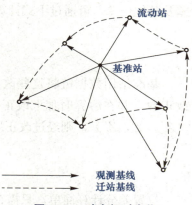

图 5-47 动态相对定位

动态相对定位根据采用的观测量不同，可分为以测码伪距为观测量和以测相伪距为观测量的动态相对定位。

测码伪距动态相对定位，目前实时定位精度为米级。以相对定位原理为基础的实时差分 GPS 可有效减弱卫星轨道误差、钟差、大气折射误差及 SA 政策的影响，定位精度远高于测码伪距动态绝对定位。

测相伪距动态相对定位是以预先初始化或动态解算载波相位整周未知数为基础的一种高精度动态相对定位法，目前在较小范围内（小于 20 km），定位精度可达 1～2 cm。

动态相对定位根据数据处理方式不同，还可分为实时处理和后处理。实时处理要求在观测过程中实时地获得定位结果，无须存储观测数据，但在流动站和基准站之间必须实时地传输观测数据或观测量的修正数据。这对于无人机的导航、监测与管理具有重要的意义。

数据后处理要求在观测过程结束后，通过数据处理获得定位结果。这种处理方式可以对观测数据进行详细分析，易于发现粗差，不需要实时传输数据，但需要存储观测数据，主要用于基线较长，不需实时获得定位结果的测量工作。

由于建立和维持一个数据实时传输系统，不仅技术复杂，花费较大，还要考虑设备的

续航能力、可覆盖范围、可靠性等因素，一般均采用后处理方式。

由于动态相对定位中，数据处理本质上是通过求差处理，以达到消除或减少相关误差的影响，从而提高定位精度，因此 GPS 动态相对定位通常又称为 GPS 差分定位。

按照提供修正数据的基准站数量的不同，差分定位可分为单基准站差分和多基准站差分。而多基准站差分又包括局部区域差分、广域差分和多基准站 RTK 技术。

1. 单基准站 GPS 差分

根据基准站所发送的修正数据类型的不同，单基准站 GPS 差分可分为位置差分、伪距差分和载波相位差分。

（1）位置差分。位置差分的基本原理是计算基准站的精密坐标与观测坐标的改正数，然后用改正数去修正流动站的位置，以求得比较精确的流动站位置坐标。

基准站的精密坐标一般通过大地测量或 GPS 静态定位方法精密测定得到，是已知的，设为 (X_0, Y_0, Z_0)。在基准站上的 GPS 接收机通过观测卫星测得的坐标值为 (X, Y, Z)，该坐标测定值包含卫星轨道误差、卫星钟差、接收机钟差、传播延迟误差、多路径效应误差及其他误差。可通过下式计算基准站的坐标改正数：

$$\begin{cases} \Delta X = X_0 - X \\ \Delta Y = Y_0 - Y \\ \Delta Z = Z_0 - Z \end{cases} \tag{5-18}$$

基准站用数据链将这些改正数发送出去，流动站用户接收机用数据链实时接收这些改正数，并在解算时加上改正数。设流动站通过用户接收机观测卫星测得的位置坐标为 (X_i', Y_i', Z_i')，则经过改正后的精确坐标为

$$\begin{cases} X_i = X_i' - \Delta X \\ Y_i = Y_i' - \Delta Y \\ Z_i = Z_i' - \Delta Z \end{cases} \tag{5-19}$$

位置差分计算简单，只需在解算后的坐标中加改正数即可，对 GPS 接收机要求不高，适用各种型号接收机，且基准接收机只需向动态用户发送 3 个改正数，易于实施数据传输。该方法能消去基准站和用户站共同的误差。但是该方法要求基准站与流动站能够同时观测同一组卫星，这在距离较长时难以满足。随着站间距离的加长，动态用户的位置测量精度逐渐降低，仅适用于用户与基准站间距离在 100 km 以内的情况。

（2）伪距差分。伪距差分的基本原理是根据基准站精确坐标和导航电文中的卫星坐标，求出卫星至基准站的真实距离，计算伪距改正数及其变化率；流动站根据伪距改正数及其变化率求出改正后的伪距，从而消除或减弱公共误差的影响，以求得比较精确的流动站坐标位置。

设基准站的已知坐标为 (X_0, Y_0, Z_0)。基准站 GPS 接收机根据导航电文中的星历参数，可得到卫星在协议地球坐标系中的坐标值 (X^j, Y^j, Z^j)，这样就可以求出卫星每一时刻到基准站的真实距离：

$$r_0^j = \sqrt{(X^j - X_0)^2 + (Y^j - Y_0)^2 + (Z^j - Z_0)^2} \tag{5-20}$$

而基准站上的 GPS 接收机通过观测卫星可得卫星至基准站的伪距 ρ_0^j，其中含有多种误差。由此可得伪距改正数和伪距变化率：

$$\begin{cases} \Delta\rho_0^j = r_0^j - \rho_0^j \\ \mathrm{d}\rho_0^j = \dfrac{\Delta\rho_0^j}{\Delta t} \end{cases} \tag{5-21}$$

基准站将伪距改正数和伪距变化率发送给流动站,流动站在测出的伪距上加上改正数,便可求出经改正后的伪距:

$$\rho_i^{\prime j}(t) = \rho_i^j(t) + \Delta\rho_0^j(t) + \mathrm{d}\rho_0^j(t-t_0) \tag{5-22}$$

然后,可按下式计算流动站坐标(X_i, Y_i, Z_i):

$$\rho_i^{\prime j}(t) = \sqrt{[X^j(t)-X_i(t)]^2 + [Y^j(t)-Y_i(t)]^2 + [Z^j(t)-Z_i(t)]^2} + c\delta t(t) + V_i \tag{5-23}$$

式中,$\delta t(t)$为流动站 GPS 接收机钟差,V_i为流动站 GPS 接收机噪声。

基准站发送的数据是所有在视卫星的伪距改正数,动态接收机只需选用其中 4 颗以上卫星的伪距改正值就可以完成定位,定位精度可达到亚米级。由于流动站 GPS 接收机计算出的伪距同伪距改正数中的钟差相互抵消,该方法能消除 GPS 卫星时钟偏差,也能够显著减小甚至消除电离层、对流层效应和星历误差带来的精度损失。但是,随着流动站和基准站距离的增加,系统误差将增大,定位精度会随基准站到用户的距离增加而降低,因此,该方法的基线长度也不宜过长。

(3) 载波相位差分。载波相位差分的基本原理是由基准站通过数据链实时地将其载波相位观测值及基准站坐标信息一同发送到移动站,并与移动站的载波相位观测量进行差分处理,实时地给出移动站的精确坐标。

载波相位差分定位可分为测相伪距修正法和载波相位求差法两类。

1) 测相伪距修正法。测相伪距修正法和测码伪距差分法类似,只不过观测量变成载波相位了,其基本思想是基准站通过观测卫星求出测相伪距改正数,然后发给流动站用户接收机,用户接收机再利用测相伪距改正数去修正观测得到的测相伪距,从而获得比较精确的伪距,再在此基础上解算流动站的位置。

在载波相位测量中,通过观测卫星,可得卫星至接收机的相位差:

$$\varphi_i^j = N_i^j(t_0) + N_i^j(t-t_0) + \delta\varphi_i^j \tag{5-24}$$

式中,$N_i^j(t_0)$为初始整周数,$N_i^j(t-t_0)$为 t_0 至时间间隔内变化的整周数,$\delta\varphi_i^j$为不足一周的相位差。

将式 (5-24) 乘以载波波长,就可以得到卫星至接收机的距离:

$$\rho_i^j = \lambda[N_i^j(t_0) + N_i^j(t-t_0) + \delta\varphi_i^j] \tag{5-25}$$

在基准站利用已知的精确坐标 (X_0, Y_0, Z_0) 和卫星星历计算出卫星 S^j 的坐标 (X^j, Y^j, Z^j),即可求得基准站至卫星之间的真实距离 r_0^j,则测量得到的伪距可表示为

$$\rho_0^j = r_0^j + c[\delta t_0 - \delta t^j] + \delta I_0^j + \delta T_0^j + \delta M_0 + V_0 \tag{5-26}$$

式中,δt_0 和 δt^j 分别为基准站接收机和卫星的钟差,δI_0^j 和 δT_0^j 分别为电离层和对流层延迟误差,δM_0 和 V_0 为多路径效应和基准站接收机噪声引起的误差。

则求出的伪距改正数为

$$\delta\rho_0^j = \rho_0^j - r_0^j = c[\delta t_0 - \delta t^j] + \delta I_0^j + \delta T_0^j + \delta M_0 + V_0 \tag{5-27}$$

流动站可利用基准站发过来的伪距改正数对测相伪距观测值修正,即

$$\rho_i^j - \delta\rho_0^j = r_i^j + c[\delta t_i - \delta t_0] + (\delta I_i^j - \delta I_0^j) + (\delta T_i^j - \delta T_0^j) + (\delta M_i - \delta M_0) + (V_i - V_0) \quad (5-28)$$

当基准站和移动站之间的距离小于 30 km 时，则基准站和移动站观测的电离层与对流层延迟可认为相同，式（5-28）可进一步化简为

$$\rho_i^j - \delta\rho_0^j = r_i^j + \Delta\delta\rho \quad (5-29)$$

式中，$\Delta\delta\rho = c[\delta t_i - \delta t_0] + (\delta M_i - \delta M_0) + (V_i - V_0)$。

这样，只要基准站和移动站同步观测 4 颗以上卫星，且保证在整个测量过程中，卫星不失锁，即可求解移动站的精确坐标位置。

2）载波相位求差法。载波相位求差法也称 RTK GPS 技术，它是指将基准站观测的载波相位观测值实时地发给用户观测站，在用户站对载波相位观测值求差。这种方法和静态相对定位的单差、双差和三差解算模型很类似。

RTK 是载波相位动态实时差分（Real-Time Kinematic）方法的缩写。RTK 由基准站、流动站组成（图 5-48）。基准站由基准站 GPS 接收机和基准站电台组成，基准站 GPS 接收机通过串口基准站观测的伪距和载波相位观测值传给基准站电台，电台再将观测值发射出去；流动站由流动站 GPS 接收机和流动站电台组成，流动站 GPS 接收机能够观测伪距和载波相位观测值，并通过电台接收基准站的坐标、伪距、载波相位观测值，并能够差分处理基准站和流动站的载波相位观测值。

图 5-48　基准站和流动站

RTK 使用载波相位差分观测值，实时进行动态定位，其定位原理为在测区中部选择一个已知坐标的控制点作为基准站，安置一台 GPS 接收机，连续跟踪所有可见卫星，并实时地将测量的载波相位观测值、伪距观测值、基准站坐标等用无线电传送出去；流动站接收机先静态观测若干历元，并接收基准站发送的载波相位观测量，采用静态观测程序，求出整周模糊度，这一过程也称流动站接收机初始化阶段；用户接收机通过无线电接收基准站发射的信息，将整周模糊度代入双差方程，并将载波相位观测值实时进行差分处理，观测 3 颗以上卫星便可得到基准站和流动站坐标差（ΔX，ΔY，ΔZ）；坐标差加上基准站坐标得到流动站每个点的 WGS-84 坐标，利用已获得的坐标转换参数，将用户站的坐标转换到当地的空间直角坐标系（图 5-49、图 5-50）。

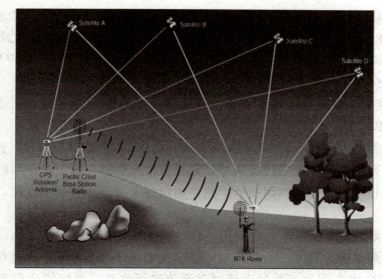

图 5-49 RTK 定位示意

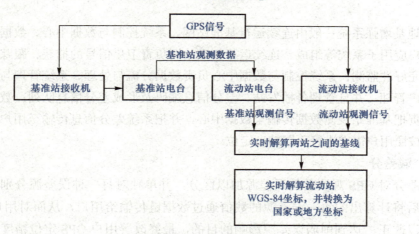

图 5-50 RTK 定位过程

RTK 通过基准站和移动站得到实时差分数据，从而可以实时解算出待测点坐标，测量一个点的时间一般只要几秒，且其定位精度一般为 $\pm(10\ \text{mm}+10^{-6}\times D)$，因此，对于平均边长 $D=2$ km 的四等平面控制网来说，RTK 的定位精度可以达到 1～2 cm。正是由于 RTK 技术使定位精度、作业效率、实时性达到最佳的融合，它广泛应用于地形测量、工程放样、地籍测量等场合。

RTK 技术也同样受到基准站至用户距离的限制，为解决此问题，就需用到局部区域差分和广域差分技术。通常把一般差分定位系统叫作 DGPS，局部区域差分定位系统叫作 LADGPS，广域差分系统叫作 WADGPS。

2. 局部区域差分

在区域中布设一个差分 GPS 网，该网由若干个差分 GPS 基准站组成，通常包含一个或数个监控站。区域内的用户接收多个基准站所提供的改正信息，然后经过平差后求得自己的改正数。这种差分 GPS 定位系统称为局部区域差分 GPS 系统，简称 LADGPS。

局部区域差分 GPS 技术通常采用加权平均法或最小方差法对来自多个基准站的改正信息（坐标改正数或距离改正数）进行平差计算，以求得自己的坐标改正数或距离改正数。该系统有多个基准站，每个基准站与用户之间均有无线电数据通信链。用户与基准站之间的距离一般在 500 km 以内才能获得较好的精度。

局部区域差分的优点是精度和可靠性有所提高；缺点是所需的基准站个数多，且有些地方不能布设基准站。

地基增强系统是一种完善的局域差分系统，它要满足精度、完好性、连续性和可用性等方面一系列严格要求，通过提供差分修正信号，可以提高卫星导航的精度。该系统是卫星定位技术、计算机网络技术、数字通信技术等高新科技多方位、深度结晶的产物。

地基增强系统主要服务于地面应用，在地面上基站布设相对广而密，因此可以直接使用简单的局域差分技术。通过在地面建立参考站，再通过网络或电台向外实时发送改正数，用户接收到改正数后直接对观测值进行改正，最终能达到厘米级的定位精度。

GPS 地基增强系统一般由连续运行基准站网、系统控制与数据中心、数据通信网络子系统及用户应用子系统等组成。连续运行基准站网负责卫星信号的捕获、跟踪、采集、传输及设备完好性监测；系统控制与数据中心负责数据分流与处理、系统管理与维护、服务生成与用户管理，并且管理各播发站、差分信息编码及形成差分信息队列；数据通信网络子系统负责把基准站观测数据传输至数据中心，并把系统差分信息传输至用户；用户应用子系统则按照用户需求进行不同精度定位。

3. 广域差分

广域差分对 GPS 观测量的误差源加以区分，并单独对每一种误差源分别加以"模型化"，然后将计算出的每一误差源的数值通过数据链传输给用户，从而对用户 GPS 定位的误差加以改正，达到削弱误差源影响的目的，最终改善用户 GPS 定位精度。该系统纠正误差的种类有星历误差、大气延时误差和卫星钟差。

广域差分 GPS 系统（WADGPS）的一般构成包括一个中心站、多个监测站、数据通信网络及覆盖范围内的若干用户。其工作流程如下：

（1）在已知坐标的若干监测站上，跟踪观测 GPS 卫星的伪距、相位等信息。

（2）将监测站上测得的伪距、相位和电离层延时的双频量测结果全部传输到中心站。

（3）中心站在区域精密定轨计算的基础上，计算出三项误差改正模型，并将这些误差改正模型用数据通信链传输到用户站。

（4）用户站利用这些误差改正模型信息改正自己观测到的伪距、相位和星历等，计算出高精度的 GPS 定位结果。

星基增强系统（SBAS）是一种广域差分系统，通过地球静止轨道（GEO）卫星搭载卫星导航增强信号转发器，可以向用户播发星历误差、卫星钟差、电离层延迟等多种修正信息，实现对于原有卫星导航系统定位精度的改进（图 5-51）。

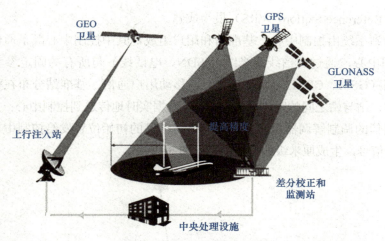

图 5-51 SBAS 工作原理

星基增强系统能够弥补地基增强系统的不足,解决因地域限制而出现通信能力限制的问题。这是因为空中与海上无法建立连续运行参考站(CORS)作为基准站,无法使用地面上的局域差分技术。因此,只能通过广域差分技术将定位误差中的各个部分(星历误差、大气延迟等)通过模型计算出来,再以卫星信号的形式将这些修正信息发送给用户,最后用户根据修正信息并结合具体位置来计算出各个误差并对观测值进行改正。这使星基增强系统在航空、航海应用上更具优势。

关于星基增强系统,国内有 RTK 厂商在做。如"中国精度"(Atlas)作为国内首个星基增强服务系统,由合众思壮公司在 2013 年 11 月首先提出,并且于 2015 年正式对全球用户提供商业服务。后来的中海达也推出了"全球精度(Hi-RTP)"星基增强服务。而千寻位置更加"激进的"星地一体"天音计划",把星基增强+地基增强融合在一起,为用户提供高精度、高可靠性、实时无缝的时空服务。

广域差分 GPS 技术区分误差的目的就是最大限度地降低监测站与用户站间定位误差的时空相关性,克服 LADGPS 对时空的强依赖性,改善和提高 LADGPS 中实时差分定位的精度。与 LADGPS 相比,WADGPS 有如下特点:

(1)定位精度对空间距离的敏感程度比 LADGPS 低得多。

(2)在大区域内建立 WADGPS 网,需要的监测站数量少,投资自然少,比 LADGPS 具有更大的经济效益。

(3)WADGPS 系统是一个定位精度均匀分布的系统,覆盖范围内任意地区定位精度相当,而且定位精度较 LADGPS 高。

(4)覆盖区域可以扩展 LADGPS 不易作用的区域。

(5)硬件设备及通信工具昂贵,软件技术复杂,运行和维持费用较高,可靠性与安全性可能不如单个 LADGPS。

4. 多基准站 RTK

多基准站 RTK 也称网络 RTK,是对普通 RTK 方法的改进。目前,应用于网络 RTK 数据处理的方法有虚拟参考站法、偏导数法、线性内插法、条件平差法。其中,虚拟参考站法（Virtual Reference Station，VRS）最为成熟。

虚拟参考站系统由控制中心、基准站和用户组成，其中控制中心既是通信控制中心，也是数据处理中心，通过通信线（光缆、ISDN、电话线）与所有的固定参考站通信，并通过无线网络（GSM、CDMA、GPRS等）与移动用户通信；基准站分布在整个网络中，最少要3个站，站与站之间的距离可达70 km，数据实时地传送到控制中心；用户站的接收机加上无线通信的调制解调器，通过无线网络将自己的初始位置发给控制中心，并接收控制中心的差分信号，生成厘米级的位置信息（图5-52）。

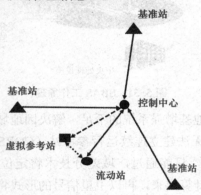

图 5-52　VRS RTK 工作原理

各基准站将所有的原始数据通过数据通信线发给控制中心；用户站在工作前，先向控制中心发送一个概略坐标；控制中心根据用户位置，由计算机自动选择最佳的一组固定基准站，并根据这些基准站发来的信息，建立区域内GPS主要误差模型，如电离层延迟、对流层延迟、卫星轨道等误差模型；控制中心让基准站的观测值减去这些误差，得到"无误差"的观测值，然后将高精度的差分信号发给移动站，这个差分信号的效果相当于在移动站旁边，生成一个虚拟参考站；移动站与虚拟参考站再进行载波相位差分改正，实现实时RTK。

由于VRS RTK的差分改正是经过多个基准站观测数据有效组合得到的，故可以有效地消除电离层延迟、对流层延迟和卫星轨道误差等因素的影响。

VRS与普通广域差分系统的区别在于普通广域差分系统是各基准站将各种误差改正数模型发送给移动用户，而VRS各基准站不直接向移动用户发送DGPS数据，而是将其发送到控制中心，后者依据用户的实时请求，经过选择和计算，向用户发送DGPS数据。

VRS相对于普通RTK的优势如下：

（1）覆盖范围广。按边长70 km计算，一个三角形可覆盖面积为2 200多 km^2。

（2）费用将大幅度降低。70 km的边长使建设GPS网络的费用大大降低，用户不用架设自己的基准站。

（3）相对传统RTK，提高了精度。在VRS网络控制范围内，精度始终为1～2 cm。

（4）可靠性提高。采用了多个参考站的联合数据，大大提高了可靠性。

（5）应用范围更广。可用于城市规划、市政建设、交通管理、机械控制、气象、环保、农业等。

■ 三、网络 RTK 基本设置

在测绘等领域，无人机的定位精度直接影响其作业质量。精灵 4 RTK 支持网络 RTK，将定位精度提升至厘米级，同时免去传统 RTK 应用中架设、标定和调校基站的复杂操作，大幅节省资金、时间及人力成本投入。无人机飞手可在 2 min 内实现一键精准飞行。这里就以精灵 4 RTK 为例说明网络 RTK 的基本设置方法。

在开始操作前，需要准备的设备和材料见表 5-3。

表 5-3 设备清单

名称	型号	样图	数量
多旋翼无人机	精灵 4 RTK		1 台
遥控器	带屏幕		1 台
电池	5 870 mA·h，15.2 V		若干

续表

名称	型号	样图	数量
无线网卡卡托	全网通		1个
SIM 卡	4G		1个
服务账号	网络 RTK 千寻 cors 服务账号 / 网络 RTK 服务账号		1个

1. 准备飞行器

将无人机从泡沫箱中取出,并移除云台锁扣;准备一对印有黑圈的螺旋桨和一对印有银圈的螺旋桨,将印有黑圈的螺旋桨安装至带有黑点的电动机桨座上,将印有银圈的螺旋桨安装到没有黑点的电动机桨座上。将桨帽嵌入电动机桨座并按压到底,沿锁紧方向旋转螺旋桨至无法继续旋转,松手后螺旋桨将弹起锁紧。

将电池推入电池舱,注意直到听到"咔"的一声,并确认上下卡扣均扣到位,以确保电池卡紧在电池舱。

2. 安装无线上网卡及 SIM 卡

在做这一步前,要确保遥控器充满电。首先从上网卡舱盖右下角的缝隙处撬起舱盖将其移除;然后取出无线上网卡,装入 SIM 卡,再接至 USB 接口;最后重新安装舱盖,为确保舱盖稳固不掉落,打开舱盖上的硅胶保护套,插入并拧紧 2 颗十字螺钉,然后扣上硅胶保护盖(图 5-53)。

图 5-53 安装网卡

3. 展开遥控器

展开遥控器显示设备并调整天线位置。

4. 无线网卡功能测试

短按一次再长按遥控器电源按键以开启遥控器,单击进入 DJI GS RTK App,进入菜单栏,在"通用设置"中进行"网络诊断",网络链路上所有设备均显示绿色,表示无线上网卡及 SIM 卡可正常使用(图 5-54、图 5-55)。

图 5-54　DJI GS RTK App 主界面

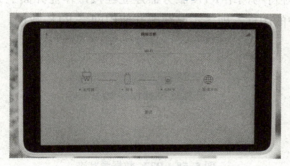

图 5-55　网络诊断

5. 激活网络 RTK 账户

单击进入 DJI GS RTK App，在"通用设置"中进行"网络诊断"，确定其网络链路的通畅性。在"通用设置"中单击"网络RTK"按钮可购买、激活第三方网络 RTK 服务，或查看服务的有效期（图 5-56）。

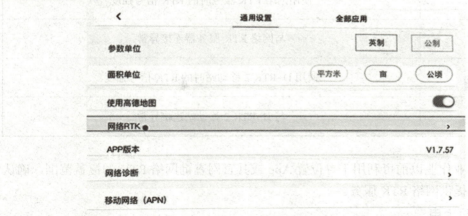

图 5-56　通用设置界面

购买精灵 4 RTK 无人机后，DJI 会向用户赠送指定的网络 RTK 套餐，在有效期内无须购买，按照上述步骤获取并激活此赠送套餐即可。如果套餐过期，需要自行购买。当自己使用账号接入第三方网络 RTK 或国家 CORS 基站网时，可选择"自定义网络 RTK"，设定服务器与端口，输入账号、密码，然后就可以连接服务器，请求服务（图 5-57）。

图 5-57　网络 RTK 购买界面

激活后，就可以等待与网络 RTK 服务器建立连接，作业界面上方的 RTK 状态图标显示为图 5-58 第一行中的图标，即表示已获取并使用网络 RTK 数据。

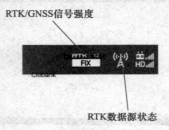

图 5-58　RTK 数据源状态

RTK 数据源状态图标含义见表 5-4。

表 5-4　RTK 数据源状态图标含义

图标	含义
((•))A	使用网络 RTK 服务时的 RTK 信号强度
((•))A×	与网络 RTK 服务器连接异常
🛆 ᵢₗₗ	使用 D-RTK 2 移动站时的 RTK 信号强度
🛆⚠	与 D-RTK 2 移动站连接异常

注意：外业作业以前可利用千寻位置 App 或其官网查询网络 RTK 的覆盖范围，确认测区是否可以提供网络 RTK 服务。

6. 无人机上电

短按电池电源开关 1 次，再长按电源开关 2 s 以上，即可开启电池。电池开启时，电源指示灯为绿灯常亮，电量指示灯显示当前电池电量，一定要确保电池满电。

7. 进入用户执行页面

单击主界面左下角"飞行"选项，进入用户执行界面（图 5-59）。

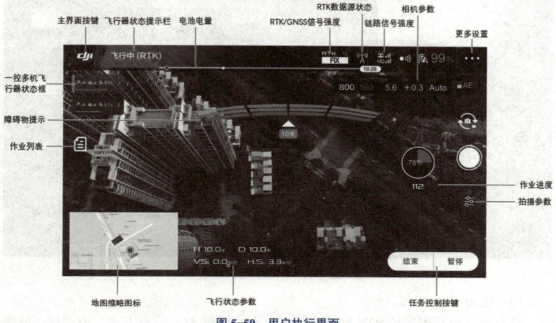

图 5-59　用户执行界面

8. 进入设置页面

单击用户执行界面右上角"…"图标进入飞行器参数设置页面（图 5-60）。

图 5-60　飞行器参数设置页面

9. 打开 RTK 模块

选择"设置页面"左侧"RTK"选项，打开"RTK 模块"（图 5-61）。

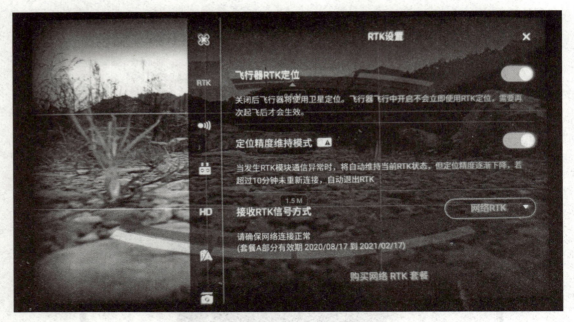

图 5-61 RTK 设置页面

10．连接网络 RTK

当使用遥控器绑定的 RTK 网络账号时，在"接收 RTK 信号方式"中选择"网络 RTK"。连接网络 RTK 服务器成功后，遥控器执行飞行界面左上角出现提示：网络 RTK 与服务器连接成功（图 5-62）。

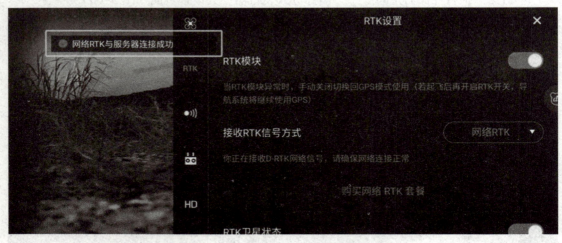

图 5-62 连接网络 RTK

11．执行作业

在作业界面中，右上方状态栏会显示 RTK 提示符号及观测卫星数量（图 5-63）。当 RTK 未初始化成功时，图标为红色；当 RTK 初始化成功（一般 30 s 之内）后，RTK 图标变为白色，并记录返航点，此时可以起飞，执行作业。RTK 状态及含义见表 5-5。

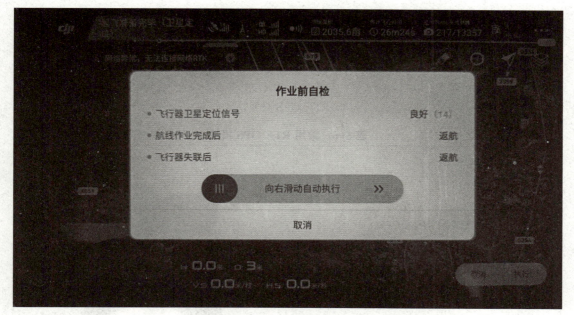

图 5-63 执行作业界面

表 5-5 RTK/GNSS 信号强度

图标		RTK 状态	模式	解释
RTK 12 FIX	NONE	RTK 开启，但未能正常工作	无定位状态	RTK 未初始化成功
	SINGLE-RTK		单点定位模式	绝对定位
	FLOAT-RTK	RTK 开启且正常工作	浮点解模式	正在解算差分数据
	FIX-RTK		固定解模式	差分数据解算完成，飞行器可以使用 RTK 定位，可以起飞
📶 12		RTK 未工作	RTK 未开启	表示当前获取的 GNSS 卫星数量及信号强度

【任务实施】

对于果林测量来说，能达到厘米级定位精度的相对定位方法中，比较实用的是网络 RTK 方法和单基站 RTK 方法，由于任务中说明了 4G 信号微弱，因此网络 RTK 方法不能用，只能采用单基站 RTK 方法。下面以装有 Pixhawk 飞控的无人机为例讲解单基站 RTK 设备的安装与使用。

1. 设备准备

（1）准备一架基于 Pixhawk 飞控的多旋翼无人机，且飞控固件为 PX4。

（2）准备好 RTK GPS 相关设备，PX4 配置 RTK 需要两个 RTK GPS 模块和一个数传，其中一个 RTK GPS 模块用作基站，另一个用作移动站。固定在地面端的 GPS 单元叫作基站

(Base)，在空中的单元叫作移动站（Rover）。基站能实时校正移动站的定位数据。基站通过 USB 连接到地面站 QGroundControl，同时使用数据传输设备将 RTCM 校正流传给无人机。在自驾仪上，MAVLink 消息包被解包得到 RTCM 的修正信息，并把这些信息发送给移动站，移动站结合修正信息最终解算得到 RTK 解。PX4 支持 u-blox M8P、u-blox F9P、Trimble MB-Two 等 RTK GPS 模块。表 5-6 列出了常用的 RTK GPS 模块。其中有的模块既可用作基站，也可用作移动站。本次任务选用 CUAV C-RTK GPS 设备。

表 5-6　常用 RTK GPS 模块

RTK GPS 模块名称	样图
CUAV C-RTK GPS	
Drotek XL RTK GPS	
Holybro H-RTK F9P GNSS	
Trimble MB-Two	
SparkFun GPS-RTK2 Board—ZED-F9P	

（3）准备一台笔记本电脑，且电脑上装有 QGroundControl 地面站。所有需要准备的设备见表 5-7。

表 5-7 设备列表

设备		样图
基站	C-RTK 9P BASE	
	多星多频蘑菇头天线	
	数传地面端	
	天线支架	
	相关线缆	
移动站	C-RTK 9P Rover	
	多星多频螺旋天线	
	MMCX-SMA 天线延长线与支架	
	数传天空端	
	相关线缆	

续表

设备		样图
无人机	机体	
	电池	
	遥控器	
笔记本计算机		

2. 设备接线

（1）RTK 移动站。按照图 5-64 将数传天空端用线缆连接至飞控的 TELEM1 接口，RTK 移动站模块连接至飞控的 SERIAL 4/5 接口和 I2C 接口。

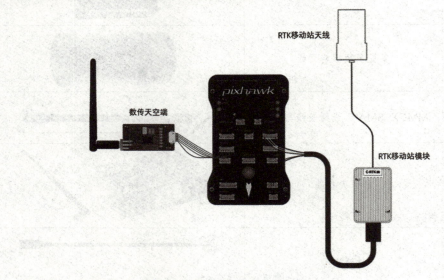

图 5-64　移动端硬件连接示意

（2）RTK 基站。在果林附近找一处周围无遮挡的开阔高地，将基站放置在一个稳定并且架高的三脚架上。基站模块通过 Type C 连接线连接至电脑 USB 接口，数传模块地面端连接到电脑的另外一个 USB 接口（图 5-65）。

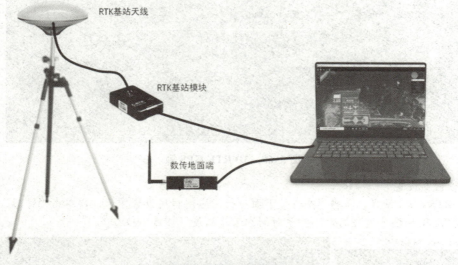

图 5-65　基站端设备连接示意

3．RTK 初始化

（1）打开 QGroundControl 地面站，由于 RTK GPS 连接是即插即用的，计算机会自动识别 RTK GPS 设备。

（2）无人机上电，并确保连接到 QGroundControl 地面站。

（3）QGroundControl 开始 RTK 初始化设置（称为勘测过程）。RTK 初始化设置可以获得基站的准确位置估计。该过程通常需要几分钟时间，在达到 RTK 设置中指定的最小时间和精度后就会结束。当连上 C-RTK GPS 设备时，地面站顶部图标栏中将显示 C-RTK GPS 状态图标。一般，可通过观察 C-RTK GPS 状态图标来跟踪进度，在 RTK 未初始化成功时，图标为红色（图 5-66），当 RTK 初始化设置完成后，图标变为白色（图 5-67），地面站也开始将位置数据传送给无人机。另外，也可单击 C-RTK GPS 状态图标来显示当前定位精度和锁定的卫星数量。

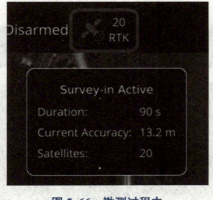

图 5-66　勘测过程中

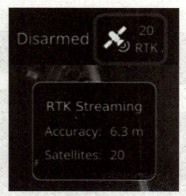

图 5-67　勘测完成

之后，无人机端 GPS 模块切换到 RTK 模式。新模式显示在正常的 GPS 状态图标中（3D RTK GPS 锁）（图 5-68）。

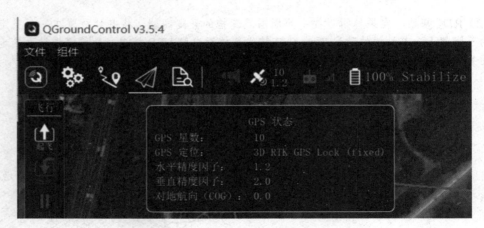

图 5-68　3D RTK GPS 锁

4. 地面站设置

(1) RTK GPS 设置。单击"文件"下面一行的应用程序设置图标，再单击"常规"按钮，指定 C-RTK GPS 设置过程的最小持续时间和最小精度（图 5-69）。

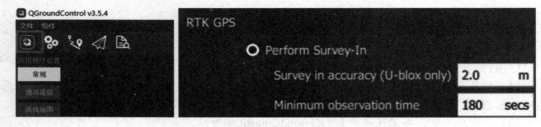

图 5-69　RTK GPS 设置

为了节省时间，也可以保存并重新使用基站位置。具体方法：进到常规设置页面，选中"Use Specified Base Position"，并单击"Save Current Base Position"按钮，复制上次勘测过程的数据，数据就会在地面站重新启动后生效。

(2) MAVLink2 设置。为了更有效地利用低带宽信道，必须使用 MAVLink2 协议，需要进行以下步骤：

首先，要将遥测模块固件更新至最新版本。具体方法：进到地面站设置页面，选择固件，再插拔和飞控连接的 USB 线就可以开始升级固件（图 5-70）。

图 5-70　升级固件

然后，要将 MAV_PROTO_VER 设置为 2。具体做法是进到载具设置页面，选择"参数"，在"参数设置"页面，将 MAV_PROTO_VER 设置为 2。

（3）调试。另外，还需要调整一些参数，因为默认参数是按照米而不是厘米的精度调整的。例如，可以将 EKF2_GPS_V_NOISE 和 EKF2_GPS_P_NOISE 都减小到 0.2。

【拓展阅读】

消除或减弱误差影响的方法

1. 模型改正法

利用模型计算出误差影响的大小，直接对观测值进行修正。这些误差改正模型既可以是通过对误差特性、机制以及产生的原因进行研究、分析、推导而建立的理论公式，也可以是通过对大量观测数据的分析、拟合而建立的经验公式，有时则是同时采用两种方法建立的综合模型。

该方法针对的误差源有相对论效应、电离层延迟、对流层延迟、卫星钟差，缺点是有些误差难以模型化。

2. 求差法

通过观测值间一定方式的相互求差，消去或削弱求差观测值所包含的相同或相似的误差影响。

例如，当两站对同一卫星进行同步观测时，观测值中都包含了共同的卫星钟差，将观测值在接收机间求差后即可消除此项误差。同样，一台接收机对多颗卫星进行同步观测时，将观测值在卫星间求差即可消除接收机的钟误差的影响。

该方法针对的误差源有接收机的钟误差、电离层延迟、对流层延迟、卫星星历误差等，缺点是空间相关性将随着测站间距离的增加而减弱。

3. 参数法

原理是采用参数估计的方法，将系统性偏差求出来。该方法对所有误差源都适用，缺点是不能同时将所有影响均作为参数来估计。

4. 回避法

有的误差，如多路径误差，既不能采用求差的方法来抵消，也难以建立改正模型。此时，最好的削弱该误差的方法就是选择合适的观测地点、选用较好的天线，尽可能不产生多路径效应。该方法对多路径效应、电磁波干扰有效，缺点是无法完全避免误差的影响，具有一定的盲目性。

【巩固提高】

1. 相对定位可以消除哪些误差？
2. 相对定位有哪些种类？各种类之间有什么不同？
3. 试给相对定位所有子类的定位精度排序。
4. 简述 RTK 的工作原理。
5. 简述精灵 4 RTK 无人机网络 RTK 的使用方法。

项目六
06 视觉导航

【知识目标】

1. 掌握光流定位工作原理。
2. 掌握双目视觉定位工作原理。

【能力目标】

1. 能进行光流传感器的安装、校准和调试。
2. 能进行双目视觉传感器的安装、标定和调试。

【素质目标】

1. 具有踏实肯干的工作作风。
2. 树立"责任保安全、技术保安全"的意识。
3. 培养团队协作能力,提高沟通表达能力。

【教学导航】

本项目主要介绍视觉传感器的性能及使用方法。

任务一 光流定位工作原理及排故方法

【任务引入】

在照明条件良好的室内,装有光流传感器的四旋翼无人机在 Loiter 模式下成功起飞,并且在起飞后的 3~5 s 内可控,然后用遥控器控制无人机偏航,无人机则加速偏移,最后撞墙坠机。

【任务分析】

四旋翼无人机在室外借助惯性导航和卫星导航设备飞行,可以实现定点悬停,室内的无人机由于接收不到卫星信号,只能依靠惯性导航,定位误差随着时间的推移会越来越大，为使无人机在室内可以实现定点悬停，一般用光流传感进行辅助。

熟悉光流传感器的工作原理和使用方法，才能掌握光流传感器的安装、调试和故障排除方法。

【相关知识】

一、什么是光流？

"光流"从字面意思上来理解是光点的流动。在用延时摄影拍摄的车水马龙的照片（图6-1）或是在夏夜拍摄的星轨照片（图6-2）中，能看见代表汽车和星星的光点的移动轨迹，这是一系列连续变化的图像在CCD/CMOS传感器上叠加在一起形成的，这些运动的光点不断地被视觉传感器检测到，就像一种光的"流"，故称为光流（Optical Flow）。

图6-1 行驶的汽车　　图6-2 星轨

根据小孔成像原理，三维空间物体的运动会转化为相机成像平面像素点的移动（图6-3）。而光流表示被拍摄物体图像的变化，所以其含有物体的运动信息，即物体运动速度的大小和方向。

光流的概念最早由 James J.Gibson 于20世纪40年代提出，是指三维空间运动物体投影在成像平面上的像素点的二维速度矢量。光流法是一种计算物体运动信息的方法，是基于图像序列中同一特征点在时间域上的变化以及相邻帧之间的相关性来找到上一帧与当前帧之间存在的对应关系。通常，将二维图像平面特定坐标点上的灰度瞬时变化率定义为光流矢量。

由光流的定义可以引申出光流场，即指图像中所有像素点构成的一种二维瞬时速度场。物体在三维真实世界中的运动可以构成运动场，其在二维平面的投

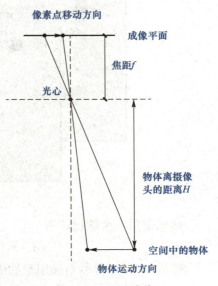

图6-3 小孔成像

影就形成光流场。光流场反映了图像上每一像素点灰度的变化趋势，其包含的信息即是各像素点的瞬时运动速度（图6-4）。

图6-4 光流场

二、光流法原理

光流法的基本原理是通过图片序列，找出每一图片中像素点的运动速度的大小和方向。

使用光流法，基于以下两个假设：

（1）亮度恒定不变，在图片序列中，与摄像头有相对运动物体所对应的像素点的亮度不会发生改变；

（2）小运动，即连续两帧图片时间间隔，不会引起目标位置的剧烈变化，相邻帧之间位移要小。

设一帧图片中某个像素点的灰度值为 $I(x, y, t)$，经过 dt 时间，在下一帧，该像素点移动到 $(x+dx, y+dy)$ 处（图6-5）。

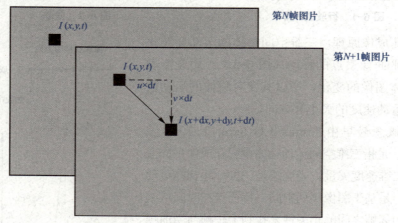

图6-5 像素点的运动

则根据第一个假设，有

$$I(x, y, t) = I(x+dx, y+dy, t+dt) \tag{6-1}$$

将式（6-1）等号右端用泰勒级数展开，可得

$$I(x, y, t) = I(x, y, t) + f_x dx + f_y dy + f_t dt \tag{6-2}$$

式中，f_x 和 f_y 分别表示灰度图在 x 方向和 y 方向上的梯度，即像素点的灰度沿 x 方向和 y 方向的偏导数；f_t 表示时间梯度，即灰度图对时间的偏导数。

化简后可得

$$f_x u + f_y v = -f_t \tag{6-3}$$

式中，$u = \dfrac{dx}{dt}$，$v = \dfrac{dy}{dt}$，u 和 v 分别表示像素点沿 x 方向和 y 方向运动的速度大小，(u, v) 也即所求的光流矢量。

式（6-3）方程中包含两个未知数，显然只通过这一个约束方程是无法求出光流矢量的，这时就需要引入其他约束条件，从不同角度引入约束条件，就形成了不同的光流法。目前，光流法一般可分为基于梯度（微分）的方法、基于匹配的方法、基于能量（频率）的方法、基于相位的方法和神经动力学方法。

这里介绍基于梯度的方法。基于梯度的方法又称为微分法，是利用时变图像灰度的时空微分（时空梯度函数）计算像素的速度矢量。典型的代表是 Lucas-Kanade（LK）算法。

LK 光流法在两个基本假设的基础上，增加了一个"空间一致"的假设，即所有的相邻像素有相似的运动，也即在目标像素点周围 $m \times m$ 的领域内，每个像素均拥有相同的光流矢量。基于该假设，利用一个 3×3 邻域中的 9 个点具有相同运动的假设便可得到 9 个光流方程，然后采用最小二乘法进行拟合求解，最终 (u, v) 的求解如下：

$$\begin{bmatrix} u \\ v \end{bmatrix} = \begin{bmatrix} \sum_{i=1}^{9} f_{xi}^2 & \sum_{i=1}^{9} f_{xi} f_{yi} \\ \sum_{i=1}^{9} f_{xi} f_{yi} & \sum_{i=1}^{9} f_{yi}^2 \end{bmatrix}^{-1} \begin{bmatrix} -\sum_{i=1}^{9} f_x f_{ti} \\ -\sum_{i=1}^{9} f_y f_{ti} \end{bmatrix} \tag{6-4}$$

得到像素点的移动速度后，还需要依靠陀螺仪和高度计将其转化为无人机的移动速度。

由此可以看出，光流法是测速算法，并不是直接定位的。简单来说，光流法就是通过检测图像中光点和暗点的移动，来判断图像中像素点相对于无人机的移动速度。如果地面是静止的，自然就可以得到无人机相对于地面的移动速度。

此时可采用速度闭环控制，将 x 方向和 y 方向的速度返回，形成一个位置闭环，保证 x 方向和 y 方向的速度为 0，便能消除晃动，增强稳定性；也可采用位置闭环控制，将速度积分得到 x 方向和 y 方向的位置再返回，形成一个位置闭环，保证 x 方向和 y 方向的位置变化为 0。

在无人机上，光流定位通常是借助无人机底部的一个摄像头采集图像数据，然后采用光流算法计算两帧图像的位移，进而实现对无人机的定位，这种定位手段配合 GPS 可以在室外实现对无人机的精准控制，并且在室内没有 GPS 信号的时候，也可以实现对无人机的高精度的定位，实现更加平稳的控制。

■ 三、光流传感器的安装与激活

PX4 Flow 光流传感器（图 6-6）是一款智能光学流动传感器，同时，也是一种高分辨率的图像传感器，内置三轴陀螺仪和超声波测距仪。通过分析摄像头下方相邻两帧图像中地面纹理和可视特征，得到无人机 x 方向和 y 方向的地速，再将地速传给 Pixhawk 飞控，用于多旋翼无人机室内定点悬停控制。PX4 Flow 拥有 752 像素 ×480 像素分辨率，计算光学流的过程中采用了 4 倍分级和剪裁算法，计算速度达到 250 Hz（白天，室外），具备非常高的感光度。另外，该传感器可以以 120 Hz（黑暗，室内）的计算速度在室内或者室外暗光环境下工作，而无须 LED 照明。光流传感器的原理决定了 PX4Flow 只能用于定点悬停模式。

图 6-6　PX4 Flow 光流传感器

PX4 Flow 采用了主频达 168 MHz 的 STM32F405 处理器，搭载了 MT9V034 机器视觉 CMOS 全局快门摄像头，摄像头分辨率为 752 像素 ×480 像素；采用 4×4 分级图像算法，光流运算速度从 120 Hz（室内）至 250 Hz（室外）；另外，传感器还搭载 L3GD20 三轴陀螺仪和输入输出一体化超声波传感器，其中三轴陀螺仪的最大感应角速率为 2 000°/s，最大数据更新速度为 780 Hz，默认使用高精度模式时最大角速率为 500°/s。

光流传感器安装与激活方法如下。

1. 固件安装

固件安装前，需要从 ArduPilot 官网上下载 PX4 Flow 光流传感器驱动，否则，地面站软件无法识别光流传感器。

固件可以通过 Mission Planner 地面站进行安装（图 6-7），安装步骤如下：

（1）从 ArduPilot 官网下载并解压光流传感器固件。

（2）使用 Micro USB 线将 PX4 Flow 连接至计算机。

（3）打开地面站，选择"初始设置"菜单，进入"固件安装"页面，选择标有"PX4 Flow"的串口号，并单击"装载本地固件"链接。从文件夹中选择下载好的固件，然后拔插传感器以开启固件装载程序。

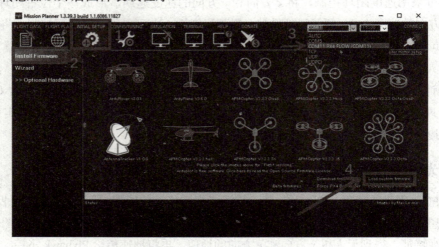

图 6-7　光流传感器固件安装

（4）断开光流传感器和 Micro USB 线的连接，并重新用线连接传感器和计算机。

（5）选择合适的串口号，然后单击"连接"按钮。

（6）打开"初始设置"，选择左侧的"可选硬件"，进入"PX4 Flow"页面。

（7）卸下光流传感器镜头保护盖，并将镜头对准至少 3 m 的对比度高的物体。然后拧下镜头螺钉，并调整焦距直到地面站观察到的图像清晰为止（图 6-8）。

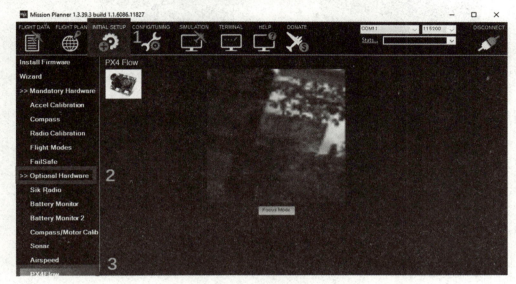

图 6-8　镜头对焦

（8）拧紧镜头螺钉，将镜头固定，确保在飞行过程中，镜头不会松动。

2．光流传感器安装

光流传感器安装前，要确保多旋翼无人机组装和调试步骤已经完成，且在自稳模式下能够稳定飞行。

光流传感器安装的第一步是将光流传感器装在无人机机体上，使镜头垂直指向地面，且传感器 Micro USB 接口指向无人机的纵轴正方向（即无人机前行方向）。在传感器的背面，可以看见印刷好的坐标轴，安装好的光流传感器应确保印刷的 x 轴指向飞机前方，y 轴指向飞机右侧（图 6-9）。由于光流传感器是依靠采集的图像数据测量飞机速度的，所以要确保安装的位置遭受的振动最小。

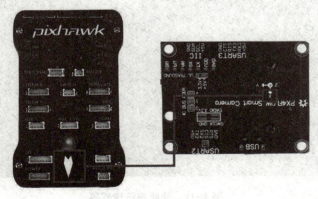

图 6-9　安装方向

第二步是将 Pixhawk 飞控和 PX4 Flow 光流传感器通过 4 根线进行连接，线的两端都连接各自的 I2C 接口。接线时一定要注意正负极不能反接，否则会烧坏光流传感器（图 6-10）。

图 6-10　光流传感器和飞控之间的连线

3. 光流传感器激活

首先用 Micro USB 线连接飞控和计算机，在计算机端打开 Mission Planner 地面站，选择合适的串口，并单击"Connect"按钮；然后选择"初始设置"菜单，在左侧栏选中可选硬件，在可选硬件条目里选择光流，进入光流配置页面，勾选"使能"，或者也可以进入全参数列表将"FLOW_TYPE"参数设为 1。这样，飞控重新启动时，光流传感器就会自动初始化（图 6-11）。

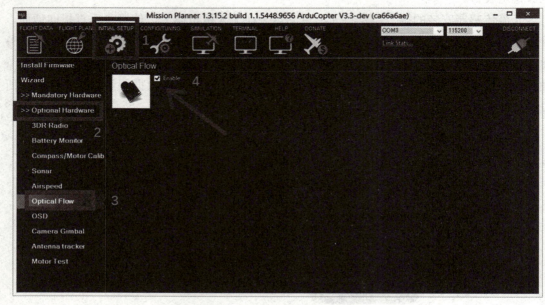

图 6-11　使能光流传感器

四、光流传感器的测试与设置

传感器安装和激活后,还需要进一步调试和测试,使传感器满足可用性和可靠性需求。

1. 测试

连接飞控与计算机,并将飞控连上 Mission Planner 地面站,进入"飞行数据"页面,在页面的左下区域选择状态条,查看光流传感器相关数据,如果光流传感器正常工作,"opt_m_x""opt_m_y"和"opt_qua"为非零值。"opt_x"和"opt_y"代表的是经过陀螺仪补偿的 X 轴和 Y 轴的移动量,这两个值越小,飞行越稳定,效果越好;如果这两个数据过大,就不能定点,甚至切换不到光流模式。"opt_qua"代表光流的像素质量,0 代表最差,255 代表最高质量(图 6-12)。

图 6-12 光流传感器状态数据

2. 校准

在校准前,首先要将无人机桨叶卸下来,确保安全;然后连接好飞控与地面站,并在全参数列表里将"LOG-DISARMED"参数设为 1,启用日志记录功能。

开始校准时,要找一个光照充足、地面纹理清晰的地方;然后,给无人机上电,并将无人机举至和眼睛齐平的高度,且和身体保持一定距离,并使无人机处于水平状态。

校准的主要步骤是让飞机进行滚转和俯仰运动。具体步骤是先让无人机在 1 s 内绕机体坐标系纵轴从 $-15°$ 滚转至 $15°$,然后以同样的角速度滚转回去。重复这些步骤 5~10 次。在做滚转操作时,可以只用一只眼睛观察无人机,确保无人机的重心位置不变。滚转做完后,再以同样的步骤让无人机绕机体坐标系横轴进行俯仰。

无人机运动后,需要查看并分析日志。日志查看的步骤是单击"Mavlink 下载闪存日志",下载最新的日志(图6-13),然后单击"回顾日志"按钮,在QUADROTOR 文件夹下选择刚刚下载的日志文件,单击"打开"按钮即可进入日志浏览器页面。

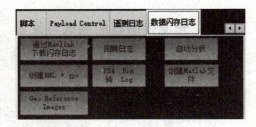

在飞行日志页面,绘制 OF.flowX、OF.bodyX 和 IMU.GyrX 的曲线图。正常的图形如图6-14 所示。

图6-13 日志下载页面

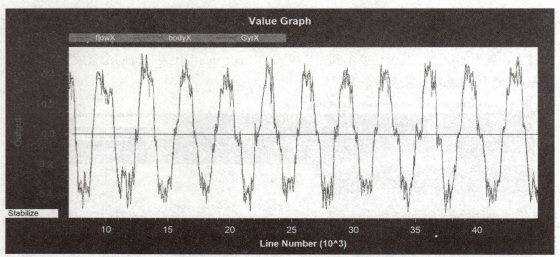

图6-14 光流沿 x 方向的数据

如果图 6-14 中,OF.flowX 和 OF.bodyX 对应的两条曲线没有重合,则可以通过调整 FLOW_FXSCALER 参数使曲线重合;如果 OF.bodyX 和 IMU.GyrX 不相关,甚至符号相反,那么可能是 FLOW_ORIENT_YAW 参数没有正确设置,或者是镜头没有朝下安装。

同理,可以绘制 OF.flowY、OF.bodyY 和 IMU.GyrY 的曲线。正常的图形如图6-15 所示。

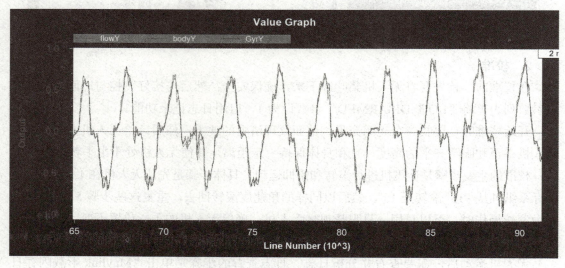

图6-15 光流沿 y 方向的数据

同样，如果 OF.flowY 和 OF.bodyY 对应的两条曲线没有重合，则可以通过调整 FLOW_FYSCALER 参数使曲线重合；如果 OF.bodyY 和 IMU.GyrY 不相关，甚至符号相反，那么可能是 FLOW_ORIENT_YAW 参数没有正确设置，或镜头没有朝下安装。

3. 预解锁检查

为了使无人机在没有 GPS 信号的情况下，能够在 Loiter 模式下解锁和起飞，应在地面站的标准参数页面中，将"ALL"和"GPS"取消勾选（图 6-16）。

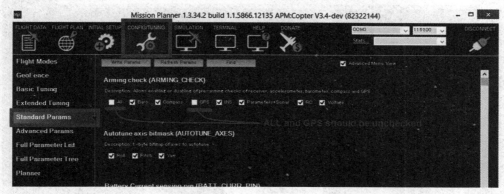

图 6-16 标准参数页面

4. 试飞

起飞前，设置的飞行模式有 Loiter 模式和 Stabilize 模式，而且试飞的地方最好要开阔，并远离人群。

（1）需要在地面站的全参数列表里将 EK2_GPS_TYPE 设为 3，表示飞控组合导航算法不使用 GPS，而是用光流的数据。

（2）在地面站地图上，单击鼠标右键，找到"在此设置返航点"，并选择"Set EKF Origin Here"。

开始飞行时，要切换至 Loiter 模式，并起飞至 1 m 高。如果飞机开始加速远离，或者前后左右晃动，则立即切换至 Stabilize 模式并降落，降落后需要分析日志数据找出原因。如果飞机能够定点飞行，则表示光流定位有效。

【任务实施】

使用光流定位的飞机失控的可能环境因素是光流测速无效、参数设置不正确、测高传感器数据无效或超出测量范围等。

针对上述可能原因，特制定如下排故步骤：

（1）确保四旋翼无人机进行了很好的校准，并在遥控器上设置了定高、姿态和留待模式切换开关，同时，无人机要能在定高和姿态模式下稳定飞行。

（2）确保室内地面有纹理。

（3）用 UBEC 给光流传感器和测高传感器单独供电。

（4）检查测高传感器安装是否正确，并且查看其输出数据是否连续有效。

（5）正确安装光流传感器，并进行了有效校准和测试。

（6）打开 Mission Planner 地面站，进入全部参数表页面，进行参数设置，使得 AHRS_

EKF_TYPE=3、EK2_ENABLE=0、EK3_ENABLE=1、GPS_TYPE=0，设置完成后单击"写入参数"按钮，并重新启动飞控。

（7）重新连接地面站，在地面站飞行数据页面的地图框里，单击鼠标右键，在弹出的快捷菜单中选择"设置家在此"，并选中"Set EKF Origin Here"，此时，地图上会出现飞机图标，如果没有出现，说明EKF还没有完成初始化，需要等待一段时间；然后在留待模式下尝试解锁起飞（图6-17）。

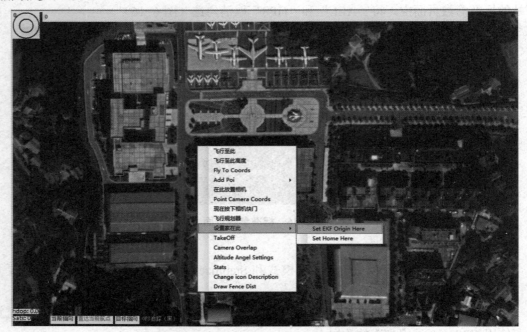

图6-17　起始点设置

（8）手持无人机，并保持无人机处于水平状态，且光流传感器相机镜头无遮挡；在室内走正方形或者走八字，这时在地面站上将看到飞机图标跟着运动；另外，要确保此时高度传感器测量数据准确无误。

（9）可以让无人机在定高模式下起飞，至一定高度后（光流传感器对好焦的高度，且不能超过高度传感器的测量范围），再切换到Loiter模式；一旦确认正常工作，就可以在Loiter模式下起飞。

◎【拓展阅读】

光流法的优缺点

光流法的优点是在比较理想的情况下，不需要预先知道场景的任何信息，就可以准确地检测识别运动目标，获得物体的运动信息和有关景物三维结构的丰富信息，且在相机处于运动的情况下仍然适用。

光流法是基于两个基本假设，但这两个基本假设在现实情况下均不容易满足。

第一个假设是亮度恒定不变，但在实际场景中，光流场并不一定反映目标的实际运动情况。如图6-18所示，物体表面均一，光源不动，物体绕立轴自转，不会产生光流；而如果物体不动，但是光源与物体发生相对运动，就有光流产生。因此可以说光流法对光线敏感，光线变化极易影响识别效果。

第二个假设是小运动。在现实情况下，动作剧烈的运动是普遍存在的，因此，当需要检测的目标运动速度过快时，传统光流法也不适用。

综上，光流法的缺点如下：

（1）计算量大，耗时长，在对实时性要求苛刻的情况下并不适用，除非有特殊的硬件支持，否则很难实现实时检测；

（2）光流法抗噪性不够好，由于变化的光线会被错误地识别为光流，因此该方法对光线敏感，从而会影响到识别效果；

图 6-18　物体与光源

（3）在缺乏足够的灰度等级变化的区域，实际运动也往往观测不到。三维物体的运动投影到二维图像的亮度变化，本身由于部分信息的丢失而使光流法存在孔径问题和遮挡问题，用光流法估算二维运动场是不确定的，需要附加假设模型来模拟二维运动场的结构；在准确分割时，光流法还需要利用颜色、灰度、边缘等空域特征来提高分割精度。

【巩固提高】

1. 什么是光流？
2. 光流传感器能用来做什么？
3. 简述光流定位的基本原理。
4. 结合 Pixhawk 飞控和 PX4 Flow 光流传感器，简述光流传感器的使用方法。

任务二　双目视觉导航

【任务引入】

无人机在进行植保作业、电力巡检、航测等自动航线任务时，如果能继续自主避障，就能极大减少无人机碰撞坠机事故，从而确保人员安全和减少财产损失。现在需要为一架多旋翼无人机增加一套双目视觉导航系统，以实现无人机的自主避障功能。

【任务分析】

双目视觉传感器具有信息丰富、多任务检测、同时定位和建图、实时获取场景信息等优点，现已广泛应用于无人机的导航和避障，如大疆精灵 4Pro 就拥有 3 套双目视觉导航系统，能够通过视觉图像测距来感知障碍物及获取飞行器位置信息。

掌握双目视觉传感器工作原理，才能掌握双目视觉导航系统的安装、调试、维护及排故方法。

【相关知识】

一、双目视觉导航工作原理

在讲解工作原理之前，可以做个小试验，右手拿起一支笔，放在眼睛正前方大概 30 cm 处，闭上左眼，用右眼看正前方的笔，然后闭上右眼，用左眼看，大家会发现同一位置的同一支笔在左右两眼视网膜上形成的图像位置并不一样。而我们的大脑就是利用对这种视差的感知，估计出物体到眼睛的距离。

双目视觉导航系统与人类视觉类似，是通过两个摄像头获取图像信息，计算视差，从而辅助无人机感知三维世界。双目视觉导航系统主要组成部分是由两个摄像头组成的双目视觉传感器，如图 6-19 所示。

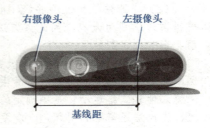

图 6-19 双目视觉传感器

上述双目视觉系统的原理如图 6-20 所示。

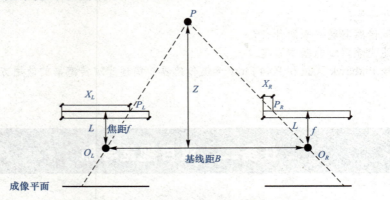

图 6-20 双目视觉距离测量

在图 6-20 中，P 为三维空间某一物点，现用两台相同的相机采集物点 P 的图像，物点 P 分别在左、右相机成像平面得到像点，两相机的投影中心的连续的距离为 B，相机成像平面宽度为 L，焦距为 f。这里为了计算方便，将成像平面绕各自的投影中心旋转 180°。则点 P 在左、右相机的视差为

$$d=|X_L-X_R| \tag{6-5}$$

另外，由相似三角形可得

$$\frac{P_L P_R}{O_L O_R}=\frac{z-f}{z} \tag{6-6}$$

式中，$P_L P_R = B - \left(X_L - \frac{L}{2}\right) - \left(\frac{L}{2} - X_R\right) = B - X_L + X_R$，$O_L O_R = B$。

由此，可以得到物点 P 至投影中心的距离（深度信息）为

$$Z=\frac{Bf}{X_L-X_R}=\frac{Bf}{d} \tag{6-7}$$

由式（6-7）可知，视差与物体深度信息成反比，且同一深度下，视差相同。双目视觉导航系统只要求出某点的视差，就可以知道该点的深度信息。

知道点的深度信息，再结合相机参数，就可以求出点的三维坐标。这就需要了解双目视觉导航系统相关坐标系。

二、双目视觉导航系统相关坐标系

1. 像素坐标系

一帧 640 像素 ×480 像素分辨率的灰度图包含 307 200 个像素，这里的 640 和 480 分别指图片的每一行和每一列的像素数量。为了描述某个像素点的位置，就需要一个坐标系，这个坐标系就叫作像素坐标系。

如图 6-21 所示，点 O 为像素坐标系的原点，点 P_0 为图片某个像素点，其坐标为 (u_0, v_0)，横坐标 u_0 和 v_0 纵坐标分别是像素点所在的行和列。

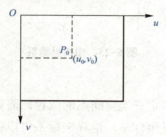

图 6-21 像素坐标系

2. 图像坐标系

如图 6-22 所示，图像坐标系的原点为 O_1，位于图片的正中心位置，横坐标为 x 轴，纵坐标为 y 轴，该坐标系下的点 P_1 的坐标为 (x, y)。

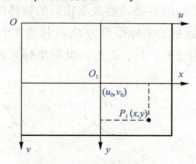

图 6-22 图像坐标系

假设图像坐标系原点 O_1 在像素坐标系下的坐标为 (u_0, v_0)，dx 和 dy 分别表示每个像素在横轴 x 和纵轴 y 的物理尺寸。则图像坐标系和像素坐标系的转换关系为

$$\begin{cases} x = (u-u_0)\,dx \\ y = (v-v_0)\,dy \end{cases} \tag{6-8}$$

写成矩阵形式为

$$\begin{bmatrix} x \\ y \\ 1 \end{bmatrix} = \begin{bmatrix} dx & 0 & -u_0 dx \\ 0 & dy & -v_0 dy \\ 0 & 0 & 1 \end{bmatrix} \begin{bmatrix} u \\ v \\ 1 \end{bmatrix} \tag{6-9}$$

3. 相机坐标系

相机坐标系是一个三维坐标系，是以相机投影中心 O_C 为原点，X_C 和 Y_C 轴分别平行于图像的两条边，Z_C 轴为光轴。物体 P 在相机坐标系下的位置可表示为 (X_C, Y_C, Z_C)（图 6-23）。

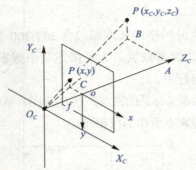

图 6-23 相机坐标系

4. 世界坐标系

在客观三维世界中，为了确定三维空间点的位置，需要确定唯一一个基准坐标系来描述空间物体的位置，这就是世界坐标系。世界坐标系可以根据运算方便性自由放置。在双目视觉中，世界坐标系主要有 3 个用途：

（1）标定时确定标定物的位置；

（2）作为双目视觉的系统参考系，给出两个相机相对世界坐标系的关系，从而求出相机之间的相对位置关系；

（3）作为重建得到三维坐标的容器，盛放重建后的物体的三维坐标。

如图 6-24 所示，世界坐标系的坐标原点为 O_w，其余 3 个坐标轴分别为 X_w、Y_w、Z_w 轴，点 P 在世界坐标系中的位置为 (X_w, Y_w, Z_w)。世界坐标系和相机坐标系之间的位置关系如图 6-24 所示。

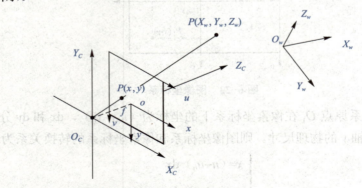

图 6-24 世界坐标系和相机坐标系之间的位置关系

5. 坐标系之间的变换

（1）图像坐标系和相机坐标系之间的转换。相机坐标系和图像坐标系之间的转换是在 3D 和 2D 之间转换，属于透视投影关系。

由图 6-24 可知：

$$\frac{x}{X_C} = \frac{f}{Z_C}, \quad \frac{y}{Y_C} = \frac{f}{Z_C} \tag{6-10}$$

式中，Z_C 为物体的深度信息。

可将式（6-10）写成矩阵形式：

$$Z_C \begin{bmatrix} x \\ y \\ 1 \end{bmatrix} = \begin{bmatrix} f & 0 & 0 \\ 0 & f & 0 \\ 0 & 0 & 1 \end{bmatrix} \begin{bmatrix} X_C \\ Y_C \\ Z_C \end{bmatrix} \tag{6-11}$$

（2）世界坐标系和相机坐标系之间的转换。世界坐标系和相机坐标系之间的转换，涉及坐标系的旋转和平移，属于刚体变换，如图 6-25 所示，其中 **R** 表示旋转矩阵，即世界坐标系绕其坐标轴旋转后，便可使旋转后的世界坐标系的 3 个轴分别和相机坐标系的 3 个轴方向相同；**T** 表示平移矢量，表示旋转后的世界坐标系经过平移后便可完全和相机坐标系重合。转换关系可用矩阵表示：

$$\begin{bmatrix} X_C \\ Y_C \\ Z_C \end{bmatrix} = \boldsymbol{R} \begin{bmatrix} X_w \\ Y_w \\ Z_w \end{bmatrix} + \boldsymbol{T} \tag{6-12}$$

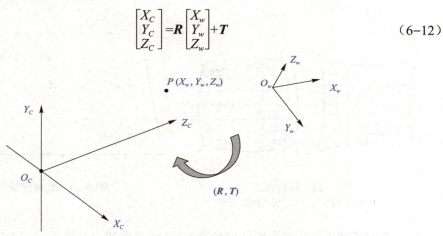

图 6-25 世界坐标系和相机坐标系之间的转换

这样，通过坐标转换关系，便可建立图像像素点位置和对应的物点在世界坐标系中的位置关系：

$$Z_C \begin{bmatrix} u \\ v \\ 1 \end{bmatrix} = \begin{bmatrix} f_x & 0 & u_0 & 0 \\ 0 & f_y & v_0 & 0 \\ 0 & 0 & 1 & 0 \end{bmatrix} \begin{bmatrix} \boldsymbol{R} & \boldsymbol{T} \\ \boldsymbol{0}_{1 \times 3} & 1 \end{bmatrix} \begin{bmatrix} X_w \\ Y_w \\ Z_w \\ 1 \end{bmatrix} \tag{6-13}$$

其中，$f_x = \frac{f}{dx}$，$f_y = \frac{f}{dy}$。等号右边的第一个矩阵称为相机的内参，第二个矩阵称为相机的外参。相机的内参和外参可以通过标定法获取。

6. 相机的畸变参数

前面坐标系转换是基于相机的针孔模型，只是真实相机的一个近似，由于相机存在各种镜头的畸变和变形，会引起拍摄的图像发生变形，这会给后面的视差计算带来困难。为了减少图像变形带来的影响，需要测量镜头的畸变参数，从而对图像进行校正。常见的图像畸变有径向畸变和切向畸变两种。

（1）径向畸变。径向畸变是指图像像素以畸变中心为原点，沿着径向（镜头半径方向）产生位置偏差，离畸变中心越远，位置偏差越大，表现为图像弯曲越严重。径向畸变又可分为枕形畸变和桶形畸变（图6-26）。

径向畸变的数学模型可以用像主点周围的泰勒级数展开式的前几项进行描述，通常使用前两个参数，即k_1和k_2，对于畸变很大的镜头，如鱼眼镜头，可以增加使用第三项k_3参数来进行描述，相机成像平面上某点的校正公式为

$$\begin{cases} x_0 = x\,(1+k_1r^2+k_2r^4+k_3r^6) \\ y_0 = y\,(1+k_1r^2+k_2r^4+k_3r^6) \end{cases} \quad (6\text{-}14)$$

式中，(x_0, y_0)为未进行径向畸变校正前像点的位置，(x, y)为校正后像点的新位置。

（2）切向畸变。切向畸变是由于安装时，存在安装偏差，透镜本身与相机传感器平面（成像平面）或图像平面不平行而造成的（图6-27）。

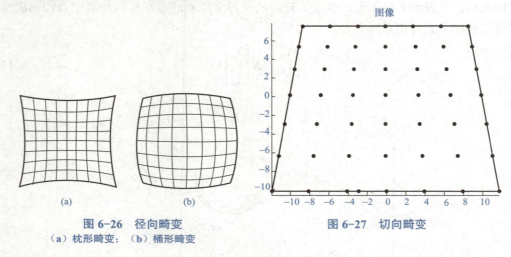

图6-26　径向畸变
（a）枕形畸变；（b）桶形畸变

图6-27　切向畸变

切向畸变模型可以用两个额外的参数p_1和p_2来描述。其校正公式为

$$\begin{cases} x_0 = x + [2p_1y + p_2(r^2+2x^2)] \\ y_0 = y + [2p_2x + p_1(r^2+2y^2)] \end{cases} \quad (6\text{-}15)$$

这样，径向畸变和切向畸变模型中一共有5个畸变参数，这5个参数就是相机标定中需要确定的相机的5个畸变系数。求得这5个参数后，就可以校正由于镜头畸变引起的图像的变形失真。图6-28所示为畸变校正前后效果图。

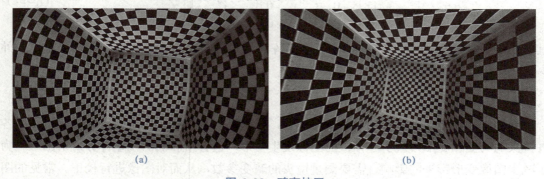

图6-28　畸变校正
（a）校正前；（b）校正后

三、双目视觉导航传感器标定

双目视觉标定是利用已知世界坐标系（棋盘格标定板）和像素坐标系（对标定板图像处理后结果）的对应关系，获取相机的内参（焦距、图像中心）、外参（旋转矩阵和平移矩阵）和畸变参数。标定完成后，通过双目视觉系统获取的像点坐标信息，就可以求出对应的物点在世界坐标系的三维位置坐标。在双目标定前，还需要单独对每个相机做标定，以确定其畸变系数、相机内参矩阵等。这样做的目的是使左右相机获取到的图像都能校正为标准图像，便于后续的视差图计算。

相机标定方法分为两种：第一种是需要参照物的传统标定方法；第二种是不需参照物的相机自标定法。传统标定方法一般以棋盘格作为参照物，其中每个棋盘格的大小、尺寸及棋盘格的数量都是已知的。标定过程是将棋盘格的顶点与图像上的对应点建立对应关系，利用棋盘格的已知信息来求得相机模型的内外参数和畸变系数。这种标定方法通常有张正友标定法和 Tasi 两步标定法等，容易受到标定物的制作精度的影响，但精度仍比相机自标定方法高。

相机自标定法是不需要参照物的，通常有基于 Kruppa 方程的标定法、分层逐步自标定法、基于绝对二次曲面的自标定法等。是根据多视图约束几何方程，在不同位置采集多幅同场景的图像，通过相机的约束信息及对应点的几何信息来完成相机参数的计算。其最大优点就是不需要制作标定参考物，比较灵活；但由于缺少标定物，鲁棒性和精度都有所欠缺。

目前，比较常用的方法为张正友标定方法，可使用 OpenCV 和 MATLAB 对双目相机进行标定。标定前，要准备好棋盘格图片（图 6-29），一般，为了获取更高的标定精度，采用工业级的（60 格子 ×60 格子）玻璃面板效果会更好。

这里以在 MATLAB 上标定为例讲解双目视觉标定方法。

首先，使用双目相机采集 10 ～ 20 组远近不同姿态的完整标定板图片，并将左相机拍摄的图片保存在"Left"文件夹下，右相机拍摄的图片保存在"Right"文件下，并新建一个名为"Result"的文件夹。

其次，打开 MATLAB 软件，在"APP"菜单栏里找到图像处理和计算机视觉工具箱（图 6-30），然后单击进入标定界面（图 6-31）。

图 6-29　棋盘格标定板　　　　图 6-30　立体视觉标定工具箱

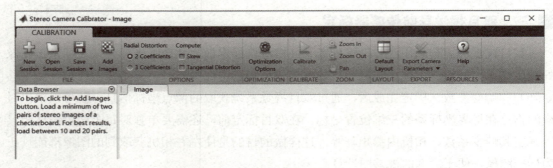

图 6-31　标定界面

单击"Add Images"按钮，导入图像到 MATLAB 标定工具箱（图 6-32），并根据实际情况设定黑白方格边长。这个时候，MATLAB 就自动检测角点（图 6-33），并去除不完整的图片。

图 6-32　导入图片

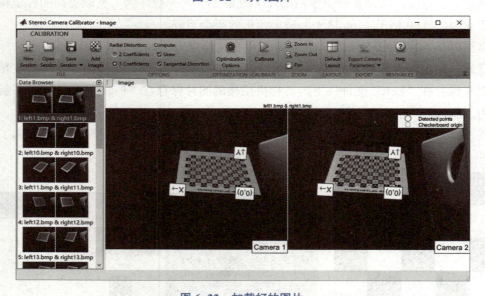

图 6-33　加载好的图片

然后进行标定前的基本设置，在图 6-33 中，勾选"Radial Distortion"栏的"3 Coefficients"，为径向畸变校正选择 3 个畸变参数；勾选"Compute"栏的"Skew"，这一项的意思是认为图像坐标系 x 轴和 y 轴是垂直的；如果存在切向畸变，则勾选

"Compute"栏的"Tangential Distortion"。

单击"Calibrate"图标,开始进行双目视觉标定,得到标定结果(图6-34)。

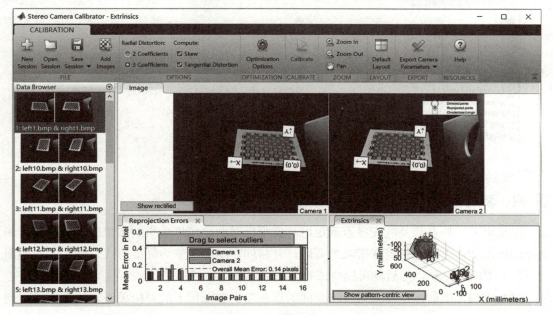

图 6-34 标定结果

每对图像都有标定误差,由图6-34的"Reprojection Errors"窗口可看出,第16组图像误差过大,可进行删除,然后重新校正。

最后,单击"Export Camera Parameters"就可输出相机的畸变参数、内参和外参(图6-35、图6-36)。

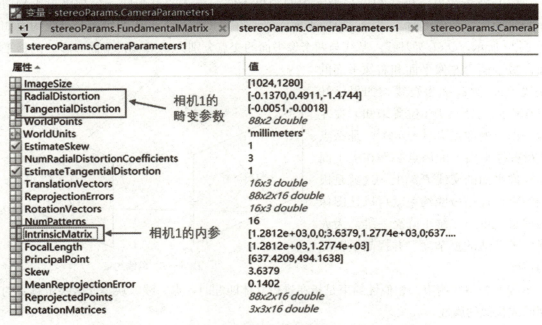

图 6-35 获取的相机畸变参数和内参

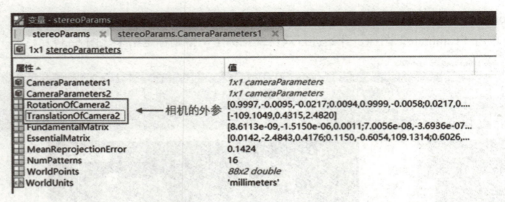

图 6-36 获取的相机外参

四、双目匹配

当相机内、外参数及畸变参数确定后，就可以对两个相机采集的图像进行畸变校正和立体校正，从而去除光学畸变带来的影响，并将同一组图像变为标准形式，使左、右两图片只在 x 方向有差异，然后就可以生成视差图。

在生成视差图前，还需知道三维空间的点在左、右图像上的对应关系，这就需要用到立体匹配技术。

1. 基本约束条件

立体匹配技术是生成视差图的一个重要环节，科研人员已经提出了很多实用的算法，这些算法应用了很多基本约束条件，其目的是有效降低立体匹配的难度，提高立体匹配的速度和精度。常用的约束条件如下：

（1）极线约束。极线约束是最常用的约束条件，描述的是当同一个物点投影到两个相机的成像平面上时，像点、成像平面、光心在投影模型下形成的约束。极线约束如图 6-37 所示，O_1O_2 为基线，基线与两个像平面的交点分别为 e_1 和 e_2，平面 O_1O_2P 为极平面，极平面与左像平面和右像平面的交线 P_1e_1、P_2e_2 称为极线。如果已知三维空间的物点 P（位置未知）在左像平面上的像点 P_1（已知），那么点 P 在右像平面上的像点必然在极平面与右像平面的交线 P_2e_2 上，这就是极线约束。使用极线约束就可以让图像的搜索范围由二维下降至一维，大大降低了搜索的复杂度，并提高了匹配的精度。

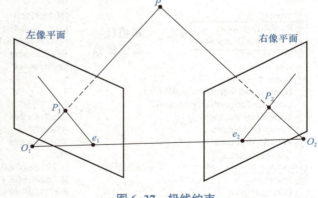

图 6-37 极线约束

（2）相似性约束。相似性约束是指在进行立体匹配时，点、线、块等元素一定具有的相同或相似的属性。

（3）唯一性约束。对于待匹配图像，在原图像中至多对应一个点，即一幅图像上的每个点只能与另一幅图像上的唯一一个点一一对应,这样,图像上的点至多有一个视差值。

(4) 左右一致性约束。若左图像上的一点 P,其在右图像上的对应点为点 Q,则右图像上的点 Q 在左图像上的对应点应该是点 P。如果这两点不一一对应,则匹配就不会满足唯一性条件,说明匹配失败。

在进行立体匹配时,运用基本约束条件对匹配结果进行检验,可以有效排除很多误匹配的点,缩小搜索范围,降低立体匹配计算的复杂度,提高立体匹配的速度和精度,从而获得最好的匹配效果。

2. 双目匹配方法

双目匹配主要可分为局部和非局部的算法,一般有匹配误差计算、误差集成、视差图计算/优化、视差图矫正等步骤。

(1) 局部算法,一般使用固定大小或者非固定大小窗口,计算与参考像点同在一行的最优匹配位置。图 6-38 所示为最简单的局部算法,求目标图片中同一行最佳对应点位置,左右视图 x 坐标位置差异为视差图。为了应对无人机飞行时噪声和光照的影响,可以使用固定窗口进行匹配。另外,采用最大视差可以限制最大搜索范围,也可以使用积分图和 Box Filter 进行加速计算。局部算法易于并行化,计算速度快,但是对于纹理较少的区域效果不佳,一般对图像分割,可将图像分为纹理丰富和纹理稀疏的区域,调整匹配窗口大小,纹理。稀疏使用小窗口,来提高匹配效果。

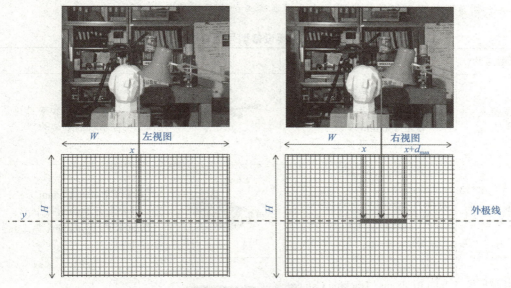

图 6-38 局部匹配算法

(2) 非局部算法是将计算视差的任务看作最小化一个确定的基于全部双目匹配对的损失函数,求该损失函数的最小值即可得到最佳的视差关系,着重解决图像中不确定区域的匹配问题,主要有动态规划、信任传播、图割算法,目前效果最好的是图割算法。

得到匹配点之后,一般通过左、右视线一致性的方式,检测和确定具有高置信度的匹配点。这样可以找出因为遮挡、噪声、误匹配而得到的点。

五、总结

双目视觉导航的一般流程是先对两相机进行标定，获取畸变参数、相机内外参数；然后使用上一步标定结果对左、右两相机采集的图像进行畸变校正和极线校正；再进行立体匹配，计算两图片的匹配点，并计算视差图。

图 6-39 所示为一幅视差图。视差图中像素点的亮度越亮，表示距离相机越近；亮度越暗，表示距离相机越远。当无人机采用双目视觉导航系统时，即可感知相机前方障碍物距离的远近，从而实现避障和导航。

图 6-39 视差图

【任务实施】

双目视觉导航系统需要进行图像处理，需要占用大量的计算资源和存储资源，一般飞控难以满足图像处理运算需求，因此需要用到处理能力更强的机载计算机。与无人机飞控搭配使用的机载计算机种类有很多，现在市场上一般使用树莓派来处理双目视觉传感器采集到的图像。

1. 设备准备

在搭建双目视觉导航系统前，需要组装好一架基于 Pixhawk 飞控的多旋翼无人机，还需要准备一台树莓派和双目视觉传感器，这些设备参考的型号配置见表 6-1。

表 6-1 主要设备型号配置清单

设备名称	型号配置	样图	备注
多旋翼无人机	Pixhawk 飞控，固件为 ArduPilot-4.1 及更高版本；轴距 450 mm 及以上；四旋翼及以上		留有机载计算机和双目视觉传感器的安装位置
机载计算机	树莓派 4 b，4 G 内存及以上，16 G SD 卡		需要提前装好 Ubuntu 系统；并安装好 Python3、Pip3、DroneKit、Pymavlink 等工具包
双目视觉传感器	Intel RealSense Tracking Camera T265		
机载计算机供电模块	UBEC，5 V 3 A		

这里的双目视觉传感器采用的是 Intel RealSense 跟踪摄像头 T265，专为机器人、无人机和增强/虚拟现实（AR/VR）等应用而设计。Intel RealSense 跟踪摄像头 T265 通过收集来自两个板载鱼眼摄像头的输入，提供六自由度（6DoF）内向外跟踪，每个摄像头具有大约 170°的范围视图，能为无人机提供高性能的导航。

2．设备安装

（1）将机载计算机安装在无人机上中心板上，一般通过钣金铜柱将机载计算机底座与上中心板连接起来，并使用 UBEC 给机载计算机供电。

（2）将 Intel Real Sense T265 安装在无人机上，使相机朝向机体坐标系 x 轴正方向。由于视觉传感器要避免振动带来的图像模糊，所以视觉传感器的安装要做好减振措施，可以先将壳体装在无人机上，然后使用厚的双面胶将视觉传感器粘在壳体内，安装效果如图 6-40 所示。

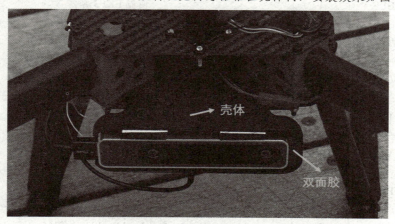

图 6-40　双目视觉传感器安装

（3）用 USB 线将 Intel RealSense T265 连接至树莓派的 USB 3.0 端口，同时用 Pi Connect Lite 串口线连接树莓派的串口至 Pixhawk 飞控的 TELEM2 口（图 6-41）。

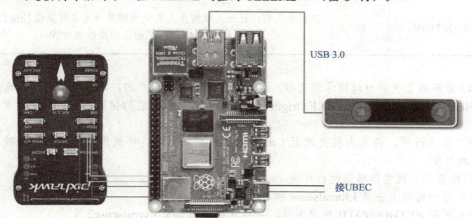

图 6-41　接线示意

3．飞控配置

（1）用 Micro USB 线或数传电台将飞控与计算机相连，然后打开 Mission Planner 软件，选择合适的串口，单击"Connect"按钮。

（2）进入全部参数表页面，将"SERIAL2_PROTOCOL"参数设置为 2，"SERIAL2_BAUD"设置为 921。

（3）进行导航参数配置。进入全部参数表页面，按照表 6-2 依次配置各项参数，然后单击"写入参数"按钮，并重新启动飞控。

表 6-2　导航参数配置

名称	值	含义
AHRS_EKF_TYPE	3	使用扩展卡尔曼滤波 EKF3 算法进行位置和姿态估计
EK2_ENABLE	0	禁用 EKF2 算法
EK3_ENABLE	1	使能 EKF3 算法
EK3_SRC1_POSXY	6	使用外部导航设备进行水平位置估算
EK3_SRC1_VELXY	6	使用外部导航设备进行水平速度估算
EK3_SRC1_POSZ	1	使用气压计作为高度估算的输入值
EK3_SRC1_VELZ	6	使用外部导航设备进行垂直速度估算
GPS_TYPE	0	不用 GPS
VISO_TYPE	2	选用 Intel RealSense T265
EK3_SRC1_YAW	1	使用磁罗盘作为估算航向角
RC7_OPTION	80	飞机起飞前，让无人机操作人员使用辅助开关 7 将摄像机输出的偏航角和 AHRS/EKF 输出的偏航角对齐

（4）重新建立飞控与地面站的连接，在飞行数据的地图窗口内，单击鼠标右键，选择"Set Home Here"，然后选择"Set EKF Origin Here"，告诉飞控当前的位置，然后地图上就会出现无人机图标。

（5）在飞行前，将无人机提起至 1 m 高度，然后放下，这样使视觉传感器能够校正其垂直方向的尺度。

4．配置双目视觉传感器运行环境

（1）在树莓派上安装 Librealsense 和 Pyrealsense2。

（2）更新 PYTHONPATH 环境变量，并将其路径添加至 Pyrealsense2 库。

（3）下载 t265_to_mavlink.py 文件，并在树莓派上运行，测试 Pyrealsense2 是否正确安装以及 T265 能否正常工作。

5．测试前的验证

为了确定飞控是否接收到了 T265 发过来的消息，可以在 Mission Planner 地面站上，使用 Ctrl+F 快捷键，打开"temp"窗口，然后单击"Mavlink Inspector"按钮，这时应该能看到视觉传感器发过来的数据。从图 6-42 中可以看出，视觉传感器传送给飞控的数据有导航坐标系下的位置、航姿及可信度。

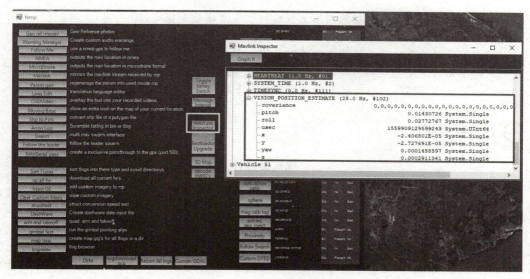

图 6-42 视觉传感器数据

6. 地面测试

(1) 断开地面站与无人机的连接,然后重新建立连接。

(2) 在树莓派下运行 t265_to_mavlink.py,并在地面站地图上设置 EKF 的原点,等待一段时间,直到地图上出现无人机图标(图 6-43)。

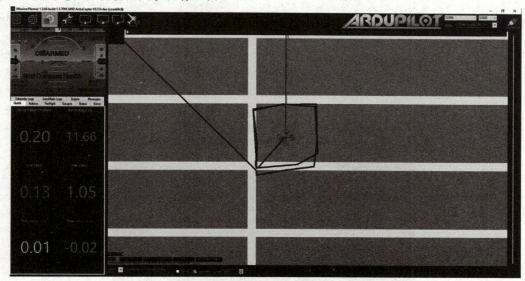

图 6-43 地面测试

(3) 提起无人机,行走一段路程,检查地图上无人机图标的位置是否跟着走动,地图上无人机的运行轨迹应该与实际行走的轨迹相差不大。

(4) 在测试过程中,要时刻关注视觉传感器输出的数据可信度和实际定位性能,只有在可信度高的情况下,才可以相信其输出的六自由度数据。

(5) 如果视觉传感器数据丢失,可以尝试重新启动飞控。

7. 飞行测试

(1) 在姿态或定高模式下起飞,检查飞机是否稳定飞行。

（2）手提无人机走动，观察地面站上飞机的轨迹追踪是否稳定。
（3）切换至留待模式，但要时刻准备着切回姿态或者定高模式，以免发生意外。
（4）在留待模式下，无人机应该能稳定悬停，且位置能保持住。
（5）以不同的速度移动和转动无人机，同样也要时刻注意切回姿态或者定高模式。
如果一切如预期那样，下次就可以在留待模式下解锁起飞。

【拓展阅读】

视觉里程计

视觉里程计，顾名思义，就是通过视觉来测量位置，是一种通过分析相关图像序列来确定机器人位置和朝向的设备。

视觉里程计相比光流传感器具有直接测量位置的能力，测量值也比较准确，不会像光流测速模块容易发散；通常比较优秀的视觉里程计飞 100 m 之后只积累十几厘米到几十厘米的误差；同时，也比光流测速模块能力更强，性能更好。视觉里程计不仅要通过二维图像测量物体的平面运动，还要计算出这些物体的三维位置，并且基于这些三维位置信息做很多次的优化计算，算法复杂度成倍于光流测速模块。有些视觉里程计的算法甚至包含完整的光流追踪的算法，但是仅仅把计算光流作为预处理图像的步骤。

视觉里程计由相机和 IMU 组成，相机可采用单目或双目相机，一般多采用双目相机。

我们熟知的大疆精灵 4 无人机上就有视觉里程计，是由双目立体视觉加上 IMU 构成的。大疆精灵 4 的视觉里程计精度非常高，悬停时完全不会飘，而且即使用手拉动它，它也会挣扎着回到原来的位置，显得很稳定。而且，在几乎没有纹理变化的均匀地面上，也可以做到稳定悬停。

精灵 4 无人机上装有两套双目立体视觉：一套向下看，一套向前看。两套立体视觉都参与了视觉里程计的计算，一般，以向下看的双目立体视觉系统为主，如果向下看的相机对着一些纹理特征不明显的表面（如纯色的地板、海面等），视觉里程计会自动切换到向前看的立体视觉系统。当 GPS 信号不好时，视觉里程计可以接替 GPS 为整个系统提供稳定的观测；当有 GPS 时，视觉里程计依然可以继续运作，提供额外的速度和位置测量值进一步提高导航定位精度（图 6-44）。

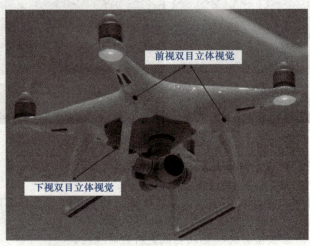

图 6-44　精灵 4 无人机上的立体视觉

两套双目立体视觉系统还带来了视觉里程计之外的两个好处：

其一是向下看的一套双目立体视觉系统可以探测下方地面上物体的三维位置，从而知道地面的距离；

其二是向前看的一套双目立体视觉系统可以用来探测前方场景中物体的深度，产生深度图进行障碍感知。深度图还可以用于重建一个飞行器周围的局部地图，以进行精细的运动规划，这就是精灵4指点飞行的基础。

【巩固提高】

1. 双目视觉系统用到了哪些坐标系？这些坐标系之间的关系是怎样的？
2. 什么是视差？视差和深度有什么关系？
3. 简述双目视觉立体标定的过程。
4. 立体匹配有什么作用？
5. 如何通过图片上的像点得到其对应的三维世界中物点的位置信息？

项目七 07 组合导航系统

【知识目标】

1. 掌握组合导航的基本概念。
2. 掌握互补滤波的工作原理。
3. 了解卡尔曼滤波的工作原理。

【能力目标】

1. 能够进行 Pixhawk 飞控的卡尔曼滤波基本设置。
2. 能够根据任务需求设计合适的组合导航方案。

【素质目标】

1. 提高自我认同和职业认同感。
2. 培养团队协作意识。
3. 提高自我表达能力。

【教学导航】

本项目主要学习卡尔曼滤波的工作过程及基本设置方法。

前面学习了无线电导航、卫星导航、惯性导航等单一导航系统，它们有各自的优缺点，如果让无人机只使用一种导航方法，显然不能满足导航任务需求，因此就需要一种方法能将多种导航方法结合起来，从而发挥单一导航各自的优点。这种综合两种及两种以上导航系统的方法就是组合导航。

信息论创始人克劳德·香农总结归纳出：信息可以用来估计状态，信息越多，则状态量估计得越准。控制论的奠基人诺伯特·维纳与其他一大批工程师和科学家完善了通过信息进行状态估计的线性估计理论，进一步提出传感器之间"互补滤波"，共同减小误差的理论。在此基础上，匈牙利裔美国数学家鲁道夫·卡尔曼提出了一种新的线性滤波和预测理论，称之为卡尔曼滤波。卡尔曼滤波在通信系统、航空航天、雷达信号处理等许多领域都得到广泛应用，取得了许多成果。

组合导航技术中传感器互补的思想原理是由克劳德·香农在 1948 年的信息论中提出的。信息论的线性估计理论使得在系统设计时，能够通过数学方程组合矩阵运算，把多个有误差的传感器融合起来。信息论也从理论上提出：参与互补运算的传感器状态信息越多，就越能得到好的状态估计。

因此，结合 GPS、惯性测量元件、地磁指南针和气压计各自的优缺点，使用电子信号处理领域的多项技术，融合多种传感器的测量值，就能获得较为准确的无人机状态量的测量值。

综上，我们把两种或两种以上的导航技术组合后的系统称为组合导航系统。组合导航系统克服了单一导航系统的局限性，充分发挥了各自导航系统的独特性，能够利用多种信息源，构成一种有多余度和导航准确度更高的多功能系统。

大多数组合导航系统以惯导系统为主，其原因主要是惯性导航不仅能提供比较多的导航参数，还能提供全姿态信息参数，这是其他导航系统所不能比拟的。

相较于单一导航系统，组合导航系统具有以下优点：

（1）能有效利用各导航子系统的导航信息，提高组合系统定位精度。例如，INS/GPS 组合导航系统一方面可发现并标校惯导系统误差，提高导航精度；另一方面能弥补卫星导航的信号缺失问题，提高导航能力。其输出信息特性均优于 INS 和 GPS 作为单一系统使用的导航特性。

（2）允许在导航子系统工作模式间进行自动切换，从而进一步提高系统工作可靠性。由于各导航子系统均能输出的信息有重叠，因此组合导航系统有足够的量测冗余度，当量测信息的某一部分出现故障，系统可以自动切换到另一种组合模式继续工作。

现在的组合导航方法主要用到信息融合技术，即多传感器融合，是利用计算机技术对按时序获得的若干传感器的观测信息，在一定准则下加以自动分析、综合以完成所需的决策和估计任务而进行的信息处理过程。常用的信息融合方法有 D-S 证据理论、互补滤波、卡尔曼滤波等。

本项目以 Pixhawk 飞控多传感器信息融合中用到的互补滤波和卡尔曼滤波法为例讲解组合导航方法。

任务一　互补滤波工作原理及设置方法

【任务引入】

为应对不同的应用场景，一般需要选择合适的姿态估计和位置估计算法，以最大限度地发挥无人机硬件性能，这时就需要选择合适的状态估计器，如选择互补滤波来进行位置估计。

【任务分析】

互补滤波可应用于无人机姿态解算和位置解算，主要基础就是惯性导航和多传感器数据融合。相较于卡尔曼滤波，互补滤波算法简单，占用的硬件资源少，运算速度快，数据更新率高，对于一般的应用，互补滤波就可以取得不错的效果。

学习互补滤波的工作原理，有助于根据无人机应用场景选择合适的状态估计器。

【相关知识】

一、姿态表示

现在假设无人机从刷新后的返航点起飞，并在空中完成各种动作，如俯仰、偏航、横滚等。这就牵涉两个坐标系，即导航坐标系和机体坐标系。导航坐标系的原点就是返航点；而机体坐标系固连于无人机。无人机飞行姿态和这两个坐标系相关，那怎么描述飞机的姿态呢？

1. 方向余弦矩阵

如图 7-1 所示，导航坐标系定义为 $Oxyz$，机体坐标系定义为 $OXYZ$，两坐标系具有相同的原点 O。导航坐标系 X、Y、Z 轴对应的单位向量分别为 I、J、K；机体坐标系的 x、y、z 轴对应的单位向量分别为 i、j、k。

则机体坐标系的向量 i 在导航坐标系下可表示为：$i^N=(i_x^N, i_y^N, i_z^N)^T$，其在导航坐标系 X 轴的分量的大小即向量 i 在 X 轴上的投影长度，可表示为：$i_x^N=\cos(I, i)$，同理可写出向量 i 在 Y 轴和 Z 轴上投影长度：$i_y^N=\cos(J, i)$，$i_z^N=\cos(K, i)$。最终 $i^N=[\cos(I, i), \cos(J, i), \cos(K, i)]^T$。

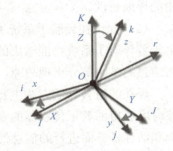

图 7-1 导航坐标系和机体坐标系

类似地，j^N 可表示为 $j^N[\cos(I, j), \cos(J, j), \cos(K, j)]^T$。$k^N$ 可表示为 $k^N=[\cos(I, k), \cos(J, k), \cos(K, k)]^T$，由于这些分量都是用余弦表示，所以它们组成的矩阵称为余弦矩阵，可表示为

$$DCM^N = [i^N, j^N, k^N] = \begin{bmatrix} \cos(I, i) & \cos(I, j) & \cos(I, k) \\ \cos(J, i) & \cos(J, j) & \cos(J, k) \\ \cos(K, i) & \cos(K, j) & \cos(K, k) \end{bmatrix} \quad (7-1)$$

这样，机体坐标系下的坐标位置经由余弦矩阵就能变换到导航坐标系下的坐标位置，可用下式表示：

$$\begin{bmatrix} X \\ Y \\ Z \end{bmatrix} = DCM^N \begin{bmatrix} x \\ y \\ z \end{bmatrix} \quad (7-2)$$

而由导航坐标系变换到机体坐标系下的余弦矩阵为 DCM^N 转置矩阵。

由上可以看出，余弦矩阵的参数量有 9 个，要求 9 次向量内积，便于计算机处理的，计算量大，实时性不好；另外，余弦矩阵不可以直接插值，冗余信息多，同样不直观。

2. 欧拉角

欧拉角是由瑞士数学家欧拉首先提出来的，代表一系列的三维基本旋转，可用于描述导航坐标系到机体坐标系的过程中绕3个坐标轴旋转的角度。这里的坐标轴既可以是导航坐标系下的，也可以说是机体坐标系的，而且旋转顺序任意。

任何一个方向都可以使用3个方向的基本旋转描述出来，一个基本旋转既可以是一个绕着固定坐标系中的轴旋转，也可以绕一个随无人机转动的坐标系的轴旋转。所以，欧拉角可分为以下两种情况：

（1）静态：即绕导航坐标系3个轴的旋转，也称为外旋。由于物体旋转过程中坐标轴保持静止，所以称为静态（图7-2）。

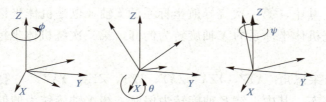

图7-2 绕导航坐标系的坐标轴旋转

（2）动态：即绕机体坐标系3个轴的旋转，也称为内旋。由于物体旋转过程中坐标轴随着无人机做相同的转动，所以称为动态（图7-3）。

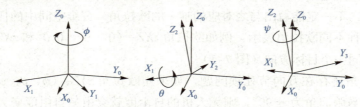

图7-3 绕机体坐标系的坐标轴旋转

如图7-4所示，$O\text{-}xyz$ 为导航坐标系，固定不动；$O\text{-}XYZ$ 为机体坐标系，可随无人机一起转动。刚开始时，导航坐标系与机体坐标系完全重合，则导航坐标系可通过以下步骤旋转至机体坐标系：首先，无人机绕导航坐标系的 z 轴旋转 α 角，此时机体坐标系的 X 轴和 ON 轴重合；其次，无人机绕机体坐标系的 X 轴（ON 轴）旋转 β 角；最后，无人机绕机体坐标系的 Z 轴旋转 γ 角，即可完成从导航坐标系到图中机体坐标系的旋转动作。

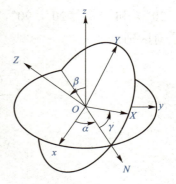

图7-4 欧拉角

两坐标系之间的关系可用下式表示：

$$\begin{pmatrix} X \\ Y \\ Z \end{pmatrix} = M \begin{pmatrix} x \\ y \\ z \end{pmatrix} \tag{7-3}$$

其中，M 为旋转矩阵，可表示为

$$M = R(Z, \gamma) R(X, \beta) R(z, \alpha) = \begin{pmatrix} \cos\gamma & -\sin\gamma & 0 \\ \sin\gamma & \cos\gamma & 0 \\ 0 & 0 & 1 \end{pmatrix} \begin{pmatrix} 1 & 0 & 0 \\ 0 & \cos\beta & -\sin\beta \\ 0 & \sin\beta & \cos\beta \end{pmatrix} \begin{pmatrix} \cos\alpha & -\sin\alpha & 0 \\ \sin\alpha & \cos\alpha & 0 \\ 0 & 0 & 1 \end{pmatrix} \tag{7-4}$$

如果改变上述旋转步骤顺序，显然得到的最终结果不一样。我们把上述旋转步骤按照顺序标记为 zXZ，第一个"z"为导航坐标系的坐标轴，后面的"X"和"Z"为机体坐标系的坐标轴。坐标轴旋转顺序加上绕每个坐标轴旋转的角度，就是一个完整的欧拉角：zXZ-（α，β，γ）。

对不同的问题，宜选取不同的轴做基本轴，并按不同的方式量取欧拉角。没有约定好旋转轴顺序和坐标系选择的欧拉角是没有意义的。这里有12种绕轴旋转的方式，在不区分外旋和内旋的情况下，可以分为以下两类：

（1）经典欧拉角：zXZ、xYX、yZY、zYZ、xZX、yXY。一般用内旋 zXZ 序列来描述无人机的姿态，其中，第一次绕导航坐标系的 z 轴（也是机体坐标系的 Z 轴）旋转为偏航，第二次绕机体坐标系的 X 轴旋转为俯仰，第三次绕机体坐标系的 Z 轴旋转为滚转。

（2）泰特－布莱恩角：XYZ、YZX、ZXY、XZY、ZYX、YXZ。一般用内旋 ZYX 序列来描述无人机的姿态，其中，绕 Z 轴旋转为偏航，绕 Y 轴旋转为俯仰，绕 X 轴旋转为滚转。

用欧拉角表示方向只需要用到3个参数，即3个旋转角度，这样做的好处是清晰易懂。但随之而来的问题是，当给定了欧拉角后，很容易得到表述的方向；但反过来，给定无人机的方向后，不一定能写出与之对应的唯一的欧拉角，三维空间中的任意一个方向都可以通过至少两种不同欧拉角表示。例如欧拉角 zXZ-（0°，0°，0°）和 zXZ-（10°，0°，-10°）表示的是同一个目标方向（图7-5）。

另外，欧拉角还存在万向节死锁问题，如采用欧拉角 xYZ-（ϕ，θ，ψ）来描述无人机的旋转运动，当俯仰角为 ±90°，则无人机的自由度就会由三自由度变为二自由度，无人机失去了横滚自由度，意味着第一次旋转和第三次旋转等价。例如，xYZ-（10°，90°，20°）和 xYZ-（20°，90°，10°）表示相同的方向，此时，绕 X 轴旋转与绕 Z 轴旋转没有区别。

图7-5　欧拉角 xYZ-（ϕ，θ，ψ）

3．四元数

欧拉角由于存在死锁，且不适合插值和迭代，不适合无人机的大姿态角飞行。之后，英国数学家哈密顿发明了四元数，用四维向量来描述物体在三维空间的姿态及姿态变化，就这样完美地解决了死锁问题，而且四元数只用到了4个参数，能够减少计算量和存储空间。

四元数可用下式表示：

$$q=(q_0, q_1, q_2, q_3)=\left[\cos\left(\frac{\theta}{2}\right), \sin\left(\frac{\theta}{2}\right)v_x, \sin\left(\frac{\theta}{2}\right)v_y, \sin\left(\frac{\theta}{2}\right)v_z\right] \quad (7-5)$$

其中，向量 $v=(v_x, v_y, v_z)$ 为旋转轴，θ 为旋转的角度，旋转遵从右手法则，而且四元数的模 $|q|=1$（图 7-6）。

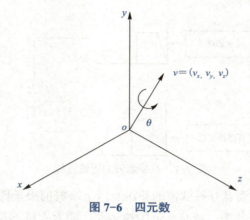

图 7-6 四元数

可通过四元数求得欧拉角，关系式为

$$\begin{bmatrix}\phi\\\theta\\\psi\end{bmatrix}=\begin{bmatrix}atan2[2(q_0q_1+q_2q_3), 1-2(q_1^2+q_2^2)]\\ asin[2(q_0q_2-q_1q_3)]\\ atan2[2(q_0q_3+q_1q_2), 1-2(q_2^2+q_3^2)]\end{bmatrix} \quad (7-6)$$

二、互补滤波

1. 工作原理

无人机姿态的测量主要通过加速度计、陀螺仪和磁力计得到，但是这些传感器各有优缺点。其中，陀螺仪直接测量的是无人机绕机体坐标系坐标轴旋转的角速度，在小角度的情况下，角速度积分就可以得到姿态角，可用于姿态的连续更新，优点是几乎不受外界因素干扰，动态性能好；缺点是由于噪声等误差影响，在积分作用下形成累积误差，导致陀螺仪有低频干扰和漂移，长时间工作，姿态角数据会非常不准确。

加速度计和磁力计分别测量的是无人机机体坐标系下 3 个坐标轴方向的加速度和磁场分量，两者都可直接用于姿态的测量。其优点是静态性能好，不存在累积误差；缺点是容易受外界干扰。例如，加速度计对高频信号敏感，导致振动环境对加速度计有较大的高频干扰，并且仅在无人机静止或匀速运动时，加速度计测量姿态才准确；而磁力计容易受磁场干扰，导致测量的航向角不准。

由此可以看出，单一使用任何传感器，都无法得到有效准确的航向角和姿态角。因此，需要同时使用多个传感器，结合各自优缺点，将其数据进行融合，从而得到最准确的估计。

通过以上分析，可以得知陀螺仪易受低频干扰，而加速度计易受高频干扰，磁力计可以辅助得到航向角。如果把它们的噪声分别滤除，然后合并，就能得到没有噪声的姿态信息。这就是互补滤波的思想，而"互补"体现在低通滤波器和高通滤波器合并后能通过完整的波形，也就是波形完全不变，是全通的（图7-7）。得益于这些传感器在频域上特性互补，所以可采用互补滤波融合这些传感器的数据，从而提高测量精度和系统的动态性能。

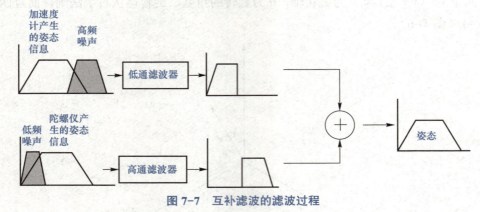

图7-7 互补滤波的滤波过程

在Pixhawk飞控中，姿态互补滤波的使用有以下一些前提条件：

（1）无人机处于悬停状态，或是接近匀速运动，即无人机不是处于高机动或大姿态角运动状态。

（2）两路信号的测量数据包含的干扰噪声处在不同的频率范围，一路干扰噪声为低频，另一路必须为高频。

（3）航姿数据的更新满足线性关系。

2．滤波器

在Pixhawk飞控的姿态估计中，互补滤波对陀螺仪（低频噪声）使用高通滤波器；对加速度/磁力计（高频噪声）使用低通滤波器。

低通滤波器（LPF）和高通滤波器（HPF）的传递函数可用下式表示：

$$LPF = \frac{C(s)}{C(s)+1}, \quad HPF = \frac{s}{C(s)+s} \tag{7-7}$$

Pixhawk飞控采用的是二阶滤波器，即

$$C(s) = K_p + \frac{K_i}{s} \tag{7-8}$$

式中，K_p为比例系数，K_i为积分系数。

互补滤波可用图7-8所示的框图表示。

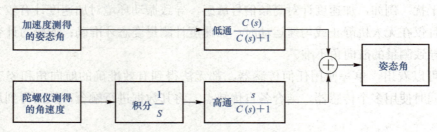

图7-8 互补滤波框图

设加速度测得的姿态角用acc_rp_m表示，陀螺仪测得的角速度用gyr_ω_m表示，滤波后的姿态角用att_rp表示，则由上面的框图可得

$$att\_rp = \frac{acc\_rp_m * C(s) + gyr\_\omega_m}{C(s) + s} \quad (7-9)$$

基于负反馈思想，可将式（7-9）用图 7-9 表示。

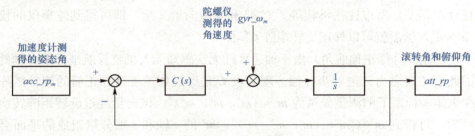

图 7-9　姿态估计

加上磁力计测得的地磁数据，最终基于互补滤波的航姿估计流程图，如图 7-10 所示。

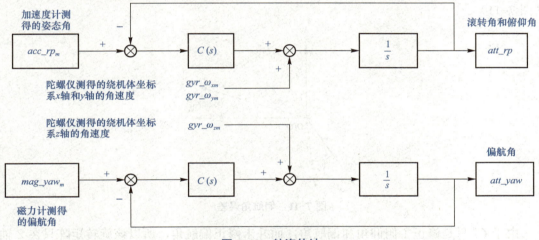

图 7-10　航姿估计

由图 7-10 可以看出，互补滤波除要考虑滤波器参数外，还要求取姿态角和航向角的差值。

3．误差的求取

对于一个确定的向量，用不同的坐标系表示时，它们所表示的大小和方向一定是相同的。但是由于这两个坐标系的转换矩阵存在误差，那么当一个向量经过一个有误差的旋转矩阵变换后，在另一个坐标系中肯定和理论值是有偏差的，所以需要将这个偏差进行反馈，从而修正这个旋转矩阵。这个偏差可以通过加速度计和磁力计来表征，然后通过算法修正误差，修正四元数，最终达到修正航向和姿态的目的。

（1）使用加速度计修正俯仰角和滚转角。在导航坐标系中，标准重力加速度为大小为 g，对其进行归一化处理得到，重力矢量为：$a^n = [0, 0, 1]^T$。则该矢量在机体坐标系下可表示为 $a^b = C_n^b a^n$，其中 C_n^b 为转换矩阵，用四元数可表示为

$$C_n^b = \begin{bmatrix} q_0^2 + q_1^2 - q_2^2 - q_3^2 & 2(q_1 q_2 + q_0 q_3) & 2(q_1 q_3 - q_0 q_2) \\ 2(q_1 q_2 - q_0 q_3) & q_0^2 - q_1^2 + q_2^2 - q_3^2 & 2(q_2 q_3 + q_0 q_1) \\ 2(q_1 q_3 + q_0 q_2) & 2(q_2 q_3 - q_0 q_1) & q_0^2 - q_1^2 - q_2^2 + q_3^2 \end{bmatrix} \quad (7-10)$$

而无人机加速度计测得的三轴加速度就是无人机在机体坐标系下的加速度,设归一化后的测量值为 $a_m^b = \left(\frac{a_{mx}^b}{|a_m^b|}, \frac{a_{my}^b}{|a_m^b|}, \frac{a_{mz}^b}{|a_m^b|} \right)$,理论上 a_m^b 应该与 a^b 相等,但在实际情况中,由于转换矩阵总存在误差,所以往往不相等。对 a_m^b 和 a^b 做向量叉乘,即可得到陀螺仪的校正补偿值 $e_a = a^b \times a_m^b$,然后就可以修正旋转矩阵 C_n^b 了。

(2)使用磁力计修正偏航角。由于加速度计无法感知无人机绕导航坐标系 Z 轴的旋转运动,因此还需要磁力计进一步补偿。现假设 C_b^n 是经过加速度计校正后的旋转矩阵,而磁力计在机体坐标系下的测量矢量为 $m^b = (m_x^b, m_y^b, m_z^b)$,该向量经过旋转矩阵转换至导航坐标系后,可得到 $m^n = C_b^n m^b = (m_x^n, m_y^n, m_z^n)^T$,$m^n$ 的 x 轴和 y 轴分量组成的平面会和导航坐标系的 XOY 平面重合,即把机体坐标系的数据,变成了水平机体坐标系,也就是机体水平的情况下,磁力计测量的数据值,这时只存在一个绕导航坐标系旋转的偏航角误差(图 7-11)。

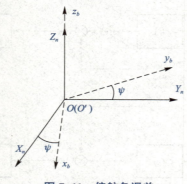

图 7-11 偏航角误差

由于 C_b^n 只是修正了俯仰角和偏航角,而并未修正偏航角,所以该旋转矩阵只在 Z 轴上存在一个偏航的误差,这就导致 m_y^n 不为 0。假定理想情况下,让导航坐标系中 x 轴指向正北方向,那么地磁向量 y 轴方向为 0,则在导航坐标系下磁力计数据为

$$\widetilde{m}^n = \begin{bmatrix} \sqrt{(m_x^n)^2 + (m_y^n)^2} \\ 0 \\ m_z^n \end{bmatrix} \tag{7-11}$$

该向量为地磁向量绕 Z 轴旋转一定的角度后得到的,绕 Z 轴旋转不改变向量在 XOY 平面的投影的大小。将地磁向量在导航坐标系中的理想输出,再次旋转到载体坐标系中,得到在载体坐标系中的理想输出:

$$\widetilde{m}^b = C_n^b \widetilde{m}^n \tag{7-12}$$

由于 C_n^b 还存在偏航角误差,所以 $\widetilde{m}^b$ 和 m^b 并不相等,将理想输出和原始输出做叉积得到误差 $e_m = \widetilde{m}^b \times m^b$,将其作为补偿项送给陀螺仪进行偏航校正。

这样总的校正补偿量为 $e = e_a + e_m$。然后使用 PI 控制器进行滤波,消除陀螺仪漂移误差,只要存在误差,控制器便会持续作用,直至误差为 0。控制的效果取决于比例参数 K_p 和积分参数 K_i。PI 控制的公式如下:

$$u = K_p e + K_i \int_0^t e \tag{7-13}$$

用得到的控制量对陀螺仪输出的数据进行校正，然后通过四元数微分方程式（7-10）获得校正后的四元数。

$$\dot{q} = \frac{1}{2} \begin{bmatrix} 0 & -\omega_x^b & -\omega_y^b & \omega_z^b \\ \omega_x^b & 0 & \omega_z^b & -\omega_y^b \\ \omega_y^b & -\omega_z^b & 0 & \omega_x^b \\ \omega_z^b & \omega_y^b & -\omega_x^b & 0 \end{bmatrix} \begin{bmatrix} q_0 \\ q_1 \\ q_2 \\ q_3 \end{bmatrix} \tag{7-14}$$

其中，ω_x^b、ω_y^b、ω_z^b 分别为陀螺仪在机体坐标系下测得的无人机绕 x、y、z 轴的角速度。

这样欧拉角就可以由校正后的四元数求出。

【任务实施】

1. 可用的估计器

Px4 固件中，可用的估计器名称及用途如下：

（1）attitude_estimator_q。attitude_estimator_q 是基于四元数的姿态估计器。其方法简单，采用的是互补滤波算法。

（2）position_estimator_inav。position_estimator_inav 为惯导位置估计器，它使用互补滤波对三维位置以及速度进行估计。

（3）local_position_estimator。local_position_estimator 为位置估计器，其使用的是扩展卡尔曼滤波，能对三维位置以及速度进行估计。

（4）EKF2。EKF2 使用扩展卡尔曼滤波对三维姿态、位置/速度以及风的状态进行估计。

2. 如何使能不同的估计器

对于多旋翼和垂直起降飞行器，使用参数 SYS_MC_EST_GROUP 在下列配置中进行选择（表 7-1）。

表 7-1 配置状态估计器

SYS_MC_EST_GROUP	Q estimator	INAV	LPE	EKF2
0	使能	使能		
1	使能		使能	
2				使能

如果希望多旋翼无人机使用互补滤波器来估计速度和位置，可以在 Mission Planner 全部参数表里查找 SYS_MC_EST_GROUP 参数，并将其设为 0，然后重新启动飞控即可（图 7-12）。

命令	值	单位	选项	描述
SYS_MC_EST_GROUP	0			

图 7-12 SYS_MC_EST_GROUP 参数

【拓展阅读】

多传感器信息融合——不确定推理方法

在多传感器信息融合系统中，各传感器提供的信息一般是不完整、不精确、模糊的，甚至有时可能是矛盾的,即包含着大量的不确定性。信息融合中心不得不依据这些不确定性信息进行推理,以达到目标身份识别和属性判决的目的。不确定性推理是目标识别和属性信息融合的基础。不确定性推理也是一种建立在非经典逻辑基础上的基于不确定性知识的推理,它从不确定性的初始证据出发,通过运用不确定性知识,推出具有一定程度的不确定性和合理的或近乎合理的结论。

不确定性推理包括符号推理和数值推理:前者的特点是在推理过程中信息损失较少,但计算量较大;后者的典型代表是D-S证据理论,其特点是易于实现,但在推理过程中有一定的信息损失。

D-S证据理论全称"Dempster-Shafer证据理论",源于美国哈佛大学数学家A. P. Dempster在利用上、下限概率来解决多值映射问题方面的研究工作。后来他的学生G.Shafer引入信任函数的概念,形成了一套基于"证据"和"组合"来处理不确定性推理问题的数学方法。

证据理论的优点:在证据理论中需要的先验数据容易获得;Dempster合成公式可以综合不同专家或数据源的知识或数据,用途广泛。

证据理论的缺点:要求证据必须是独立的,有时不易满足;证据合成规则没有非常坚固的理论支持,其合理性和有效性还存在较大的争议;计算上存在着潜在的指数爆炸问题。

【巩固提高】

1. 在姿态解算过程中,为什么要进行传感器融合?
2. 在互补滤波中,加速度计和磁力计的作用是什么?
3. 什么是欧拉角?

任务二　卡尔曼滤波工作原理及排故方法

【任务引入】

基于Pixhawk飞控的无人机采用扩展卡尔曼滤波方法进行组合导航,飞行一段时间后,发现组合导航估计的高度和水平位置逐渐发散,以致无人机失控坠机。

【任务分析】

Pixhawk飞控采用了低价的传感器,单纯采用惯性测量单元测得的航姿和位置数据完全不能用于无人机的导航与控制。所以,Piwhawk飞控融合了多种传感器来获得航姿、角速度、位置、加速度等信息,以保障无人机的正常稳定飞行。Pixhawk用于组合导航的传感器有加速度计、陀螺仪、磁力计、气压计、视觉传感器、测高雷达及GPS接收机等设备,涉及了惯性导航、地磁导航、视觉导航、无线电导航及卫星导航,而将多种导航方式融合在一起的有效方式是采用卡尔曼滤波方法。

学习卡尔曼滤波的工作原理,才能掌握无人机组合导航系统故障检修与排除方法。

【相关知识】

卡尔曼滤波是美国工程师卡尔曼(Kalman)在线性最小方差估计的基础上,提出的最优线性递推滤波方法,具有数学结构简单、计算量小、存储量低、实时性高等优点,非常适合实时处理和在飞控上运行。

卡尔曼滤波是以最小均方误差为估计的最佳准则,来寻求一套递推估计的算法,是一种在不确定状况下组合多源信息得到所需状态最优估计的一种方法。其基本思想:采用信号与噪声的状态空间模型,利用前一时刻的估计值和当前时刻的观测值来更新状态变量的估计,从而求得当前时刻的估计值。其过程可以用"预测未来"和"修正当下"来概括。

为了便于理解卡尔曼滤波,先从一个小例子开始。

(1)假设用两个传感器测量同一个物理量。但是它们每次的读数都不太一样,怎么办?

可能的方法是取平均,但如果两个传感器的测量精度有差别,那取平均就不合适了,这时候一般采用加权平均法,即精度高的传感器的权重高;精度低的传感器,权重也低。

(2)如果只用一个传感器测量某个物理量,但是还有一个数学模型可以推导出这个物理量。

方法是仿照上一个例子,把模型推导出来的值和传感器测出的值取加权平均。

卡尔曼滤波的实质也是对多个信息源进行加权平均,只不过各个信息源的权重是由系统自动计算得到。卡尔曼滤波要做的就是根据贝叶斯估计的相关理论,同时考虑预测模块和纠错模块的协方差,对误差小的项赋予较大的权重,对误差大的项赋予较小的权重,并使预测的误差最小。

另外,卡尔曼滤波用到了迭代法,即当前时刻得到的最优估计值是下一时刻预测模型的输入值。

下面介绍卡尔曼滤波的5个重要公式:

$$X(k|k-1)=AX(k-1|k-1)+BU(k) \quad (7-15)$$

$$P(k|k-1)=AP(k-1|k-1)A^{T}+Q \quad (7-16)$$

$$Kg(k)=P(k|k-1)H^{T}[HP(k|k-1)H^{T}+R]^{-1} \quad (7-17)$$

$$X(k|k)=X(k|k-1)+Kg(k)(Z(k)-HX(k|k-1)) \quad (7-18)$$

$$P(k|k)=[I-Kg(k)H]P(k|k-1) \quad (7-19)$$

式(7-15)和式(7-16)为预测模块,是根据上一时刻($k-1$时刻)的后验估计值来估计当前时刻(k时刻)的状态,得到k时刻的先验估计值。$X(k-1|k-1)$为$k-1$时刻的最优估计值,$U(k)$为k时刻的输入,A为状态转移矩阵,B为将输入转换为状态的矩阵,$X(k|k-1)$为k时刻的先验状态估计值,是滤波的中间计算结果,即根据上一时刻($k-1$时刻)的最优估计预测的k时刻的结果,是预测方程的结果;$P(k-1|k-1)$为$k-1$时刻后验估计值的协方差,Q为过程激励噪声,$P(k|k-1)$为k时刻的先验估计协方差。

式（7-17）和式（7-18）为纠错模块，是使用当前时刻的测量值来更正预测阶段估计值，得到当前时刻的后验估计值。H 是状态变量到测量（观测）的转换矩阵，R 为测量噪声协方差，$Kg(k)$ 为卡尔曼增益，即分配给信息源的权重，$Z(k)$ 为 k 时刻的测量值，$X(k|k)$ 为 k 时刻的后验状态估计值，即更新后的最优估计值。

式（7-19）为 k 时刻的后验估计协方差及 k 时刻最优估计值的误差。

从上式可以看出，新的最优估计是之前最优估计的预测加上已知的外界影响的修正；新的不确定度是预测的不确定度加上环境的不确定度。

由于惯性导航能提供无人机的位置、速度、航向和姿态角数据，所以组合导航一般以惯导为主，而惯性导航的实质是基于航位推算法，经过各种运算得到物体的位置信息。这样，卡尔曼滤波方法的预测过程就可以由惯性导航来实现，而磁力计、GPS、高度计、视觉传感器等设备可提供观测值参与到纠错校正过程，最终实现对无人机状态的最优估计。

考虑到无人机运动的复杂性，预测过程的状态方程和纠错模块的测量方程是非线性的，这时就要用到扩展卡尔曼滤波方法（EKF），即将非线性系统线性化。Pixhawk 飞控固件就是采用 EKF 来进行多传感器信息融合，即基于陀螺仪、加速度计、磁罗盘、GPS、空速计和气压计等设备来估计无人机位置、速度和角度方向。其优点在于通过融合所有可用的测量数据，能够更好地过滤掉有明显误差的测量数据，这使无人机不会受单个传感器故障的影响。EKF 还可以使用光流和激光测距仪等可选传感器进行测量，以辅助导航。

Pixhawk 飞控固件中的状态向量如下所示：

$$X^{24\times1} = [q\ v\ p\ \Delta\theta_b\ \Delta v_b\ m_{NED}\ m_b\ v_{wind}]^T \quad (7\text{-}20)$$

式中，q 为导航坐标系（北东地坐标系）到机体坐标系的四元数，v 为导航坐标系的无人机速度，p 为导航坐标系的无人机位置，m_{NED} 为导航坐标系下的磁场向量，v_{wind} 为无人机在北向和东向的风速，$\Delta\theta_b$ 为角度增量的偏移误差，Δv_b 为速度增量的偏移误差，m_b 为磁力计的偏移误差。

飞控上参与 EKF 的传感器如下：

（1）IMU：用于采集单位角增量和速度增量数据，最低采样频率为 100 Hz，参与 EKF 预测过程，并提供机体坐标系下的陀螺仪角度增量和加速度计速度增量。

（2）GPS：提供导航坐标系下的无人机速度和位置信息。

（3）高度计：如气压计、测距仪，最低采样频率为 5 Hz，提供导航坐标系下的高度。

（4）磁力计：最低采样率为 5 Hz，磁力计数据以两种方式使用。

一种方式是使用倾斜估计和磁偏角，将磁力计测量值转换为偏航角。该偏航角用作 EKF 的观测量。这种方法不太准确并且没有考虑机体坐标系的磁场偏移，然而其对于磁异常和大的陀螺仪初始偏移更加鲁棒。它是飞行器刚启动并停留在地面上时使用的默认方法。

另一种方式是磁力计的 X、Y、Z 三轴读数用作单独测观测值。这种方法更准确，并且允许机体坐标系的偏移。但假定地磁场环境只是缓慢变化，这种方法在存在巨大的外部磁异常时性能较差，是飞行器在空中并且爬升超过 1.5 m 高度时的默认方法。

（5）光流：提供机体坐标系下的无人机姿态角速度。

（6）视觉传感器：提供机体坐标系下的无人机速度。

EKF 仅使用 IMU 的数据进行状态预测，其他传感器数据则用作纠错校正。根据传感器测量值的不同组合，EKF 具有不同的操作模式。在启动时，EKF 会检查传感器的最小可行组合，并在初始倾斜、偏航及高度对准完成后进入一个提供旋转、垂直速度、垂直位置、IMU 角增量误差和 IMU 速度增量误差估计的模式。此模式需要有传感器的数据，如偏航数据源（由磁力计或者外部视觉设备提供）和高度数据源。所有的 EKF 操作模式都需要这个最小的数据集。然后可以使用其他传感器数据来估计附加的状态。

那么如何使 Pixhawk 飞控使用 EKF 算法来进行组合导航呢？这就需要进行如下设置：

（1）连接飞控至 Mission Planner 地面站，单击"配置/调试"按钮，然后选择"全部参数表"，在表里面将 EK2_ENABLE 设置为 1，启动 EKF，但 EKF 并不会参与无人机的控制（图 7-13）。

命令	值	单位	选项	描述
EK2_ENABLE	1		0:Disabled 1:Enabled	This enables EKF2. Enabling EKF2 only makes the maths run, it does not mean it will be used for flight control. To use it for flight control set AHRS_EKF_TYPE=2. A reboot or restart will need to be performed after changing the value of EK2_ENABLE for it to take effect.

图 7-13　设置 EK2_ENABLE

（2）将 AHRS_EKF_TYPE 参数设置为 2，使得 EKF 参与无人机的控制（图 7-14）。

命令	值	单位	选项	描述
AHRS_EKF_TYPE	2		0:Disabled 2:Enable EKF2 3:Enable EKF3	This controls which NavEKF Kalman filter version is used for attitude and position estimation

图 7-14　设置 AHRS_EKF_TYPE

（3）如果要使用多个 IMU 或单个 IMU，就要对 EK2_IMU_MASK 参数进行设置。如果只使用 IMU1，则要将 EK2_IMU_MASK 设为 1；只用 IMU2，则 EK2_IMU_MASK 设为 2 即可；如果飞行控制器有两个（或多个）IMU 可用，则两个 EKF "内核"（即 EKF 的两个实例）将并行运行，每个使用不同的 IMU，则需要将 EK2_IMU_MASK 设为 3，飞控会选取传感器数据一致性最好、性能最佳的 EKF 核心作为单个 EKF 输出使用（图 7-15）。

命令	值	单位	选项	描述
EK2_IMU_MASK	3			1 byte bitmap of IMUs to use in EKF2. A separate instance of EKF2 will be started for each IMU selected. Set to 1 to use the first IMU only (default), set to 2 to use the second IMU only, set to 3 to use the first and second IMU. Additional IMU's can be used up to a maximum of 6 if memory and processing resources permit. There may be insufficient memory and processing resources to run multiple instances. If this occurs EKF2 will fail to start.

图 7-15　设置 EK2_IMU_MASK

（4）设置好参数后，需要重新启动飞控。

【任务实施】

1. 卡尔曼滤波后的高度数据发散

这种现象最常见的原因是由振动引起的 IMU 测量数据异常。所以，首先要确保飞控已经进行了有效的振动隔离安装。飞控的振动隔离安装拥有 6 个自由度，意味着有 6 个固有频率。一般来说，减振装置的 6 个固有频率应该大于 25 Hz，以避免干扰飞控的动态特性。另外，减振装置固有频率还应小于电动机频率。如果减振装置的固有频率与电动机或者桨叶通过频率相一致，那么减振装置反而会加剧振动。

通过设置相关参数，EKF 可减弱由于振动带来的高度数据发散的影响。

（1）将参与 EKF 的高度传感器新息（测量残差，即传感器实测值与 EKF 最优估计值的差值）门限值变为原来的两倍。例如 EKF 使用的是气压计，则将 EK2_HGT_I_GATE 变为之前的两倍即可（图 7-16）。

EK2_HGT_I_GATE	500		100 1000	This sets the percentage number of standard deviations applied to the height measurement innovation consistency check. Decreasing it makes it more likely that good measurements will be rejected. Increasing it makes it more likely that bad measurements will be accepted.

图 7-16　设置 EK2_HGT_I_GATE

（2）要将 EK2_ACC_P_NSE 的值增加 0.5，如果增加后高度数据仍然发散，则需要再增加 0.1，但 EK2_ACC_P_NSE 的值不能超过 1（图 7-17）。

EK2_ACC_P_NSE	0.6	m/s/s	0.01 1.0	This control disturbance noise controls the growth of estimated error due to accelerometer measurement errors excluding bias. Increasing it makes the filter trust the accelerometer measurements less and other measurements more.

图 7-17　设置 EK2_ACC_P_NSE

注意：设置这些参数将使得 EKF 对 GPS 垂直速度及气压数据方面的偏差更敏感。

2. 卡尔曼滤波后的水平位置数据发散

这种现象最常见的原因分析及解决方案如下：

（1）飞控振动严重。飞控如果振动严重，会影响导航坐标系下的位置和速度测量残差（图 7-18）。

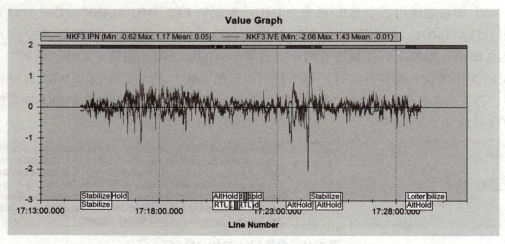

图 7-18　位置和速度测量残差变化曲线

解决方法是改善飞控的振动隔离装置，尽可能减小机身振动对飞控带来的影响；同时可以尝试增加 EK2_ACC_P_NSE 和 EK2_GYRO_P_NSE 参数值，但可能会使得 EKF 更容易受 GPS 故障的影响。

（2）陀螺仪漂移误差过大。如果陀螺仪角度增量偏移误差变化超过 5×10^{-4}，则位置数据发散很有可能是由陀螺仪漂移误差过大引起的（图 7-19）。

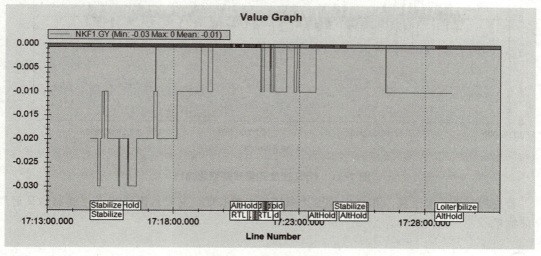

图 7-19　角度增量偏移误差变化曲线

解决方法是重新校准陀螺仪，并检查陀螺仪是否对温度过于敏感，即在陀螺仪冷启动升温期间，查看陀螺仪角度偏移率是否大于 3°/s。如果确定对温度敏感，要考虑给陀螺仪加上隔热材料，保持陀螺仪环境温度恒定不变。

（3）航向对准没做好。当无人机开始飞行时，航线对准没做好就会使得飞行方向的速度测试比率迅速增加（图 7-20）。

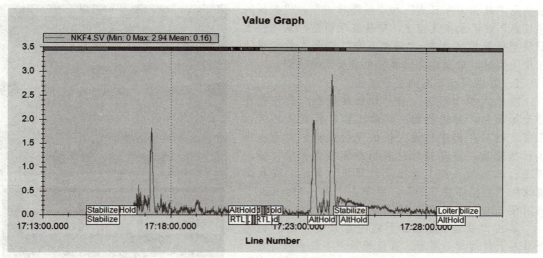

图 7-20　速度测试比率变化曲线

解决方法是重新进行磁罗盘校准，并检查磁罗盘上箭头标识是否指向无人机机头方向。

（4）GPS 精度过低。GPS 精度过低会伴随 GPS 速度的测量残差增加，这些误差一般是由多路径效应、信号遮挡及信号干扰导致的（图 7-21）。

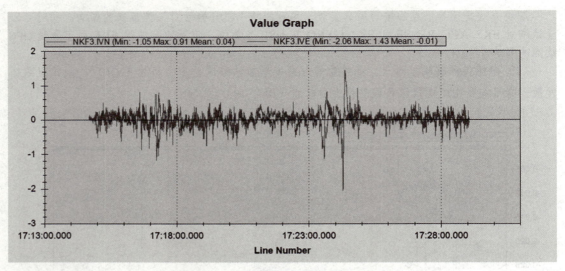

图 7-21　GPS 速度测量残差变化曲线

检查周围是否有干扰，并加长 GPS 天线固定支架长度，同时远离 GPS 信号遮挡和反射严重的地方。

◎【拓展阅读】

飞行日志的查看

在无人机的日常飞行中，经常会遇到很多问题，如飞机无法起飞、飞行不稳等相关问题，这就需要学习使用飞行日志来分析产生该现象的原因并给出其解决方法。

Pixhawk 飞控一般有两种记录飞行日志的方法，分别是"数据闪存日志"和"遥测日志"。"数据闪存日志"被记录在飞控上，需要在飞行后，从飞控上下载至计算机文件夹；"遥测日志"则是在数传模块连接飞控时，地面站在计算机里自动记录得到。

1. 数据闪存日志的查看方法

在无人机飞行前，启动地面站软件，将飞控连接至地面站，并进行相关调参工作，待无人机可以正常飞行后，再进行无人机的飞行试验。在无人机飞行结束后，需要打开计算机并连接无人机飞控，将飞行日志从飞控上导出至计算机地面站。在状态窗找到"数据闪存日志"，可单击"通过 Mavlink 下载闪存日志"，如图 7-22 所示。

单击"通过 Mavlink 下载闪存日志"后，会弹出日志下载的相关界面，直接选择"下载全部日志"即可，但若不需要下载全部日志，则需要先在日志明细中通过日期找到所需要分析的日志编号，然后勾选该日志，最后单击"下载这些日志"即可，如图 7-23 所示。

图 7-22　数据闪存日志的基本显示

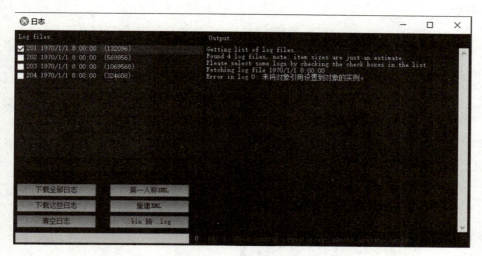

图 7-23 下载飞行日志

飞行日志下载完成后，单击"回顾日志"，电脑便会自动弹出有关飞行日志的文件夹，单击该文件夹，查看自己所需的飞行日志即可，如图 7-24 所示。

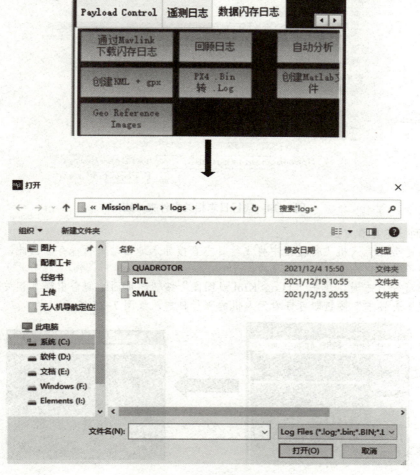

图 7-24 飞行日志相关文件夹

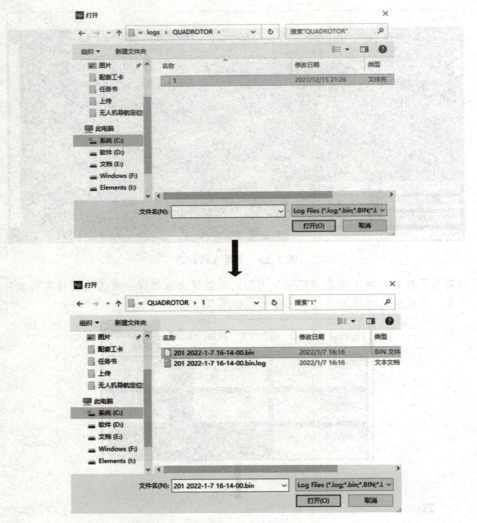

图 7-24 飞行日志相关文件夹（续）

2. 遥测日志查看方法

遥测日志会在无人机飞行过程中将飞行日志直接导入地面站进行保存，因此，在查看遥测日志时，并不需要额外连接无人机飞控。

在查看遥测日志时，单击"TLog>Kml 或图像"按钮，地面站便会出现其相关弹窗，在弹窗中单击"图表日志"按钮即可查看无人机的飞行日志，如图 7-25 所示。

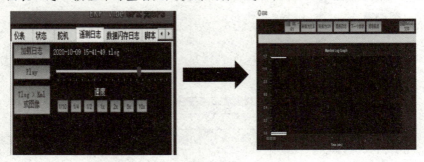

图 7-25 遥测日志的打开方式

若无人机的飞行时间较长，飞行日志里记录的曲线波动较为密集时，可框选想要查看时间段内的波动曲线，并通过鼠标中键滚动放大该区域。

3．相关参数及含义

为了解无人机在飞行过程中的各种姿态信息，无人机上都保存了记录飞行过程各种数据的日志文件，而无人机飞行日志中的不同参数也分别表示着不同的含义。为了更好地分析飞行日志并对无人机进行排故，就必须熟悉飞行日志相关参数的含义，并会分析飞行日志曲线。飞行日志中的基本参数的含义及作用见表7-2。

表7-2　飞行日志中的基本参数的含义及作用

分类	相关参数	实际意义	作用
ATT （姿态信息）	Roll	无人机实际的滚转角度	期望值和实际值的曲线重合度展示了无人机的飞行性能，其重合度越高说明PID调参越准确
	DesRoll	期望的滚转角度	
	Pitch	无人机实际的俯仰角度	
	DesPitch	期望的俯仰角度	
	Yaw	无人机实际的偏航角度	
	DesYaw	期望的偏航角度	
CTUN （油门和高度信息）	ThrIn	飞手的油门大小，一般表示为0到1 000的数值	油门和高度信息展示了无人机的上升过程和上升速度；并且提供了无人机在飞行时的高度信息。AngBst展示了无人机在倾斜飞行时油门自动补偿电机的数值
	ThrOut	最终油门输出大小	
	AngBst	飞行器倾斜飞行时会增加的油门大小	
	BarAlt	气压计测得飞行器离地面的高度	
	DCrt	期望的上升速率	
	Crt	加速计和气压计共同估计的上升速率	
	SAlt	声呐测得离地面的高度	
	DAlt	期望高度	
CURR （电压电流日志）	ThrInt	飞行过程中的全部油门输出之和	记录无人机飞行时的油门曲线，展示了无人机在通电时输出的电流与电压大小
	ThrOut	油门输入范围	
	Volt	电池电压输出	
	Curr	电池电流输出	
	VCC	主板电压	
	CurrTot	电池放电的总电流	

续表

分类	相关参数	实际意义	作用
GPS（卫星定位信息）	TimeMS	按下快门后，GPS每毫秒记录当时时间一次	卫星导航定位系统的精度由HDop的曲线图表示，GPS的基本数值会表现出无人机在飞行时的位置运动情况
	NSats	GPS当前使用卫星的数量，一般需达到8颗	
	HDop	GPS测量精度	
	Lat	GPS测量得到的横向高度	
	Lng	GPS测量得到的纵向高度	
	RelAlt	加速度计和气压计共同得到的高度	
	AlT	由GPS测量得到的高度	
	SPD	水平方向的地面速度	
	GCrs	无人机的地面方向	
IMU（加速度计和气压信息）	GyrX GyrY GyrZ	在X、Y、Z 3个方向上的陀螺仪原始旋转率	X、Y、Z 3个方向上运动曲线的波动幅度展示了无人机在运动过程中的飞行稳定性
	AccX AccY AccZ	在X、Y、Z 3个方向上的加速度计原始值	
RCIN（遥控器接收机信息）	Chan1	通道1——横滚	遥控器的接收信息展示了无人机在飞行过程中的通道使用和模式切换过程
	Chan2	通道2——俯仰	
	Chan3	通道3——油门	
	Chan4	通道4——航向	
	Chan5	通道5——模式切换	
RCOU（遥控器输出信号）	C1-C14	电动机电调输出PWM值	显示了电动机电调的输出，方便确定无人机的稳定性

但无人机飞行过程中的错误信息（ERR）也是无人机调试与维修的重要参数信息，因此我们也需要对其进行学习与了解。飞行日志中的错误信息的含义见表7-3。

表 7-3　飞行日志中的错误信息的含义

错误类型	表示方式	错误原因
Radio（无线电）	ECode 1	APM 的机载 PPM 编码器，至少 2 s 未更新数据
	ECode 0	PPM 编码器恢复数据更新，错误已解决
Compass（电子罗盘）	ECode 1	罗盘初始化失败
	ECode 0	从罗盘读取数据失败
	ECode	上述错误已解决
Opticalflow（光流）	ECode 1	光流定位初始化失败
	ECode 0	上述错误已解决
油门安全故障	ECode 1	油门下降到参数值以下，可能是无人机和遥控器失去连接
	ECode 0	上述问题解决，无人机和遥控器恢复连接
电池安全故障	ECode 1	电池电压低于参数 LOWVOLT 或电池过度放电能力超过参数规定值 BATTCAPACITY
	ECode 0	上述问题解决
GPS 安全故障	ECode 1	GPS 断开锁定至少 5 s
	ECode 0	GPS 恢复锁定
CGS 安全故障	ECode 1	地面站的操纵杆至少 5 s 未发生变化
	ECode 2	恢复地面站数据的更新
围栏	ECode 1	超过系统限定围栏高度
	ECode 2	超过系统限定围栏范围
	ECode 3	超过系统限定海拔高度和围栏范围
	ECode 0	模型回到系统限定范围内
GPS	ECode 2	GPS 产生故障
	ECode 1	GPS 清除故障

续表

错误类型	表示方式	错误原因
飞行模式	ECode 0 ~ 10	模型无法切换至想要的飞行模式 （0=自稳，1=特技，2=定高，3=自动，4=导航，5=悬停，6=返航，7=盘旋，8=定位，9=着陆，10=光流－悬停）
撞击检查	ECode 1	检测到撞击

【巩固提高】

1. 简述卡尔曼滤波的思想及工作过程。
2. 如何让 Pixhawk 飞控的 EKF 参与无人机的控制？
3. 扩展卡尔曼滤波相较于互补滤波有什么优点？

项目八

08 无人机通信系统

【知识目标】

1. 掌握无人机通信系统的基本组成。
2. 了解信号脉冲的编码方式和高频电子线路的调制类型。
3. 掌握接收机和其他设备间的通信协议。
4. 了解无人机和地面站之间的 Mavlink 通信协议。

【能力目标】

1. 能够搭建无人机通信系统。
2. 能够使用示波器查看接收机输出的 PWM、PPM、SBUS、DSM2 信号。
3. 能够排除无人机通信系统常见故障。

【素质目标】

1. 培养良好的职业技能和工作作风。
2. 增强法治观念和法律意识。
3. 培养开拓和创新意识。

【教学导航】

本项目主要学习无人机通信系统的基本组成、信号编码方式、电路调制方式、接收机的通信协议及无人机和地面站间的通信协议。

任务一 发射机和接收机间的通信方法

【任务引入】

遥控器的指令是怎样传送至接收机的?

【任务分析】

无人机是无人驾驶飞行器的简称,是利用无线电遥控设备和自备的程序控制装置操纵的不载人飞行器。使用无线电遥控设备操控无人机的一般过程：无人机驾驶员使用无线电遥控设备产生遥控指令，遥控指令经过无线传输到达接收机，接收机再将遥控指令传送给执行机构或者飞控，进而实现对无人机的操控。在这过程中，最重要的环节是无线通信链路的形成，其主要任务是建立一个空地单向或双向数据传输通道，用于完成遥控器对无人机的远距离遥控或者地面控制站对无人机的远距离遥控、遥测、任务信息传输。遥控实现无人机和任务设备的远距离操作，遥测则实现无人机状态的监测。

学习无线电发射机和接收机间的通信方法，才能熟悉无人机通信链路的形成过程。

【相关知识】

一、无人机通信链路系统组成

无人机通信链路分为机载端和地面端两部分。其中，链路的机载部分包括机载数据终端（Airborne Data Terminal，ADT）和天线。对于一般的轻小型民用无人机系统来说，机载数据终端为遥控器接收机（图8-1）或数传天空端（图8-2）；对于大型军用无人机和民用无人机来说，机载数据终端包括天线、发射机、接收机及用于连接接收机和发射机到系统其余部分的控制盒，有些机载数据终端为了满足下行链路的带宽限制，还提供了用于压缩数据的处理器。视距内通信的无人机多数安装有全向天线，超视距通信的无人机一般采用自跟踪抛物面卫通天线（图8-3）。

图8-1 遥控器接收机

图8-2 数传天空端

图8-3 捕食者无人机卫通天线

链路的地面部分也称地面数据终端（Ground Data Terminal，GDT）。对于一般的轻小型民用无人机来说，机载地面端为遥控器（图 8-4）或者数传地面端（图 8-5）；对于军用无人机和大型民用无人机来说，该终端包括一副或几副天线、接收机和发射机及调制解调器。若传感器数据在传送前经过压缩，则地面数据终端还需采用处理器对数据进行重建。视距内通信链路地面天线采用鞭状天线、八木天线（图 8-6）和自动跟踪抛物面天线。超视距通信的控制站还会采用固定卫星通信天线。地面数据终端可以分装成几个部分，一般包括一条连接地面天线和地面控制站的本地数据连线及地面控制站中的若干处理器和接口。

图 8-4　无人机遥控器

图 8-5　数传地面端

图 8-6　地面站八木天线

图 8-7 展示了遥控指令的产生至被执行的整个过程。

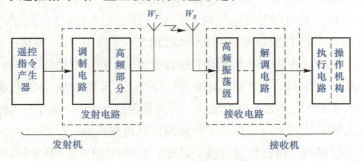
图 8-7　无人机通信系统的组成框图

对于长航时无人机而言，为克服地形阻挡、地球曲率和大气吸收等因素的影响，并延伸链路的作用距离，中继是一种普遍采用的方式。当采用中继通信时，中继平台和相应的转发设备也是无人机链路系统的组成部分之一（图8-8）。无人机和地面站之间的作用距离是由无线电视距所决定的。

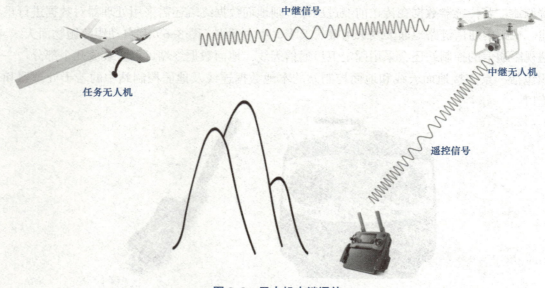

图8-8 无人机中继通信

二、我国对无人机使用频段规定

无线电频谱同矿藏、水流、森林、山岭、草原一样，是国家宝贵的自然资源，各个国家对无线电频谱都进行了法律管制，使用无线电频段必须遵守我国的相关法律法规。为了方便无线电的使用，各个国家挪出某一频段开放给工业、科学和医学机构使用，这一频段也称为 ISM 频段（Industrial Scientific Medical Band）。应用这些频段无须许可证或费用，只需要遵守一定的发射功率（一般低于 1 W），并且不要对其他频段造成干扰即可。ISM 频段在各国的规定并不统一。如在美国有 902～928 MHz、2 400～2 484.5 MHz 及 5 725～5 850 MHz 三个频段，而在欧洲 900 Hz 的频段有部分用于 GSM 通信。而 2.4 GHz 为各国共同的 ISM 频段。因此，无线局域网（IEEE 802.11b/IEEE 802.11 g）、蓝牙、ZigBee、无人机遥控等无线网络，均可工作在 2.4 GHz 频段上。

无人机通信链路需要使用无线电资源，目前世界上无人机通信用到的频谱主要集中在 UHF、L 和 C 波段，其他频段也有零散分布。2015 年 3 月 10 日，我国工业和信息化部发布了《关于无人驾驶航空器系统频率使用事宜的通知》，通知中规划了 840.5～845 MHz、1 430～1 444 MHz 和 2 408～2 440 MHz 频段用于无人驾驶航空器系统。其中规定：840.5～845 MHz 频段可用于无人机系统的上行遥控链路，其中，841～845 MHz 也可采用时分方式用于无人机系统的上行遥控和下行遥测信息传输链路；1 430～1 444 MHz 频段可用于无人机系统下行遥测与信息传输链路，其中，1 430～1 438 MHz 频段应优先保证警用无人机和直升机视频传输使用，其他无人驾驶航空器使用 1 438～1 444 MHz 频段，无人机在市区部署时，应使用 1 442 MHz 以下频段；2 408～2 440 MHz 频段可作为无人驾驶航空器系统上行遥控、下行遥测与信息传输链路的备份频段。相关无线电台站在该频段工作时不得对其他合法无线电业务造成影响，也不能寻求无线电干扰保护。

三、无人机通信链路及频段

通信链路是指通信网络中两个结点之间的物理通道。无人机通信链路主要是指用于无人机系统传输控制、无荷载通信、荷载通信三部分信息的无线电链路。根据国际电联无线电通信部门（ITU-R）M.2171给出的定义，无人机系统通信链路是指控制和无荷载链路。主要包括指挥与控制、空中交通管制、感知与规避三种链路。

无人机通信链路按照连接方法可分为点对点连接和多点连接链路；按照通信方式可分为单向和双向通信链路；按照传输方式可分为上行和下行链路。其中，上行链路是指地面站到无人机的遥控指令的发送和接收；下行链路是指无人机到地面站的遥测数据及红外或电视图像的发送和接收。无人机系统中的通信链路常常称为数据链。民用无人机系统一般使用点对点的双向通信链路。

在无人机地空数据传输过程中，其无线信号会受到地形、地物及大气等因素的影响，引起电波的反射、散射和绕射，形成多径传播，并且信道会受到各种噪声干扰，造成数据传输质量下降。

在测控通信中，无线传输信道的影响随工作频段的不同而不同，因此，首先需要了解无人机测控使用的主要频段。无人机测控链路可选用的载波频率范围很宽。低频段设备成本较低，可容纳的频道数和数输速率有限，而高频段设备成本较高，可容纳较多的频道数和较高的数据传输速率。

无人机链路应用的主要频段为微波（300 MHz～3 000 GHz），因为微波链路有更高的可用带宽，可传输视频画面，它所采用的高带宽和高增益天线抗干扰性能良好。不同的微波波段适用不同的链路类型。

一般来说，VHF、UHF、L 和 S 波段较适合低成本的短程无人机视距链路；X 和 Ku 波段适用中程和远程无人机的视距链路和空中中继链路；Ku 和 Ka 波段适用中远程的卫星中继链路。

常用民用多旋翼无人机通信链路系统频段使用情况见表 8-1。

表 8-1 常用民用多旋翼无人机通信链路系统频段

	频段	72 MHz	433 MHz	915 MHz	1.2 GHz	2.4 GHz	5.8 GHz
机载链路子系统	遥控接收机	√	√			√	
	机载数传模块及天线		√	√		√	
	机载图传模块及天线				√	√	√

续表

频段		72 MHz	433 MHz	915 MHz	1.2 GHz	2.4 GHz	5.8 GHz
地面链路子系统	遥控发射机	√	√			√	
	地面数传模块及天线		√	√		√	
	地面图传模块及天线				√	√	√

■ 四、编码调制

遥控及任务指令产生后，一般需要进行编码调制，常用的编码调制方式有 PWM、PPM、PCM、SBUS 和 DSM。同时，它们也是接收机和其他设备通信的协议。

1. PWM

PWM（Pulse Width Modulation）是脉冲宽度调制的英文缩写。PWM 不可以时分复用，主要是通过周期性跳变的高低电平组成方波，是以脉冲占空比来传递信息，最终实现连续数据的输出。

PWM 信号是一个周期性的方波信号，在常用的无人机遥控器中，其周期为 20 ms，也就是 50 Hz 的刷新频率。通常，无人机遥控器摇杆产生的电压信号进行 PWM 调制后的脉冲宽度变化范围为 1 000～2 000，即 PWM 每一周期中的高电平持续时间为 1 000～2 000 μs，高电平持续时间代表了摇杆控制量。一般四旋翼中 1 100 μs 对应 0 油门，1 900 μs 对应满油门（图 8-9～图 8-12）。

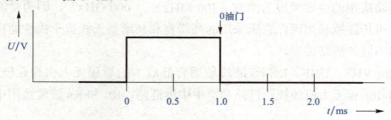

图 8-9　0 油门对应的脉冲宽度

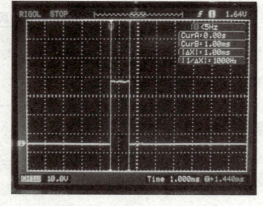

图 8-10　0 油门时的 PWM 波形

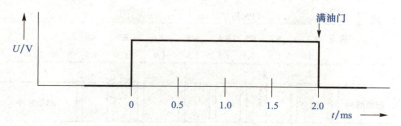

图 8-11 满油门对应的脉冲宽度

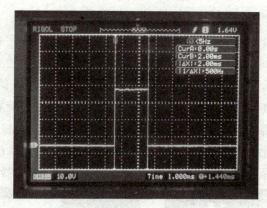

图 8-12 满油门时的 PWM 波形

如果移动摇杆，使得输出电压按照图 8-13（a）所示的曲线变化，则经过 PWM 调制后的图形如图 8-13（b）所示，注意图中调制后的波形只是宽度发生改变，脉冲之间的时间间隔是固定不变的。

PWM 的优势如下：

（1）由于传输过程全部使用满电压传输，非 0 即 1，很像数字信号，所以 PWM 拥有了数字信号的抗干扰能力。

（2）脉宽的调节是连续的，使得它能够传输模拟信号。

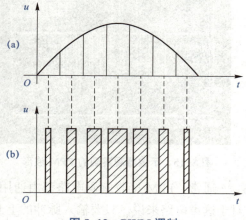

图 8-13 PWM 调制

（3）PWM 信号的发生和采集都非常简单，现在的数字电路则使用计数的方法产生和采集 PWM 信号。

（4）信号值与电压无关，信号的传输受干扰小，这在电压不恒定的条件下非常有用，如电池电压会随着消耗而降低，DC-DC 转换器会存在纹波等情况。

2. PPM

PPM（Pulse Position Modulation）是脉冲位置调制的英文缩写，是以不同时刻出现的脉冲位置传递信息，可以时分复用，其编解码方式一般是使用积分电路来实现的。它是通过将多个控制通道集中放在一起调制而成的，也就是一个 PPM 脉冲序列里面包含了多个通道的信息，如图 8-14 所示。

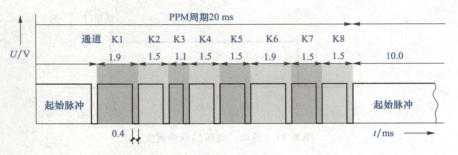

图 8-14 PPM 调制

标准的 PPM 信号，以 0.4 ms 的低电平为起始标识。后边以电平的上升沿的间隔时间来表达各个通道的控制量，刚好等于 PWM 信号的高电平持续时间，也就是 1 000～2 000 μs。一般排列 10 个上升沿后，电平保持高电平，直到重复下一个 PPM 信号。由图 8-14 可知，第一个通道对应的 PWM 信号高电平持续时间为 1.9 ms，对于多旋翼无人机来说，第一通道对应的是副翼（控制滚转），则说明遥控器副翼控制杆打到右极限位置。如图 8-15 所示为示波器观察到的接收机输出的 PPM 波形，测得第三个通道（油门通道）的时间间隔为 2.0 ms，与遥控器实际油门位置相对应。如图 8-16 所示为遥控器油门高位（美国手）。

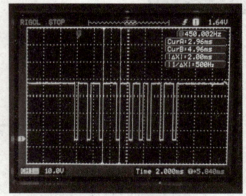

图 8-15 示波器观察到的 PPM 波形　　　图 8-16 遥控器油门高位（美国手）

通常，PPM 接收解码电路都由通用的数字集成电路组成，如 CD4013、CD4015 等。对于这类电路来说，只要输入脉冲的上升沿达到一定的高度，都可以使其翻转。这样，一旦输入脉冲中含有干扰脉冲，就会造成输出混乱。由于干扰脉冲的数量和位置是随机的，因此在接收机输出端产生的效果就是"抖舵"。

除此之外，因电位器接触不好而造成编码波形的畸变等原因，也会影响接收效果，造成"抖舵"。对于窄小的干扰脉冲，一般的 PPM 电路可以采用滤波的方式消除；而对于较宽的干扰脉冲，滤波电路就无能为力了。

这样普通的 PPM 比例遥控设备，在强干扰的环境下或超出控制范围时会产生误动作，尤其是在有同频干扰的情况下，无人机往往会完全失控。

3. PCM

PCM 是英文 Pulse-Code Modulation 的缩写，即脉冲编码调制，又称脉码调制，是由 A. 里弗斯于 1937 年提出的，这一概念为数字通信奠定了基础。

PCM 是将若干个指令信号的数字形式进行编码后再传送，使用了数字信号处理中的查错算法，因此具有更高的效率和可靠性。

其编码过程是编码电路中模/数转换部分将电位器产生的模拟信息转换成一组数字脉冲信号。如果遥控器采用的是 8 位 PCM 编码，则表示每个通道都由 8 个脉冲组成，再加上同步脉冲和校核脉冲，因此每组脉冲包含了数十个脉冲信号。在这里，每一个通道都由 8 个信号脉冲组成。其脉冲个数永远不变，只是脉冲的宽度不同。宽脉冲代表"1"，窄脉冲代表"0"。这样，每个通道的脉冲就可用 8 位二进制数据来表示，共有 256 种变化。接收机解码电路中的处理器收到这种数字编码信号后，再经过数/模转换，就可将数字信号还原成模拟信号（图 8-17）。

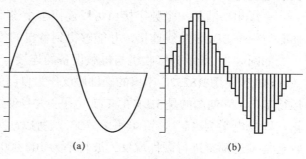

图 8-17　PCM 调制

PCM 由于在空中传播的是数字信号，其中包含的信号只代表两种宽度。这样，如果在此种编码脉冲传送过程中产生了干扰脉冲，解码电路中的单片机就会自动将与"0"或"1"脉冲宽度不相同的干扰脉冲自动清除。如果干扰脉冲与"0"或"1"脉冲的宽度相似或直接将"0"脉冲干扰加宽成"1"脉冲，解码电路的单片机也可以通过计数功能或检验校核码的方式，将其滤除或不予输出。而因电位器接触不良对编码电路造成的影响，也已由编码电路中的处理器将其剔除，这样就消除了各种干扰。

PCM 还具有高可靠性和高抗干扰性。一般 PPM 遥控设备都要求在操作时先打开发射机后开接收机，先关接收机后关发射机。其原因是在没有发射信号时，接收机会因自身内部的噪声或外界的干扰产生误动作；即使是带静噪电路的接收机，在有同频干扰的情况下也会出现误动作。而采用了 PCM 编解码方式，在程序设计中包含了多种信号校验功能，即使在发射机关机、只开接收机的情况下，也不会产生误动作。因此，当每次发射机定时关机后，接收机仍可处于开机待命状态，避免了频繁开关接收机的麻烦。

另外，PCM 编码可以很方便地利用计算机编程，不增加或少增加成本，实现各种智能化设计。例如，将来的比例遥控设备可以采用个性化设计，在编解码电路中加上地址码，实现真正意义上的一对一控制。另外，如果在发射机上加装开关，通过计算机编程，将每个通道的 256 种变化分别发送出来；接收机接收后，再经计算机解码后变成 256 路开关输出。这样，一路 PCM 编码信号就可变成 256 路开关信号。而且，这种开关电路的抗干扰能力相当强，控制精度相当高。从上述说明可以看出，PCM 编码与 PPM 编码方式相比，具有很大的优越性。PCM 编码可以认为是真正的数字比例遥控。而且各个厂家生产的不同型号的 PCM 比例遥控设备，其编码方式不相同。因此，同样是 PCM 设备，只要是不同厂家生产的，即使是相同频率，也不会产生互相干扰，而只会影响控制距离。

但是，PCM 接收机里必须有一套和发射机一致的标准，才能正确地识别信号，也就意味着不同品牌的 PCM 接收机不能通用，而 PPM 接收机大多可以通用。

4. SBUS

SBUS 即串行总线，也是智能总线。该总线是日本 Futaba 公司自己使用的专用总线协议。该协议有两个特点：一个是数字化；另一个是总线化。

数字化是指该协议使用现有数字通信接口作为通信的硬件协议，并使用专用的软件协议，这使得该设备非常适合在单片机系统中使用，也就是说适合与飞控连接。

总线化指的是一个数字接口可以连接多个设备，这些设备（主要是舵机和电调）通过 Hub 与一个 SBUS 总线连接，并能够得到各自的控制信息。

如图 8-18 所示为接收机与机载设备的连接。

SBUS 使用 RS232C 串口的硬件协议作为自己的硬件运行基础。它使用的是 3.3 V 的 TTL 电平；并且使用负逻辑，即低电平为"1"，高电平为"0"，所以，无论接收还是发送都要进行硬件取反。波特率为 100 000 bps，注意：不兼容波特率为 115 200 bps。

在使用时，串口配置为波特率 100 kbps、8 位数据、偶校验（even）、2 位停止位、无流控。

SBUS 协议规定每帧有 25 个字节，按照［startbyte］［data1］［data2］…［data22］［flags］［endbyte］顺序排列。其中，起始字节 startbyte=11110000b（0xF0），中间 22 个字节是 16 个通道的数据，每个伺服通道采用 11 位编码。相邻两帧之间的时间间隔为 4 ms（高速模式），约 7 ms 一帧；在低速模式下是每 14 ms 发送一次。

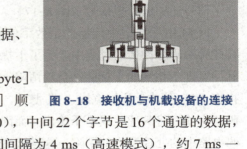

图 8-18 接收机与机载设备的连接

SBUS 协议的编码原理：一个信息是二进制的 11 bit，例如，1111 1111 111 就可以表示一个信息，一共 16 个这样的信息，按照顺序将这 16 个信息依次排成一串，得到一个 176 bit（11×16）的数据，也就是 22 字节（176/8=22）的数据，再加上数据头数据尾校验位就组成了一个要通过串口传送的信息。每隔 4 ms 或者 14 ms 就传送一个这样的信息。所以，这 16 个信息每个所能表示的最大值是 2 048，也就是它的精度。标志位的高 4 位有特殊含义，低 4 位并没有使用。第 7 位和第 6 位表示两个数字通道（通道 17 和 18）信息（就是只有高低电平的通道，一般用来控制通断或者某个电机简单的启动或者停止，如 1 表示启动电动机，0 表示停止电动机）。第 5 位表示帧丢失，接收机红色 LED 亮起，如果这一位为 1，表示这一帧信号出问题了，接收机红色 LED 亮起。第 4 位表示故障保护激活，意思应该是说如果这一位为 1，激活接收方故障保护。

5. DSM

DSM 是英文 Digital Spread Spectrum Modulation 的缩写，即数字扩频调制。DSM 协议一共有 DSM、DSM2、DSMX 三代。国内最常见的是 DSM2，JR 和 Spectrum 的遥控器都支持该协议。DSM 协议也是一种串行协议，但是比 SBUS 更加通用，使用的是标准串口定义，所以市面上兼容接收机更加便宜，兼容的设备也更多。

但是该协议并不是一种总线化的协议，要靠接收机把该协议变为 PWM 来驱动舵机，DSM2 接口也只能连接接收机和卫星接收机。

DSMX 是 DSM2 的升级版，区别就是速率加快了。DSMX 协议可以用于双向传输，即能够将飞机上的信息传回遥控器上在液晶屏显示。

五、高频调制

无人机控制指令或遥测信号产生后，还需经过调制才能有效辐射出去。调制就是把所要传输的信息搭载在载波上的过程，也就是使载波的某个参数（幅度、频率、相位）随着消息信号的规律而变化。这样，发射的已调高频信号就带有基带信号的信息。

这里的载波是一种高频周期信号，它本身不含有任何有用的信息，经过调制的载波称为已调信号，它含有消息信号的全部特征。

利用载波进行传输的消息信号称为调制信号。由于消息信号的频率相对于载波来说很低，因此其频谱通常称为基带，所有消息信号也可以称为基带信号，消息信号、调制信号和基带信号可以视为等价的。

1. 信号需要调制的原因

（1）高频已调信号易于辐射。为了使电磁能量有效辐射，需要发射天线尺寸至少为发射信号波长的 1/10，而基带信号频率低波长大，如果直接发射，所需天线过长难以实现。因而高频波长短的信号易于辐射。

（2）便于同时传输多路不同的基带信号，增强抗干扰能力。例如遥控无人机时，多个通道信号所占频带是相同的，假设不进行调制，就没办法同时传送多个通道的指令信号；对基带信号进行调制后，可调制到不同频带，从而互不干扰。

2. 信号调制的作用和目的

调制的实质是频谱搬移，其作用和目的如下：

（1）将调制信号（基带信号）转换成适合信道传输的已调信号（频带信号）；

（2）实现信道的多路复用，提高信道利用率；

（3）减少干扰，提高系统抗干扰能力；

（4）实现传输带宽与信噪比之间的互换。

3. 信号调制的分类

调制可分为模拟调制和数字调制。以正弦波作为载波，模拟调制可分为幅度调制（AM）、频率调制（FM）和相位调制（PM）；数字调制可分为幅度键控（ASK）、频移键控（FSK）和相移键控（PSK）。

（1）模拟调制。模拟调制是指用模拟基带信号对载波波形的某些参数（幅度、相位和频率）进行控制，使这些参数随基带信号的变化而变化。

1）幅度调制。使正弦载波的振幅按照模拟消息信号的变化规律成比例地变化。幅度调制属于线性调制。主要包括 AM（常规双边带调幅）、DSB（抑制载波双边带调制）、SSB（单边带调制）、VSB（残留边带调制）4 种方式。图 8-19 所示为 AM 调幅波形图。

2）角度调制。消息信号不仅可以进行幅度调制，还可以进行频率和相位调制，分别称为频率调制（FM）和相位调制（PM），简称调频和调相，统称为角度调制。角度调制与线性调制不同，已调信号频谱不再是原调制信号频谱的线性搬移，而是频谱的非线性变换，会产生与频谱搬移不同的新的频率成分，故又称为非线性调制。

由于频率和相位之间存在微分与积分的关系，故调频与调相之间存在密切的关系，即调频必调相，调相必调频。图 8-20 展示了调频信号产生过程，即用调制信号去控制高频载波频率的过程。

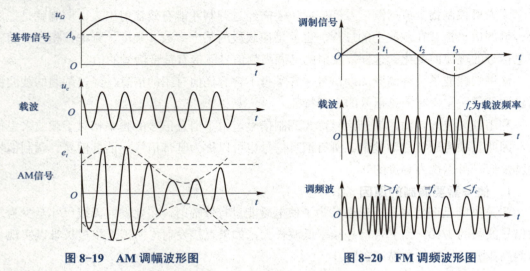

图 8-19　AM 调幅波形图　　　　图 8-20　FM 调频波形图

（2）数字调制。数字信号调制（键控调制）是用载波信号的某些离散状态来表征所传送的调制信号。

用基带数据信号控制一个载波的幅度称作幅度键控。如在 2ASK 中，当传输"1"码时，载波幅度保持不变；当传输"0"码时，载波幅度变为 0（图 8-21）。

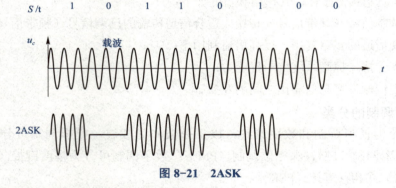

图 8-21　2ASK

用基带数据信号控制载波频率称作频移键控。如在 2FSK 中，当传送"1"码时送出一个频率 f_1；传送"0"码时送出另一个频率 f_0（图 8-22）。

用基带数据信号控制载波的相位，使它作不连续的、有限取值的变化以实现信息传输的方法称为相移键控。如在 2PSK 中，当传送"1"码时载波相位保持不变；当传送"0"码时载波相位反相（图 8-23）。

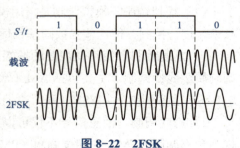

图 8-22　2FSK

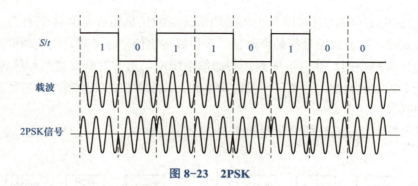

图 8-23　2PSK

（3）模拟调制和数字调制的区别。

1）相同点：原理基本相同，都是用基带信号对载波信号的某些参数进行控制；频谱结构类似：有线性调制和非线性调制。不同点：数字调制中的基带信号是数字脉冲列，模拟调制中的基带信号是连续信号。

2）与模拟调制相比，数字调制的优点是频谱利用率高、纠错能力强、抗信道干扰失真能力强，中继时噪声及色散的影响不积累，因此可实现长距离传输，以及高效的多址接入和更高的安全保密性等。

六、扩频通信

扩频通信是指扩展频谱通信，其特点是传输信息所用的带宽远大于信息本身带宽。频带的扩展是通过一个独立的码序列来完成，用编码及调制的方法来实现的，与所传信息数据无关。

1. 理论基础

扩频通信的基本理论根据是信息理论中香农的信道容量公式。

$$C = B\log_2\left(1+\frac{S}{N}\right) \tag{8-1}$$

式中，C 为信道容量，B 为信道带宽，S 为信号功率，N 为噪声功率。

式（8-1）说明了增加信道带宽 B，可以在低的信噪比的情况下，信道仍可在相同的容量下传送信息。甚至在信号被噪声淹没的情况下，只要相应地增加信号带宽也能保持可靠的通信。

香农指出，在高斯噪声的干扰情况下，在受限平均功率的信道上，实现有效和可靠通信的最佳信号是具有白噪声统计特性的信号。而采用伪随机噪声码的扩频函数很接近白噪声的统计特性。

2. 扩频通信优点

扩频通信具有抗干扰能力强、隐蔽性好、保密性好、抗多路径干扰性能好、易于实现码分多址等优点。

3. 扩频方式

代表性的扩频方式有直接序列扩频（Direct-sequence spread spectrum，DSSS）和跳频扩频（Frequency-hopping spread spectrum，FHSS）两种。

（1）直接序列扩频。直接序列扩频是用待传输的信息信号与高速率的伪随机码波形相乘后，去直接控制射频信号的某个参量，来扩展传输信号的带宽。用于频谱扩展的伪随机序列称为扩频码序列。在直接序列扩频通信系统中，通常对载波进行相移键控（Phase Shift Keying，PSK）调制。为了节约发射功率和提高发射机的工作效率，扩频通信系统常采用平衡调制器。

直接序列扩频通信系统的简化图如图 8-24 所示。

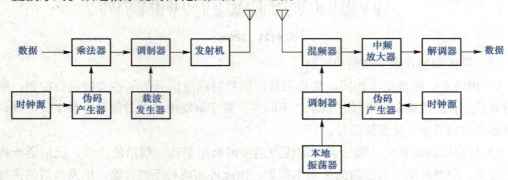

图 8-24　直接序列扩频通信系统简化图

直扩信号产生过程如图 8-25 所示。

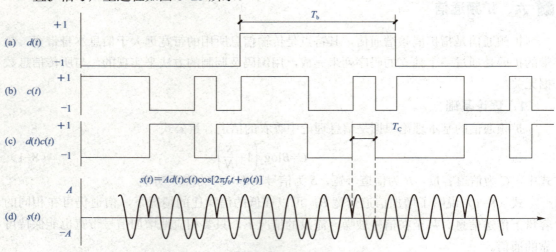

图 8-25　理想扩展频谱系统波形示意
（a）要传输的信息信号，为双极性信号；（b）伪随机码，为双极性码；
（c）要传输的信息和伪随机码相乘后的结果；（d）对载波进行相移键控调制

（2）跳频扩频。跳频扩频通信系统是频率跳变扩展频谱通信系统的简称，确切地是叫作"多频、选码和频移键控通信系统"。它是用二进制伪随机码序列去离散地控制射频载波振荡器的输出频率，使发射信号的频率随伪随机码的变化而跳变。跳频系统可供随机选取的频率数通常是几十到上百个离散频率。在如此多的离散频率中，每次输出的频率是由伪随机码决定的。在接收端，接收机频率合成器受伪随机码控制，并保持与发射端变化规律相同。

跳频是载波频率在一定范围内不断跳变意义上的扩频，而不是对被传送信息进行扩谱，不会得到直扩的处理增益。跳频相当于瞬时的窄带通信系统，基本等同于常规通信系统，由于不能抗多径，同时发射效率低，同样发射功率的跳频系统在有效传输距离上小于直扩系统。跳频的优点是抗干扰。

跳速的高低直接反映跳频系统的性能，跳速越高抗干扰的性能越好，军事上的跳频系统可以达到每秒上万跳。实际上移动通信 GSM 系统也是跳频系统，其规定的跳速为 217 跳 /s。出于成本的考虑，商用跳频系统跳速都很慢，一般在 50 跳 /s 以下。由于慢跳跳频系统可以简单地实现，因此低速无线局域网产品经常采用这种技术。

跳频扩频通信系统简化图如图 8-26 所示。

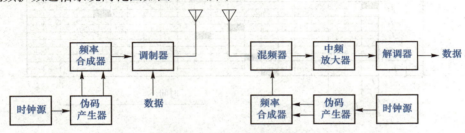

图 8-26　跳频扩频通信系统简化

FHSS 可分为快跳频和慢跳频系统，所谓快跳频，是指跳频发生的速率比消息比特率高的跳频系统；所谓慢跳频，是指跳频发生的速率比消息比特率低的跳频系统。慢跳频扩频信号产生过程如图 8-27 所示，每传输 3 个比特后跳变到一个新的频率，并且传输这 3 个比特的过程中，当传输比特"0"时，选择当前频率的下部；当传输比特"1"时，选择当前频率的上部。

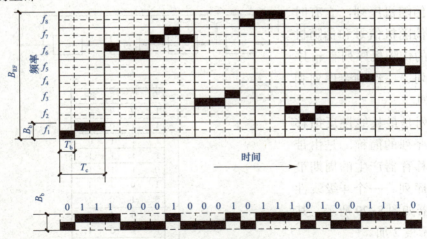

图 8-27　频率慢跳变系统频率跳变示意

快跳频扩频信号产生过程如图 8-28 所示。由图 8-28 可知，每传输 1 个比特频率跳变了 3 次，并且当传输比特"1"时，选用的都是跳变频率的上部；当传输比特"0"时，选用的都是跳变频率的下部。

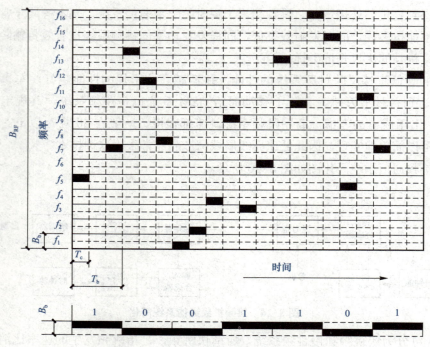

图 8-28 频率快跳变系统频率跳变示意

4. 伪随机序列码

伪随机序列具有类似随机噪声的某些统计特性，同时又能够重复产生。目前广泛应用的伪随机噪声都是由周期性数字序列经过滤波等处理后得出的。通常将这种周期性数字序列称为伪随机序列，它有时又被称为伪随机信号和伪随机码。常用的伪随机序列有 m 序列、M 序列、二次剩余序列和双素数序列。

m 序列是最长线性反馈移位寄存器序列的简称，是由带线性反馈移存器产生的周期最长的一种序列。一个 4 级线性反馈移存器如图 8-29 所示，其中的 ⊕ 表示模 2 加。

图 8-29 展示了 m 序列的产生过程。设 4 个寄存器的初始状态为 $(a_3, a_2, a_1, a_0) = (1, 0, 0, 0)$，则在移位 1 次时，由 a_3 和 a_0 模 2 相加，作为 a_3 新的输入 $a_3=1$，新的状态变为 $(a_3,$

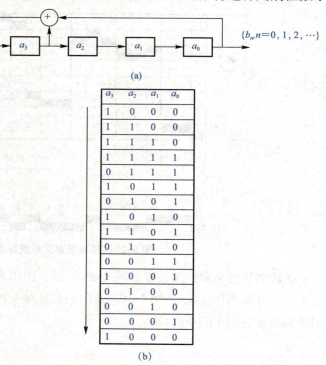

图 8-29 m 序列产生过程
（a）原理方框图；（b）寄存器状态更新示意

a_3, a_2, a_1）=（1, 1, 0, 0）。这样移位 15 次后又回到初始状态（1, 0, 0, 0）。产生的随机序列 $\{b_n, n=0, 1, 2, \cdots\}$={0, 0, 0, 1, 1, 1, 1, 0, 1, 0, 1, 1, 0, 0, 1, 0, 0, 0, 1, 1, $\cdots$}。

【任务实施】

学生每 6 人一组，每小组选出一个组长，负责讨论环节的组织、记录和总结。

（1）分小组讨论"无人机通信链路组成"以及"遥控指令信号从产生到执行是一个怎样的过程"。小组讨论后，选派一名代表总结陈述讨论结果。

（2）网上搜索常见无人机遥控器和数传电台，罗列其中有关通信的技术，并利用所学的通信知识给同学们做一次无人机遥控器测评介绍的演讲。

【拓展阅读】

火星无人机通信技术

火星无人驾驶飞机 Ingenuity 与"毅力号"探测器使用的是 900 MHz 的 Zigbee 无线电进行通信。

Zigbee 是在 NASA 的"毅力号"火星车和半自动飞行无人机之间传输遥测数据的理想无线协议。在火星这种极端环境下，有一个非常轻量级的专用标准以及获得基本信息至关重要，并使得在火星上的通信过程中，能够延长电池的使用。

使 Zigbee 在智能家居中发挥巨大作用的因素也使其高度适合前往火星的任务。在蓝牙采用 LE 规范之前，Zigbee 无线协议早已成为"低能量"的典范。这使得它非常适合小型、电池供电的智能家居设备（如运动和温度传感器）的微不足道的数据需求，也适合轻型无人机。该协议的运作也非常稳健，被设计为在一个节点网中运行，可以克服数据包交付失败而不干扰邻近的信号。这就是在不同星球上操作时航天科研人员也想要的那种可靠性。

Zigbee 另一个优点是有很大的通信范围，在有遮挡的家庭环境中，Zigbee 联盟声称其信号可以达到约 150 ft（约 46 m）。但在视线范围内，这个距离可以拉得更远，而且在火星极薄的大气层中，可能还会更远，因为火星缺乏地球上的密集无线电干扰。根据 NASA 的说法，4 磅（约 1.9 kg）的 Ingenuity 直升机能够在 9 个足球场或大约 2 700 ft（约 823 m）远的地方与毅力号无人机上的火星直升机基站进行通信（图 8-30、图 8-31）。

图 8-30　火星无人机

图 8-31　与火星车通信的无人机天线

【巩固提高】

1. 常用的遥控指令编码方式有哪些？
2. 设发送数字信息序列为 11010011。现采用 2FSK 进行调制，试画出 2FSK 信号的波形。

3. 扩频通信有什么优点？
4. 简述直接序列扩频和跳频扩频信号的产生过程。

任务二　MAVLink 协议

【任务引入】

Pixhawk 飞控通过数传电台连接 Mission Planner 地面站后，光标乱跑。

【任务分析】

Pixhawk 和 APM 飞控都是采用 MAVLink 协议实现与 Mission Planner 或者 QGC 地面站的数据链路传输。学习了解 MAVLink 协议，有助于分析并排除地面站端由于数据通信造成的故障。

【相关知识】

MAV Link 协议最早由苏黎世联邦理工学院计算机视觉与几何实验组的 Lorenz Meier 于 2009 年发布，该协议遵循 LGPL 开源协议。MAVLink 是一种非常轻量级的消息传输协议，用于地面控制终端（地面站）与小型无人机之间（以及机载无人机组件之间）的通信，是在串口通信基础上发展的一种更高层的开源通信协议，主要应用在微型飞行器（Micro Aerial Vehicle）的通信上。

1. 主要特性

（1）高效性。MAVLink 1 的每个数据包只有 8 个字节的开销，包括起始标志和数据包丢弃检测。MAVLink 2 只有 14 个字节的开销，但它是一个更安全且可扩展的协议。因为 MAVLink 不需要任何额外的帧，所以非常适合通信带宽非常有限的应用程序。

（2）可靠性。自 2009 年以来，MAVLink 一直被用于多种载具、地面站（和其他节点）之间的通信，而这些通信信道中，不乏各种挑战性（如高延迟、噪声）。同时，MAVLink 也具备检测数据包丢失、损坏和数据包身份验证的功能。

（3）单个网络上最多可容纳 255 个并行系统（载具、地面站等）。

（4）支持 offboard 和 onboard 通信。例如，地面站和无人机之间的通信（offboard），以及无人机自动驾驶仪与启用 MAVLink 的无人机摄像头之间的通信（onboard）。

2. 数据结构

MAVLink 传输时的基本单位是消息帧。帧的结构如图 8-32 所示。

（1）图 8-32 中，STX 为起始标志位，在 v1.0 版本中以"FE"作

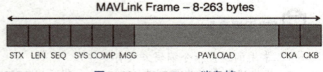

图 8-32　MAVLink 消息帧

为起始标志。当 MAVLink 消息帧到达接收端时，可通过查找标志位找到消息帧的起始位置，进而对消息帧进行解码。

（2）LEN 代表的是 PAYLOAD（有效荷载）的字节长度，范围从 0 到 255。在 MAVLink 消息帧接收端可以用它和实际收到的有效荷载的长度进行比较，以验证有效荷载的长度是否正确。

（3）SEQ 代表的是本次消息帧的序号，每次发完一个消息，这个字节的内容会加 1，加到 255 后会从 0 重新开始。这个序号用于 MAVLink 消息帧接收端计算消息丢失比例用的，相当于是信号强度（图 8-33）。

（4）SYS 是发送本条消息帧的设备的系统编号，用于 MAVLink 消息帧接收端识别是哪个设备发来的消息。使用 Pixhawk 飞控刷 Px4 固件时默认的系统编号为 1。

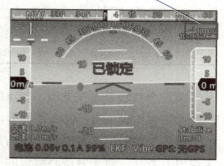

图 8-33　MP 地面站 HUD 窗口

（5）COMP 是发送本条消息帧的设备的单元编号，用于 MAVLink 消息帧接收端识别是设备的哪个单元发来的消息。使用 Pixhawk 刷 Px4 固件时默认的单元编号为 50。

（6）MSG 是有效载荷中消息包的编号，MAVLink 消息帧接收端要根据这个编号来确定有效荷载里到底放了什么消息包，并根据编号选择对应的方式来处理有效荷载里的信息包。

（7）最后两个字节是 16 位校验位，CKB 是高 8 位，CKA 是低 8 位。校验码由 CRC16 算法得到，算法将整个消息（从起始位开始到有效载荷结束，还要额外加上 MAVLink_CRC_EXTRA 字节）进行 CRC16 计算，得出一个 16 位的校验码。有效载荷里信息包（由消息包编号来表明是哪种消息包）会对应一个 MAVLINK_CRC_EXTRA，这个 MAVLINK_CRC_EXTRA 是由生成 MAVLink 代码的 xml 文件生成的，加入这个额外的字节是为了当飞行器和地面站使用不同版本的 MAVLink 协议时，双方计算得到的校验码会不同，从而避免了由于不同版本间通信时带来的重大潜在问题。

3. 消息种类

MAVLink 消息帧里最重要的两个东西是 Msgid 和 Payload，前者是 Payload 中内容的编号，后者则存放了消息。消息有许多种类型，以"#"加数字的方式来表示消息的编号，如"#0"。MAVLink 提供了多种消息，同时也能让用户自定义消息。下面简要介绍 3 种消息。

（1）心跳包。#0 消息为心跳包（Heartbeat）。它一般用来表明发出该消息的设备是活跃的，飞行器和地面站都会发出这个信号（一般以 1 Hz 的频率发送），地面站和飞行器会根据是否及时收到了心跳包来判断是否和飞行器或地面站失去了联系。

由表 8-2 可以看出，心跳包由 6 个数据组成，第一个是占一个字节的飞行器类型数据（type），这个数据表示了当前发消息的是什么飞行器，如四旋翼、固定翼、共轴直升机等。这个飞行器类型，对于发心跳包的地面站来说作用不是很大；对于飞行器端来说代表了当前飞行器的类型，地面站可以根据这个参数来判断飞行器的类型并做出相应的反应。

表 8-2 心跳包结构

字段	格式	描述
type	uint8_t	飞行器类型
autopilot	uint8_t	飞控型号
base_mode	uint8_t	系统当前模式
custom_mode	uint32_t	用户自定义模式
system_status	uint8_t	系统状态
mavlink_version	uint8_t mavlink_version	MAVLink 版本

第二个参数是飞控类型,如 APM、PPZ、Pixhawk 等飞控。同样,对于发送心跳包的飞行器来说代表了自己的飞控类型,对地面站发出的心跳包来说意义不大。

第三个参数是基本模式,指的是飞控现在处在哪个基本模式,对于发心跳包的地面站来说没有意义,对于发送心跳包的飞控来说是有意义的。这个参数要看各个飞控自己的定义方式。在 Pixhawk 中基本模式可分为使用用户模式和使用基本模式。使用基本模式分为自动模式、位置控制模式和手动模式。一般情况下都会使用用户模式。

第四个参数是用户模式。对于多轴无人机来说,分为主模式和子模式,两种模式组合在一起成为最终的模式。主模式分为手动模式、辅助模式、自动模式。手动模式类似 APM 的姿态模式。在辅助模式中,又分为高度控制模式和位置控制模式两个子模式,高度控制模式就类似 APM 的定高模式,油门对应到飞行器高度控制上;位置模式控制飞行器相对地面的速度,油门和高度控制模式一样,偏航控制和手动模式一样。自动模式分为 3 个子模式,分别是任务模式、留待模式、返航模式,任务模式就是执行设定好的航点任务,留待模式就是 GPS 悬停模式,返航模式就是直线返回 Home 点并自动降落。

第五个参数是系统状态。其中的 Standby 状态在 Pixhawk 里就是还没解锁的状态,Active 状态就是已经解锁,准备起飞的状态。

(2)发送长命令。该消息的标号为 #76,一般是地面站发送给飞控命令用的。该消息组成见表 8-3。

表 8-3 #76 消息组成

字段	类型	描述
target_system	uint8_t	目标系统
target_component	uint8_t	目标部件
command	uint16_t	命令
confirmation	uint8_t	确认次数
param1	float	参数 1
param2	float	参数 2
…	float	…
param7	float	参数 7

目标系统为命令的接收方，即目标系统编号。目标部件为命令的接收单元，即目标单元编号。Command 数据是这条命令的编号，用于区别不同的命令。Confirmation 为收到命令后回复确认信号。后面的 7 个参数是飞控执行这条命令所需的参数。

（3）GPS 状态消息的标号为 #25，能够展示对接收机可见的卫星的状态信息。该消息最多能包含 20 颗卫星的状态信息。其组成见表 8-4。

表 8-4　GPS 状态信息组成

字段	类型	单位	描述
satellites_visible	uint8_t		可见卫星数量
satellite_prn	uint8_t [20]		全球卫星 ID
satellite_used	uint8_t [20]		0：卫星没用到；1：用来定位
satellite_elevation	uint8_t [20]	deg	卫星仰角，0°：接收机正上方；90°：在地平线上
satellite_azimuth	uint8_t [20]	deg	卫星方位角，0：0°；255：360°
satellite_snr	uint8_t [20]	dB	卫星信号信噪比

4. 地面站和飞控的通信流程

一般飞控在连接上地面站后都会主动向地面站发送心跳包、飞行器姿态、系统状态、遥控器信号等组成的数据流。各个数据都会以一定的频率发送，如心跳包一般是 1 Hz，姿态信息要快一些，Pixhawk 飞控用数传连接 QGC 时的姿态数据发送频率在 7～8 Hz。一般地面站会在刚连接上飞控时发送命令，请求飞控传回所有参数，飞控根据自己的情况判断是否接受地面站的请求，并根据不同的命令执行相应的操作（有些命令需要飞控回复地面站确认信号）。之后地面站根据用户的操作会发送相应的 MAVLink 消息给飞控，如设置航点、改写飞控参数等。

【任务实施】

故障分析：
（1）飞机上电，飞控和天空端数传电台开始工作，默认情况下飞控开始通过数传电台下发心跳帧，频率为 1 秒 1 次；
（2）地面电台连接计算机，地面电台上电后立即收到了天空端发过来的数据，并开始转发给计算机（图 8-34）；
（3）在地面电台刚插入计算机时，计算机开始识别地面电台并加载驱动，这时地面电台又在不断发送数据给计算机，从而计算机把地面电台识别成了一个"串口鼠标"，进而开始利用地面电台发送过来的数据控制鼠标移动。

图 8-34　地面电台连接计算机

解决方法：

基于上述分析，排除故障的方法是：先将地面电台连接计算机，并打开地面站；然后给飞机上电。

【拓展阅读】

UAV 遥测遥控链路

图 8-35 所示为 UAV 遥测遥控通信的工作原理框图，UAV 遥测遥控通信实际上是一种特殊的信息传输方式，是利用无线上、下行链路完成数据和指令的传输与交互。

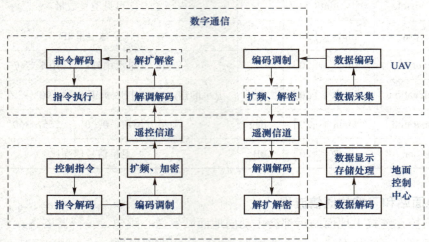

图 8-35　UAV 遥测遥控通信工作原理

UAV 的遥测是指利用 UAV 自动驾驶仪上的各种传感器，将采集到的多路信号包括 UAV 自身的运动和变化参数、任务设备的状态参数等，按某种多路复用方式集合起来调制射频载波，最后经无线电下行信道传递到地面测控终端设备，用以显示、读取飞机的状态参数及侦察信息数据，从而完成遥测的全过程。

UAV 的遥控是指地面控制站将飞行任务控制命令打包成指令形式，通过无线电上行信道发送至 UAV 自动驾驶仪。自动驾驶仪进行指令解码即得到了开关或连续指令等信号。

传统 UAV 遥测遥控链路与通用航空遥测通信是一致的，但是根据 UAV 的不同类型，如高空大航程 UAV 则需要借助卫星链路来增加遥测遥控范围。因此，可将 UAV 遥测遥控链路归结为如图 8-36 所示的结构。从图中可以看出，UAV 遥测遥控系统包含了空-地链路（链路 A、B），还可包含地-地链路（链路 C）和一些卫星链路（链路 I、J、K）。

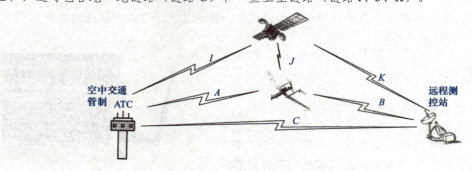

图 8-36　UAV 遥测链路

UAV 常用遥测遥控频段根据各国的频谱分配规范，主要分布在 VHF/UHF 频段、L、S、C、X 和 Ku 频段。UAV 遥控和遥测在各频段使用资源的分配比例见表 8-5。UAV 无线遥测遥控链路是与其功能相匹配的，表 8-6 所示为基本 UAV 遥测遥控应用相关特性。

表 8-5 UAV 使用各频段资源的分配比例　　　　　　　　　　　　　　%

遥测		遥控	
UHF 频段	26	UHF 频段	34
C 频段	23	C 频段	21
Ku 频段	19	L 频段	15
VHF 频段	17	Ku 频段	13
S 频段	13	S 频段	11
L 频段	0	VHF 频段	6

表 8-6 UAV 遥测遥控应用相关特性

应用	军用		民用		
任务类型	监视	战术	监视	突发处理	环境应用
所需带宽/MHz	5	>5	0.4～5	>5	<1
覆盖范围/km	50～1 000	1 000～4 000	2～300	300～2 500	2～100
遥控链路	LOS/LOS+BLOS	LOS+BLOS	—	BLOS	LOS
遥测链路	LOS	BLOS	LOS	BLOS	LOS

【巩固提高】

1. MAVLink 协议的主要特点是什么？
2. 简述 MAVLink 消息帧的结构。
3. 飞控发给地面站的心跳包包含有哪些信息？
4. 简述飞控和地面站的通信流程。

参 考 文 献

[1] 程龙，周树道，叶松，等.无人机导航技术及其特点分析[J].飞航导弹.2011（2）：59–62.

[2] Across.陀螺仪的数据处理[EB/OL].[2016-12-09].https://zhuanlan.zhihu.com/p/24280315.

[3] 52赫兹实验室.战斗机用的陀螺仪有多难制造？中国老教授花23年打破国外垄断！[EB/OL].[2021-04-26].https://baijiahao.baidu.com/s?id=1698096678567087694.

[4] Taoest.ST集成传感器方案实现电子罗盘功能[EB/OL].[2010-11-29].https://www.dzsc.com/data/2010-11-29/87454.html.

[5] 梁宇.飞行导航方式的演变历程（上篇）[EB/OL].[2020-12-24].https://www.sohu.com/a/440217894_748386.

[6] 杨胜学，吴志军.无线电罗盘定向误差分析[J].科技资讯.2015（5）：213.

[7] 吴德伟.无线电导航系统[M].北京：电子工业出版社，2015.

[8] 乔善勋.质量与安全系蹊跷的"-8英尺"[J].大飞机，2020（8）：76–79.

[9] 刘强.区域导航（RNAV）在终端区航线优化中的作用研究[J].信息技术与信息化，2015（2）：79+85.

[10] 攻城狮.准天顶卫星系统（QZSS）[EB/OL].[2017-10-11].https://www.zhihu.com/question/66435486/answer/242709577.

[11] 康四林，李语强.GPS定位中的误差分析[J].天文研究与技术，2010（3）：222-230.

[12] 杨杰，张凡.高精度GPS差分定位技术比较研究[J].移动通信，2014（2）：54-58+64.

[13] Gary Bradski，Adrian Kaebler.学习OpenCV（中文版）[M].于任琪，刘瑞祯，译.北京：清华大学出版社，2009.

[14] 梁延德，程敏，何福本，等.基于互补滤波器的四旋翼飞行器姿态解算[J].传感器与微系统，2011，30（11）：56-58+61.

[15] 秦永元，张洪钺，汪叔华.卡尔曼滤波与组合导航原理[M].2版.西安：西北工业大学出版社，2012.

[16] Oneyac.一文看懂无人机通信链路系统[EB/OL].[2021-01-09].https://zhuanlan.zhihu.com/p/343006539.

[17] 李俊勇.火星上的无人机使用的是900MH Zigbe民用无线电通信[EB/OL].[2021-05-24].http://www.pttcn.net/a/zixun/guona/2021/0522/30104.html.

[18] CC.BY.4.0.MAVLink.开发人员指南[EB/OL].http://mavlink.io/zh/.

[19] 寇明延，赵然.现代航空通信技术[M].北京：国防工业出版社，2011.